现代服装的文化视角研究

钱琳　著

武汉大学出版社

图书在版编目（CIP）数据

现代服装的文化视角研究 / 钱琳著.—武汉 ：武汉大学出版社, 2018. 4
（2023. 8重印）

ISBN 978-7-307-20134-7

Ⅰ. 现… Ⅱ. 钱… Ⅲ. 服饰文化一研究 Ⅳ. TS941.12

中国版本图书馆 CIP 数据核字(2018)第 074306 号

责任编辑：黄朝昉　　责任校对：牟　丹　　版式设计：三山科普

出版发行：武汉大学出版社　（430072　武昌　珞珈山）
（电子邮箱：cbs22@whu.edu.cn　网址：www.wdp.com.cn）
印　刷：廊坊市海涛印刷有限公司
开　本：787×1092　1/16　印　张：14　字数：260 千字
版　次：2018 年 4 月第 1 版　2023 年 8 月第 2 次印刷
书　号 978-7-307-20134-7　定　价：40.00 元

前　言 Preface

服装产业素来是我国重要的支柱产业。今天的中国不再是世界服装的初级加工厂，已从“中国制造”走向了“中国创造”。我国的服装设计师、服装品牌、服装教育纷纷登上世界舞台，崭露头角。在服装产业繁荣发展的今天，无论是本土的还是国外的服装设计教育格局都出现了很多变革性的因子。产业环境对我国的服装教育提出了全新的要求，既要符合全球化、国际化的趋势，又要坚持本土化的中国特色。

物以类聚，人以群分，服装与我们结伴而行。走近服装，如同走近我们自身；了解服装，如同了解我们周身所处的生态环境。当我们从同样富有生命感应意义的角度去打量，就会惊奇地发现，服装同样也有着炯炯有神的眼睛，有着富有生命活力的躯体，有着流动着的生命之血液，有着与人类结伴而行的自身价值。从这个角度来看，与其说用服装来更好地包装人，不如说我们把服装视为生命的组成部分，通过与服装的共生共存、和谐互动，彼此互衬倩影，感应同频共振的心声……

服装生命的年轮，已经走过了人类发展史般的漫长旅途。透过服装生命的轨迹，我们可以看到，在那足迹里自始至终都有着人类携手同行的痕迹。让我们仔细端详这张既熟悉又陌生的面孔，去感受一番服装心跳的节拍、款款的脚步、丰腴的身材、俊秀的仪容，重新体验一下与服装生命同呼吸的那份轻快感，以此来完善我们企盼透明的心灵。

给服装以更大的立足空间，给服装以更好的生态环境，我们的生命才能分享到这份美景。有服装生命的更新，才有人类走向自我完善的更高境界。服装是人类与自然沟通的纽带，担负着与人们达成默契，承担共鸣的使命。在没有隔阂，没有误解，没有偏颇，没有粉饰的相伴中，心与心相印，情与情交流，生命与生命牵手。

当人们对服装有所感悟时，我们未来的生命之树就会多一份长青，我们自身的环境就会更加广阔，充满绿洲。届时，服装生命之树，将同人类一道返老还童，返璞归真。

本书可以作为纺织服装类院校的专业课用书，也可为爱好服装文化的读者提供参考。若有不完善之处，敬祈专家学者指教。

云南艺术学院文华学院　钱琳

2018年4月

目　录

第一章 概论

服装是每个人生活中的必需品。现代社会的服装更是多姿多彩，其特征、功能、属性等文化方面的内涵，是开展设计、走向市场的基础。本章作为开卷之语，就从这些问题入手，逐一进行阐述。

第一节 现代服装的界定

世间的每个人，自来到人间，就与服装结下了不解之缘。冷暖寒暑，是季节的变化；添衣减装，就是对衣着的认识。虽说婴孩并无学识，但见红色之布，亦会发出含混不清的似“美”的咿呀之声。这就有了爱美的蒙胧的意识，尽管是无意识的，却是服装审美的表现。随着岁月的推移，人们对服装的认识也逐年提高，诸如流行时尚、穿着风格、设计主题等。

一、定义

服装是每个人都离不开的，每天都须穿着，看似好像很了解，可要说说“服装”是什么，它的概念是什么，怎么定义，那还真有点一下子难以讲清似的。最简单的说法是，服装是身体的外包装，即包裹身躯、且能自由活动的、由材料构成的物件。

有学者主张“现代社会必须把健康舒适和文明生活放在第一位”，这是从穿着角度为现代服装定义。

有研究者说：“任何穿着于身体上且具体可见或物质化的物件”，这里，重点突出一个“穿”字，这是现代服装不同于以往的地方。现代服装的风采在于“穿”，现代服装的精彩也因“穿”而演绎。

专家学者对“服装”这个现代社会使用频率较高的称谓，认为应分三方面理解。一是指衣裳、衣服，与成衣同义，如服装商场、服装企业、服装公司等；

二是与时装相区别，指不受流行影响而能保持穿着时限；三指人们穿着、装扮行为后的形态，这是广义上的理解。它由穿着者、衣服和穿着形式这三大因素构成，其中任何一种因素的变化，都会对着装形态发生影响。

据此可以说，现代服装以现代社会提供的物质和精神财富为基础，以适合人体为目的的物质构成，是技术和艺术的组合体。在遮体和美化的前提下，融入更多的是现代人的社会生活、工作休闲等方面的内容，诸如显示身份、体现风度等，扮演着人际交往的重要角色，即交际工具，是现代社会人们传递信息的基本的媒介之一。

难怪美国学者 Susan B. Kaiser 在其所著的被称为杰作的《服装社会心理学》中说："服装不只和我们日常生活关系密切，它更可以用来解释各种基本社会历程，并且在视觉上造成极大的冲击"，"实在没有其他东西能凌驾其上了"。

而实际生活中，与服装有关的称呼还有很多，如装饰、服饰、外观、装扮、流行、风格、款式、穿着艺术等名目。

装饰（adornment）：任何身体外观上的装饰或改变。罗奇和穆萨（Roach and Musa，1980）指出，使用这个字眼有某些缺点。换句话说，它可能涵括某些主观的概念："或许其中的困难在于无法确定在另一时代中的个体具有哪些美学倾向。到最后，我们的工作会变成分辨当代的美学倾向和另一时代审美观念之间的区别。"

服饰（apparel）：身体的覆盖物，尤指织品材料所构成的实际服装（Sproles，1979）（这是工业界常用的字眼）。

外观（appearance）：透过人体及任何视觉上可察觉到的修整、美化或覆盖所创造出来的整体组合形象，包含服装及身体的视觉结构。

服装（clothing）：任何穿着于身体上且具体可见或物质化的物件。

传统装束（costume）：属于特定文化或历史情境的服装款式（通常用来指称具有种族或历史意义的服装，但同样也指称为了表演或仪式——歌剧、万圣节等——而设计的服装）。

装扮（dress）：分动词和名词两种。动词：改变外观的动作；名词：身体本身或身上各种配件的整体安排方式（Roach and Musa，1980）。

流行（fashion）：某种包含新款的创造并介绍给消费大众，以及广受消费大众欢迎的动态社会历程（Sproles，1979）；当作物品时表示：在特定时间受广大团体欢迎的某种款式（Kefgen and Touchie-Specht，1986）。

风格、款式（Style）：某种独特的表达方式或特征；服装款式则是指划分出各种形式或形状之间的区别界线（Kefgen and Touchie-Specht，1986）。

穿着艺术（wearable art）：利用服装当作一种艺术沟通的媒介，以反映艺术家和设计师的特性与个人创造力；一种发生在美国的激烈运动，衍生自20世纪60年代对于高匿名性的大量制造所产生的反弹态度（Stabb，1985）

研究服装的定义，将有助于设计者对服装有深入的理解，使其设计更好地适应市场，以期更好地发挥其美化生活、服务社会的作用。

二、界定

为了叙述的方便，在正式阐述现代服装诸内容前，有必要对“现代”二字进行界定。从史学的角度对“现代”的断代问题作些介绍，即从何时起开始计算，史学界又有些怎样的说法。这里，根据几部世界历史的著述、典籍来看，各国进入现代社会的时间各不相同，其中以欧洲的英法较为领先。英国的工业革命、法国的1789年的大革命，俄国始于1918年苏维埃政权的建立，亚洲日本自明治维新也开始走上了资本主义，我国辛亥革命的爆发，即是新服饰的起点，颁行的“服制条例”，参照欧美等国的“西装”形式，使我国“实现了由古代、近代向现当代的过渡转轨”。

而从不同专业来看，亦小有区别。广告学的区分是从1920年以后进入现代。据《中外广告史》说，进入20世纪以后，资本主义经济逐步走向现代化，科学技术的发展日新月异。广播、电视、电影、录像、卫星通信、电子计算机等电讯设备的发明创造，使广告进入了现代化的电子技术时代。这是现代广告走向成熟的标志。

这表明“现代”一词在史学上是有严格的区分的，不能混淆。这是应该明确的。不过，本书所指“现代”的范围较为宽泛，既包括自近代进入的现代社会，更有第二次世界大战后的当代的，所以，这里所说的“现代”并不是严格意义上的史学划分。

第二节　工业革命与现代服装

英国的工业革命，给世界纺织服装业带来了巨大的变化，即在社会新生产力的推动下，缩短了服装生产的周期，加快了市场流动。特别是第二次世界大战后，各国相继进入建设时期，着力恢复生产，组织供应，满足社会需求。随着社会的发展，服装日益呈现出成衣化、多样化、功能化和设计的主体化、流行的大众化、穿着的环保化等趋势。

一、规模生产成衣化

日常生活中，人们很少听说“成衣”，而只闻“服装、衣裳”。那么，何谓成衣呢？成衣是工业革命、产业分工的产物。成衣，法语为 Pret a Porter，英语为 ready to wear，是指依据人体所归纳出的相对标准的尺码（分别以 L、M、S，表示大、中、小款式规格），由机械化生产线批量生产的成本低质量优的服装，类似当今之快餐。也有释义更简单的，即那些“已经完全做好，可以供人穿着的衣服”。应该说，成衣是面对广泛的民众生产的、且大批量的服装成品，是以满足大众穿着需求为目的的消费品。

（一）社会发展

英国的工业革命结束了封建专制，开创了资本主义新局面，使社会快速发展，使全球的经济增长模式得以改变。产业分类成行，分工更加明确，形成各相关行业。大量的农村人口来到城市，成了城市工人，社会结构亦随之改变，城市文明程度提高，加速了城市化进程。服装成衣化就是在这种社会前提下得以展开。它以机械设备替代了手工缝制进入大批量生产的年代，以满足社会需要。就服装史而论，成衣的兴起与法国的高级时装（高级定制服）关系密切，因定制形式只为极少数人所能接受，即只能为特权阶层的消费服务，所以极难推广普及。这就为成衣的问世提供了空间，这里以美国为代表进行说明。

美国成衣业崛起时，是法国高级时装发展的低迷期。还在“一战”时，许多服装作坊、工厂被征用生产标准化的军服。这促使劳动力增加，以应付生产的扩大，借此达到高速、高产的目的。特别应该指出的是，这些工厂中有些生产能力和技术设备已有了可观的改善和发展，如带式裁剪刀的应用，就极大地提高了面料批次的裁剪量，效率大为提高。而“服装版型”的流通，更是功不可没。不少学者在研究美国这段历史时，也看到了设备和管理的领先作用（也是 20 世纪 20 年代美国经济繁荣的原因之一），“这种以自动化、标准化和流水线为标志的大规模生产方式……由于需要更多的资本投资和更科学的组织管理系统和指挥系统，大大推动了汽车、电力、橡胶、钢铁、煤炭、服装等领域的企业联合”，促进了制造业等相关产业中的生产关系和生产力发展的相互适应。服装的成衣化，也受惠于此。此后几十年的发展，终于成就了美国在国际服装界的领先地位，乃至拥有至尊的话语权。这和当时美国政府采取的关税政策不无关系。

由于成衣能快速满足市场需求，资金回笼快，所以，各国都很重视成衣生产，尤以发达国家成衣化率普遍较高，美国、德国、日本、英国等可为代表。这些国家都具有先进的设备，加工技术向自动化、立体化发展；加工工艺成熟，新技术、新面料的采用很及时；注重产品的流行性，重视品牌文化建设，用工业化手段进行小批量生产，并使之不断向高水准的方向发展，有的还注入高档时装的概念，即成衣高档化，从而把世界服装推向一个个新的发展阶段。

（二）我国成衣业

“成衣”这个概念传到我国，最迟当在1872年。这年的11月14日上海《申报》发布了一则某洋行的缝纫机广告，其标题即为“成衣机器出售”，即出售专为生产“成衣”的机械设备，明白醒目。同一版位，连续刊登三月。这近百天的连续刊出，把“成衣”这一概念向世人作了启蒙式的推广，亦带动了上海成衣业的生产。由于基础薄弱，在此后的百年间，成衣业发展缓慢，及至20世纪80年代，我国成衣业才有了新的大突破，且势头较快。1990年上半年，据中国纺织工业技术经济研究会的调查，当时的纺织品市场，仅京、津、沪三直辖市，居民成衣购买率已从20世纪80年代初的20%，迅速上升到60%，初步显示了成衣化在大纺织工业格局中所占的地位越来越突出。据统计，从1995年的84. 8%到2002年的95. 1%，短短7年间，我国城镇居民的成衣消费率上升了10.3个百分点。

成衣化倾向的普遍提高，还显示了我国民众已由对服装实用功能的追求，逐步转为对其美学价值的评估，且其消费行为之比例已远远高于前者。这是现代成衣注重审美之所在，而决非当年机制价廉快餐式所可比。这已为当今的市场发展所证实，即成衣消费的品牌化、时尚化和多样化。而服装企业中的强者，亦已走上了集团化规模经营之路，开始了品牌强国的奋发。但与发达国家相比，仍觉总体水平不高。这差距主要在于品牌建设的力度不够，毅力不够。因为，发展至今，成衣并非单纯是技术高和成本低的问题，而是文化内涵的打造，谓之成衣文化。这是社会发展、民众追求穿着美的要求。

随着我国经济的持续发展，服装企业在强化硬件的同时，更须重视无形资产即品牌文化的经营，使我国的成衣业在进入高速、高效的新时代时，找准切入点，假以时日，定能稳步提升，接轨世界，从而真正成为服装大国、强国！因此，成衣化之路，前景可观。

二、穿着多样闲适化

衣着之事，关乎每个人。不少人还有较贴切的感受：着装丰富，观之闲适。这是经济繁荣之使然。人们的生活毕竟告别了短缺经济之时代，购买生活用品再不愁什么票证了，生活开始有了新气象。于是，温饱有余，开始了一个新时代。

（一）生活改善

吃什么、怎么穿，成了人们日常的口头禅。生活的质变发生了。为解此困惑，《精品购物指南》问世了，万人迷陈好做的广告，时在1993年。这是改革开放后我国创办的一本专门介绍吃喝玩乐的杂志。精彩的生活就此步入新天地，也预示国人奔小康的开始。

说起生活的改善，年长的人有不同程度的感受：物质的丰富，令20世纪六七十年代的人惊讶不已，这在那个年代是做梦都不敢想象的。1995年《读者》杂志刊登过一幅《全民奔小康》的作品，极形象地描绘了民众改善生活的强烈愿望，及其明确的追求目标。

我国百姓生活的不断改善，使国人能够从简单的"劳动—休息"中脱身而出。1998—2016年，我国城镇居民人均可支配收入年均增长8.5%，农村居民人均纯收入增长5. 1%，城乡居民人民币储蓄存款余额年均增长14%。百姓收入水平的稳步提高，促使不少人摆脱了传统的休息方式。至2008年，消费首次超过投资，这是国家发展和改革委员会提交给十一届全国人大的文件。购买力的增长，说明人民生活改善、收入增长及其消费能力的提高。

生活安定，收入不断提高，人们的心情舒畅，健康水平提高，因而人均寿命得以提高，这是生活改善的体现之一。再者，个税起征点的再次调整，充分反映了党和政府对百姓的关心。尽管国库少了税收，可人民的收入提高了，手头货币宽裕了，必也促进消费。而时尚传播的力度又是相当快，且服装作为最形象的载体之一，更是人们的最佳选择，所以，服装的消费占了较大的比重。如今，置身闹市，但见行人穿戴整齐，衣着入时，式样繁多，呈多样化的发展趋势，就是再形象不过的证明。

（二）追求闲适

现代人讲究生活质量，追求闲适的生活情态。闲者，往往指有时间。俗话说难得有闲、今日得闲等，即为闲暇、空暇之义；适者，即为舒适、舒服。二字叠加"闲适"，清闲安逸，是由内而外的一种自然心态的流露。这是一种较高的生活境界，是物质和精神的高度融合。现代人追求闲适，已经是时候了。据有关人士研究所得，人均GDP超过1000美元，国民就有休闲的要求了，我国早就过了此限。这是从国民生产总值立论。而客观上我国也已具备了"休闲"的条件，即"时间杠杆"的作用。1949—1994年，我国一直实行每周6天、每天8小时工作制，全年工作时数约为2448小时。1994年5月1日，才开始尝试每周5天半工作制，即隔周多休1天；1995年5月6日起实行每周5天工作制，双休日正式走进人们的生活。一年有110多天的休息日，这就从时间上保证了

"休闲"的实施，休闲消费也就与此跟进、展开。

休闲，得到了国家高层领导的重视。时任国务院副总理吴仪就说过，让中国人民过上好日子，不断满足人民群众日益增长的物质文化生活需要，始终是中国政府工作的基本出发点。我国政府支持和鼓励人们将劳动所得用于文明、健康、积极的休闲，更全面地发展自己。于是，休闲活动就在神州大地蓬勃掀起：从"睡觉"到"度假"，从"吃喝玩乐"到"健身益智"，并形成了"休闲产业"，成了拉动经济发展的杠杆。

休闲，已成了一种社会建制，一种生活方式和行为方式，不仅受到各界的关注，而且有关方面还成立休闲文化研究策划机构主编《休闲研究译丛》，向读者全面介绍国外休闲学研究的最新成果，引导国人更好地休闲。媒体还评出休闲城市，举办休闲博览会，交流经验，挖掘休闲文化，提高休闲水平，体现了"工作是手段，休闲是目的"的主题，把休闲经济打造得更扎实、引向得更深入。专家预测，未来20年我国将从休息大国变成休闲大国。所以，发掘休闲文化的真谛，是大有可为的。

（三）服装休闲

由于人们的生活态度、生活方式、生活形态等发生了根本的改变，休闲已逐步演化为生活的主流。作为承载时尚的物质表征的衣着文化，"休闲"就成了服装界的主要话题，各种以"休闲"之名的服装纷纷登场，以迎合国人对轻松生活状态的渴望：从生活—运动—商务，统统"休闲"了。仅以商务休闲服为例，就演绎出公务休闲男装、政务休闲男装、行政休闲男装、商旅休闲男装……这是从外表、形式上，对"休闲"的满足。

不过，休闲装应重在对文化的发掘，即精神内涵的演绎。只有精神上达到了"休闲"的境界，才是真正意义上的"休闲"，这是对新生活的格调的追求。所以，如何使服装和休闲从表面到内在达到完美结合，即休闲文化在服装上有自然充分的体现，这是休闲装所要着力研讨的课题，以便应对市场业已形成的巨大需求。

"休闲装"，相对正装、职业装而言，它具有突出个性不重身份、注重文化氛围渲染、崇尚搭配随意、穿着自由舒适，更方便、更合体的特征和风格。

这里，还应提及的是新起的一个休闲装概念——泛户外装。此由运动装而起。运动装强调产品的功能及其户外性，而泛户外装趋向时尚、新潮、休闲的兼容，在肯定运动衣装面料舒适的同时，强调兼顾其排汗透气、防晒滤害等的功能特性，打造适合任何场合都可以穿着的新概念之装，以满足消费者对运动装穿着的实用心理和泛流行文化的时尚心理。此举针对欧美高档运动装的高价位，普通消费者承受不起的心理而设。他们希望理想的运动装，既经济实用、款式多，又能适合不同场合穿着。所以，有些品牌就淡化运动的色彩，着意于“泛户外装”在款型和定位上的追求创新，从而收到较好的市场效应。

其实，休闲二字于服装，早在20世纪80年代就见雏形。那时西服盛行，但也有人觉得它穿着时的要求多，且对身体亦颇多束缚感，于是，一种介于正装和生活装之间的西便服就产生了。可以说，这是最早的休闲装了。而最集中展示休闲装的，可数'97宁波国际服装节了。如太平鸟休闲服饰、唐狮休闲装、威鹏牛仔休闲装、稻草人休闲装、派休闲装等近三分之一的企业，都以独特的休闲风格为市场提供了轻松活泼的款式。至于便装、田野装、假日服、运动装等，亦颇具休闲性，只是没后来那样的声势罢了。如今，休闲装已建成了庞大的生产基地（福建晋江、石狮，广东沙溪，浙江温州），这表明了休闲文化强大的流行趋势及其巨大的市场生命力。

三、产品开发功能化

经济的繁荣带来了生活质量的提高，人们对衣着文化有了更新更高的要求，既要穿出美感、舒服，满足审美心理，又要能够对身体有所助益，即以服装为人们的健康、保健提供服务，还须有质地上的提升。这是人类着装史的一大飞跃。

（一）美化自身的飞跃

进入现代社会，衣装的实用性已渐次弱化，逐步趋向功能化，即重视功能开发，以服务消费。于是，不少多功能及高科技的奇妙服装得以问世，以满足人们的生活和工作之需。多功能类有变色、发光、晴雨寒暑两用、自调厚薄、驱除蚊蝇等服装；保健类有减肥、能呼吸、中草药保健、防治冠心病、中药透热等服装；高科技类有无线缝制、喷丝直接成衣、与水可融、可食用等服装；而奇妙功能类则有工作救生两用、不怕电击、防火耐热等安全服。这表明，现代服装正向多功能、高科技方向发展。可以想象，未来的服装，是不求名贵，但求方便，更求舒适的绿色服装。

（二）功能服装品种新

功能服装的开发，除上述多数尚处实验阶段外，也有少量已进入实际流通领域，进入市场，满足消费需求，使之高度舒适，穿着更美观，更能衬托着装者的文化修养，即更好地服务于穿着者。运用新纺织材料研发的塑身美体功能服（纠正体形不足），为现代人增添风度美的保暖内衣，具有抑菌作用的保健衣、防辐射装，以及散发芳香的香味服装等，都在生活、工作、社交等方面发挥了积极的作用。另有特殊需要的如宇航服，也取得了令世人瞩目的成就，从

“神七”开始的宇航员所穿即是。

（三）功能服装前瞻

科技水平的不断提高，纺织材料的加速革新，面料新品的不断推出，加速了功能服装的研发。例如法国的减肥服、日本的“夜光衣”、英国的“生命衬衫”、仿生防弹服等，不少尚处试验、实验性阶段。防弹服与时装的结合，成就了哥伦比亚服装商人卡瓦列罗的一宗大买卖。他曾为委内瑞拉总统查韦斯制作了一件酒红色墨西哥衬衣，可抵挡点九零口径的步枪子弹，令其大为满意，并当即让他再为当时的伊朗总统哈塔米制作一件酒红色装甲皮衣。该服装采用的是一种名为 Aramid 的独特复合纤维材料，衣装与普通时装毫无区别。这使卡瓦列罗名气飙升，在接受《墨西哥人》报采访时，竟以“防弹服界的阿玛尼”自居。

而高新技术的迅猛发展，促使一批具有特殊功能、适合某些专业人员穿着的新型服装相继面世。如发热运动服，是冰雪运动者的福音；智能救命衣，据说已试用于美国海军陆战队。

还有问世于 2006 年德国汉诺威通信和信息技术博览会上的 GPS 导航夹克。穿上它，不仅可以打电话、听音乐，还可以随时对自己所处位置进行定位。因此它就变成了一款穿在身上的指路牌。除了提供指路服务之外，它还可以显示预置的图像，因此可以用来作人体广告牌之用。

此外，对百姓日常功能服装的开发，更是受到纺织科研机构的重视。那些保健美体服装虽尚处研究之中，但相信不久将会现于市场。而催眠睡衣及抗菌、按摩、耐脏、防臭、自行消毒、专治打呼噜之衣，即穿衣防病保健康，其研究也有可喜的进步。

四、设计趋向主体化

身处现代社会，人们在生活、工作、学习等方面，都以设计为先，凡事都须进行一番设计，都得按设计规划进行之，以至于有大设计之说。人们是生活在一个充满设计的环境中的，所以说这个世界是“人造界和人工界”，也是很恰当的。我国服装作为时尚业的主流，经过 30 年的发展，设计的作用已越来越为人所重视，其在服装中的重要地位，已为行业所充分认可，并开始走上产业化之路。

设计，是以某种目的为前提，通过特定的结构形式而展示的视觉形象，并具有创新性和领先性的特点，她是凝聚文化的一种思维活动的形象结晶。服装设计是对面料、款式、配饰等方面的综合评估、整合，形成产品。只有通过设计的产品，才具有市场生命力，不是剥样、模仿、抄袭克隆等所能奏效的。

（一）核心地位

设计是服装企业的核心。首先是关乎产品的市场前途，即销售的顺畅与否，是产品市场占有率的直接体现，更是打造品牌的基础。当服装成衣化和时尚化加速之时，更须加大设计的力度。因为只有经过设计的作品，才能真正占领市场，赢得消费者，才能提高回头率，培育忠诚客户。

设计在服装企业中的地位，世所公认，亦为世界大牌的发展所证实。我国在经历多年的市场发展后，也终于醒悟到设计的重要性。要想提升产品的市场竞争力，就必须加大设计的力度。那种靠“剥样”维持营生的企业，是难存市场的。产品要有自己的风格，就必须有设计。所以，设计就成了企业、公司的要务，以设计统领产品。

（二）形成产业

强化设计，就是要培养设计人才，造就设计团队，其主要作用的显示就在设计师。他是服装内涵和廓形的演绎者，是市场流行的制造者，也是服装企业设计团队的主体。我国设计师作用的发挥大致经历了三个过程：

第一，被动发挥才能。指接受企业聘请，主持企业的服装设计。以个人的力量完成企业所委之任。单兵作战。

第二，主动展示才华。这是设计师的主动出击。作为一个独立的主体，亮相于社会，即设计公司、设计师工作室，公开打出设计师品牌，以设计产品服务服装企业，从幕后走向台前。设计师，就此成为一个独立的社会职业，即设计师的职业化、个性化。

第三，抱团成群。各地的设计师频频亮相于时装周、服装节，显示了这个新兴群体的实力和竞争力，即以群体的力量共同担负起中国服装发展的重任。各地还形成了颇有特色的设计区域，如上海的泰康路、北京的798，以及分布于各创意园区中的孵化机构；及至设计师协会的组建，使之行业团体化；集研究、指导、预测为一体的功能，设计的产业化初步显现，从而确立了设计的生产力地位。

至今，“服装设计师”已经成为概念清晰、内涵充实的社会职业，还涌现出一批具有良好专业素养和职业风范的代表人物，在“产业促进”和“社会服务”并举中，真正有为地发挥能动作用，为我国的服装业尽情施展才华。

（三）文化内涵

说设计师是服装的“灵魂”，一指其地位之重要，二指设计师是文化内涵的打造者。文化是设计的支撑，只有这样的服装，才能经得起市场的检验。这是市场所逼，消费所需，成衣化和时尚化的要求。法国服装的世界地位，就是如此。那是法兰西多个世纪的文化累积，非一朝一夕所成就，而君王们更是身体力行者。路易十六对国家的治理，好像并无多大的建树，可整日在宫中召集百官研究衣装的新奇、高档，却为这个国家、这个民族开创了奢华浓艳即高级服装之先河，为这个民族跻身世界时尚之林奠定了基础，从而成为世界服装之都的领先者。直至如今，功不可没。

我国服装消费的成衣化和时尚化趋势的加深，促进了服装企业的品牌经营，这就为设计师提供了广阔的产业舞台和市场空间。他们担负着弘扬服饰文化、营造专业氛围、树立市场意识、提高艺术素养的重要责任，用心体验世界文化和中国文化，汲取精华，与服装融为一体，以其独特的韵味吸引世人。

五、流行经济大众化

流行是经济发展的助推器。在社会发展的进程中，流行因素随时随地发挥着作用，以至成了范围广泛的群体性的热门话题。各类商品的消费大多以流行为指归，商场、展会、型秀发布等的纷纷助阵，在社会上引发了一波又一波流行热潮。

（一）范围广泛

如今，“流行”在社会上的影响，是非常广泛的。各行各业都在创造着流行，衣、食、住、行，精神和物质两大层面，都存在着流行，时不时会涌动而出。由于20世纪80年代以来的积极推广和宣传，“流行”已深入民心，特别是城镇闹市，流行已成了人们的生活内容之一。尤其是购物消费，往往会有所咨询，做到心中有数。服装行业就是如此。有趣的是，流行原来好像是属于年轻人的专利，而现在好多上了年纪的人，也开始关心起流行的行情。这表明，流行作为一种文化，已在更广大的范围内，担负起指导和引领民众更优质生活的重任。

（二）活跃商品

在整个商品类别中，服装作为最全面、最形象、最实在的时尚载体之一，其魅力，最能引起市场的轰动，是整体感抓眼球的商品，且影响范围广泛，不分男女老少，亦无贵贱层次之别。可以说，是全社会最关注、关心的话题。百货商厦中的服装是其大宗、重头，无论上海的南京路、淮海路、徐家汇，北京的长安街、建国门，江苏南京的新街口，四川成都的总府路等，都是以服装为主要经营对象，或重女装，或命之为主题商厦，或专卖见长，且密度高，几乎一家紧挨一家的，实为罕见。统计表明，截至2016年，北京市营业面积超过10000平方米的大型商场共有110家，其中百货商场就有79家。而在上海，以中信泰富、恒隆广场和梅龙镇伊势丹为首的“金三角”购物带，以港汇广场、正大广场为中心的航母级的购物中心等商业区更是比比皆是。这些都为一流品牌的生产、展示和销售创造了优良的商业环境。而且香港、台湾、澳门等地的服装店，也成了闹市街景的主打品种。

就是远在欧美的时尚之都，服装也是商场抢人眼球的货品陈列区。美国的第五大道、法国的香榭丽舍等，服装总是它们的首推商品。而且各项营销活动，也离不开服装的点缀。季节转换、新品上市、节日庆典等，各类促销，服装作为项目之一，总是少不了的。甚至各大展会，即使和服装无关，有时也会点缀出样。由此可见服装的形象魅力之广大。就是型秀这样以年轻人为主的大型活动，更有品牌商以自行设计的服装为夺冠者加冕，借以扩大影响和赢取美誉度。就是平时所看之电视节目，也常见主持人之服装为某品牌提供、或某活动奖品之赞助商，亦来自服装企业。可见服装作为最常见之物质形象，实在是最为活跃的商品。

六、重视健康环保化

（一）背景

健康、环保，是近年来日益受到关注的重要话题，极具世界意义。人们要求穿着健康，讲究生活质量，这是现代社会发展的必然。它之所以引起全球的重视，是缘于科技的快速发展，人们的生活模式和价值观念发生了积极改变，这是社会进步的表现。但由此所引发的资源、能源消耗的加速，亦对地球的生态环境造成了巨大的破坏，诸如温室效应、植被毁坏、稀有物种的濒临灭绝，废气、水污染等，各国都不同程度地时时发生着，这就严重地威胁着人类赖以生存的环境——地球。这是高度发展的工业化给人类社会带来的现实恶果，即人类毁灭自己。这就是20世纪末有识之士所发出的“自我毁灭”的警告，而引起了各国政府的高度重视。保护环境，回归自然，逐渐成了人们的共识，并形成一股世界性潮流。于是，“绿色设计”就此萌生。就服装领域而言，即从环保、健康入手，开展设计，以引导人们进到一个崭新的消费领域。

（二）内涵

所谓环保服装，是指经过毒理学测试，包括pH值、染色牢度、甲醛残留、致癌染料、有害重金属、卤化染色载体、特殊气味等化学刺激因素和致病因素，到阻燃要求、安全性、物理刺激等方面，都达到严格的规定，且涉及面非常广，仅染料涉及的致癌芳香胺中间体就达22种之多。这种服装还有相应的标志。英国Couktaulds公司开发的Tencel新型纤维素纤维，因在制造过程中无污染，故被称为“绿色纤维”“环保纤维”。而美国培育出的彩色生态棉，因其不用染色，实现了纺纱、织布和成衣全过程的零污染，所以，彩棉纤维亦被称为“绿色纤维”。还有国际上各种新材料的不断涌现，如生态羊毛、再生玻璃、碳纤织物、酒椰纤维、黄麻、龙舌兰、菠萝纤维等植物纤维都被用于服装上，连一向不为人所注意的蒲公英，也被取代羽绒作填充物。再有染色的采用有机染色法，确保了织物的环保性，即重环保、不污染。

当然，“绿色设计”并非单纯是技术层面上的问题，更重要的是观念上的变革。它要求设计师是真正意义上的创新，用更简洁持久的造型使产品尽可能地延长其使用寿命。如日本设计师川久保玲、英国设计师维维安·韦斯特伍德的作品，都显示了这种设计倾向。反对铺张浪费，强调节俭和废物的再利用。而各种仿毛皮及印有动物纹样面料的大受欢迎，就源自保护环境、保护生态、保护家园的心理。

绿色环保作为一种设计理念，引入时装始于20世纪80年代，而1997年2月在德国杜塞尔多夫最新成衣展（CPD）中，首次集中展示了环保服装，1500平方米的展台，有来自德国、丹麦、瑞士、美国、芬兰、奥地利等33家服装公司的最新生态时装。成衣展还颁发了时装环保奖，将绿色环保理念推向了一个更新的高度，使得环保、休闲、健康开始成为一种世界性的语言。西班牙《世界报》更评出了世界十大环保先锋人物，意在表彰他们对保护地球的辛勤劳动，同时呼吁更多的有识之士加入这个行列。正是这些宣传推广的作用，引起了人们的广泛重视。欧洲和北美，超过50%的顾客会关心产品生产中的环境保护。我国也有如此的消费倾向，绿色服装的市场前景也很广阔，即使价格偏高，也有四成左右的人表示愿意消费绿色服装。

第三节　服装功能

说起现代服装的功能，应从人类穿衣的原因着手，由此可概括如下：

保护身体——保护功能

遮　　羞——遮羞功能

显示身份——标志功能

显示个性——表达功能

审　　美——审美功能

若再进一步归纳，还可简化为两大类：自然功能和社会功能。进入现代社会，这两大功能更为细化。就现代服装而言，上述服装功能的结合方式和程度是很不同的，有的甚至很难同时具备这五大功能。现在的时尚之装，它融合着保护、表达、遮羞和审美等功能，但其保护和遮羞两功能程度最小、最低，而表达和审美两功能，特别是后者的审美功能则占主导成分。又如制服，是保护、遮羞、审美和标志这四大功能的结合体，而它的标志功能显然占主导成分，其他功能则处次要地位。

在现代服装中，保护功能和遮羞功能作为服装的自然功能，已大为降低，远不如标志功能、表达功能和审美功能重要了。这表明，现代服装主要是社会功能在发挥作用，标志功能、表达功能和审美功能，占主导地位，而这三者之中，审美功能随着社会发展，显得越来越重要，即精神层面的逐渐强化。所以，本节侧重于此。

一、精神功能

物质丰富而产生的精神需求，物质性追求之后精神上的需求提升，是现代生活在服装上的充分体现，即要求服装作为表现手段，以取得精神的满足为前提。这是现代民众对服装的普遍要求。精神功能的追求，这是一种较高层次的精神享受，即视服装为一种标志物，体现职业、身份、地位，以物质之装，求心理上的愉悦。

这是物质生活丰富而上升为对精神上的满足。主要可分为以下两点。

（一）容仪

“容”，一指相貌，即容貌、容颜、仪容、姿容，二是比喻事物所呈现的景象、状态：如军容、市容；“仪”，仪容、仪表，这是《现代汉语词典》的解释。容仪讲的是人与衣结合产生的形象，它是指以修饰、衬托、突出着装者个人真实人格为最终目的，意在传达群体在审美方面的着装意志，受风俗、习惯、道德、礼仪的约束或社会流行的影响。

特别是现代社会，人们对礼仪有较多的要求。如迎宾、开闭幕式、庆典等仪式活动，都离不开礼仪服装。端庄显眼、整齐划一为其特征。2008 年我国举办奥运会时的各类礼仪服，就成功地显示出我国深厚文化底蕴与国际时尚的和谐统一。

（二）装身

相貌堂堂、衣冠楚楚、冠冕堂皇，指的是一个人的外貌，包括相貌、衣冠装束。这是服装的装身作用所产生的实际效果。此与民间“人要衣装，佛要金装”“人靠衣服马靠鞍”等俗语，实为一个道理。这里说的“装”，如作动词，应为穿衣，如为形容词，那就是装饰、打扮的意思。辞书上也有如此表述。“装”，有修饰、打扮、化装的意思；“身”，自然为人之个体，“装身”就是以服装修饰、打扮、化装身体。这是作为社会成员的每个人，在交往中，以显示身份和地位之需，满足心理之愉悦，此乃装身之要义，即：装饰性、象征性，审美的艺术性。

至于如何装身、用什么修饰自身，那得受所处社会之经济、文化、科技、时尚诸因素的影响。每个时代自有装身之特点。这种覆盖式的装身功能，是社会文明的表现，即社会越进步，其装饰性、象征性就越显著，且更具艺术性。这是社会外因和着装个体之内因互为作用的产物。

就人类服装发展的角度而言，装身功能是由裸态朝覆盖演进，社会文明程度越高，就愈具装饰性和象征性。进入现代社会，其作为审美特征的艺术性，则大为超越任何一个时代，即艺术性已成为装身功能的特性，她是集立体、雕塑等艺术特点为一体的综合艺术，是以“人”为中心的造型艺术。因此，服装的装身功能，实际上就是服装造型艺术的实现。不过，服装作为艺术展示于世时，应该是其摆脱了“裁缝”概念之后的事。现代的装身行为，是人们表明身份、地位、素养、主张、情感、个性等社会内容的特征，体现或散发的是个人的情思、想法、操守等。这里，精神功能所涉及的个性、审美，后面章节还将有专门阐述。

二、物理功能

（一）保健

对服装的保健要求，是社会物质和生活高度发展的产物，是生活水平提高的表现，也是现代社会人们讲究生活质量的体现，导致人们对服装的要求越来越高。所以，服装的保健功能也日益提高，受到了社会的重视，即人们的穿着要求有了更多方面的期待，乃至选择的要求亦更多。

针对人们渴望提高生活质量和健康长寿的愿望，纺织科研机构加大研究和开发力度，新品问世颇多（含预防医学的科研成果）。这些对纺织材料进行处理所产生的保健服装，其功能可概括为：或各种防辐射服装，或药物织物内衣、寝服，或以嗅觉感觉见长的芳香织物，具有优化环境、突出形象的作用；或远红外纺织品，此在实践中较为广泛。多为贴身穿着，以吸收人体的热量而引发远红外辐射，其波长一般可与人体的波长范围相匹配，形成最佳吸收率，即红外的热效应所引发的生理效应，从而使人肌体局部温度升高，达到辅助治疗和预防保健的目的，为家庭保健和自我保健之所需。诸如内科、外科、皮肤科等病，都不同程度地在使（试）用，不少效果还较为理想，颇受社会欢迎。简言之，纺织品保健类服装，是社会的需要，是百姓生活的需要，是改善和提高生活质量的需要，其市场前景亦很诱人。这是为最广大的社会基层民众造福，更是社会不断发展给民众带来的福音。保健服装，市场看好！

（二）舒适

生活中的不少人，其穿衣总离不开对天气的关心，否则，总会觉得缺点什么。其实，这就是气温、湿度、风和太阳辐射热所组成环境气候的 4 项基本要素，衣着适当，就会舒适。掌握这 4 项要素，衣服的增添、厚薄的选择，皆能应付，因而也就能穿得舒适。

所以，舒适是服装穿着的基本要义，它是指人们无论在哪个季节、身处何种环境，衣装都能给人以轻松、自然的感觉，且具有运动自如、抵御不利气候等基本属性，主要包括对气候的调节作用、活动的适应性、对皮肤的良好触感，以及防御外界对皮肤的危害。它涉及服装穿着的物理性、生理性、心理性、人体活动和气候环境等众多学科，所以，其研究领域较为宽广。

这是一门新兴交叉性学科，其建立因两次世界大战愈百万冻伤冻僵者之教训所致。我国于 20 世纪 80 年代中方起步，还很年轻。它视人体—服装—环境这三者为一个综合系统，全面研究服装及其材料的使用性能，评价服装的舒适性，进而为人们选择服装提供科学的依据。

（三）卫生

人们生活的环境存在各种细菌、真菌、霉菌，它们会粘附于服装和人体上繁殖，其繁殖过多会给人体造成危害；而皮肤汗液、皮脂及表面之落屑，被服装纤维吸收，若处置不当，也会引发细菌繁殖，以致引发红肿、浮肿等皮肤炎症或传染病。说所穿之衣装处在各种细菌的包围之中，或衣衫不整、清洁欠佳，会有碍健康，甚至遭遇疾病，一般人怕是很难接受，总觉得危言耸听。其实，这确实是存在的。卫生问题，存在于我们生活的各个方面，饮食需要卫生，大家明白，道理浅显，服装也是如此。学界已形成关于服装卫生的专门学科，开展专业化的研究，以使人们的衣着更加卫生，以利健康，从服装穿着上造福民众。

而服装上的静电，还会对人体产生危害。当静电电压高到一定程度时，便会产生静电火花，若身处可燃气体场所，可能会引发火灾，严重者还会引起爆炸。这不仅是服装卫生学的要求，更是关乎服装穿着安全的重大问题。所以，必须引起重视。

三、传播功能

服装是人们生活中使用最频繁、最密切、最受重视的消费品之一，也是最富于变化、最具实用功能的商品。这些大家都能明白。然而，如称其为可以传达某种意义的媒介，即把服装看成如同报纸、杂志、电视、广播等那样的媒体的话，那人们的认同度可就不怎么高了。服装怎么会具有媒体那样的传播功能呢？

牛仔裤，人们一定很熟悉，其后袋之标签各有不同，那是各品牌信息之传达。服装之传载功能，显而易见。

再看服装大师们是如何理解的。范思哲（Versace）为世界带来的美感，其灵感很多受惠于女性，他对女性的美有着不倦的好奇和追求，他认为：“服装作为社会化与自我表现的媒介，性感才是它最基本的动力。”

乔治·阿玛尼（Giorgio Armani）说：“我穿衣与设计也就体现着我对颜色与和谐的看法。”很显然，他是把衣服当成传载工具的。

这表明，服装的媒介功能的确存在，只是我们普通人没那么深切的感受。这可就用得上“不识庐山真面目，只缘身在此山中”这句老话了。其实，服装的传播功能每个人都在不同程度地运用着，它是下意识的心理活动的外化，个人并不能很清楚地觉察到。

影帝梁朝伟更认为穿衣是有情感的，他就特别喜欢风衣和皮装。他说：“风衣最有感觉，而皮装更有男人味。”从《偷偷爱你》到《东京攻略》和《无间道》，风衣和皮装是梁朝伟每场必现的装备。这是梁朝伟真实性格的表现，是轻摇滚的体现。

研究和观察之结果，更令人信服，服装穿着确可为人们的情感、素养、职业、时尚等表达提供相当的助益。实践中也不乏这样的实例，且每个人都是身体力行者，所不同的是，各人的表述方式略有差别而已。这里，服装的传达功能，有时可以像语言一样提出某些陈述，有时又能像艺术一样激起情感，或两者兼而有之，显示了具有较多的美学与艺术之成分。

随着社会文化程度的提高，人们通过衣装传播信息的功能，必会运用得更为丰富多彩。同时，服装信息传递之意义，也会具有多重性。试想，若有人问“牛仔裤代表什么意思”，那很难以一言作答，有时还显得有些模糊，此为服装意义的层级性。这些内容在以后的章节中将会逐步展开。

服装的定义，从学术的角度看，尽管说法多样，但有一点却是共同的，即对人体的保护和美化。可定义为：以现代文化为核心，穿于人体起遮护、修饰身体主干功能的物品。研究服装的定义，将有助于设计者对服装有深入的理解，使其更好地适应市场，以期更好地发挥其美化生活、服务社会的作用。这就涉及现代服装的特征，有规模的成衣化生产、生活的改善、以至穿着的休闲化，讲究产品的功能、品种新颖，这就需设计含量的提升，这就是服装发展的核心，设计师的作用就成了现代服装的灵魂。流行文化对服装的重要影响，成为社会生活的重要内容；健康环保既是穿着的根本要求，更是保护生态与关乎人类自身的职责。正因为如此，现代服装的精神功能就显得特别重要，作为物质符号它还具有信息发布、相互交流的传播功能。这是现代服装精神功能的突出之处，是值得特别重视的，关乎人的一生。

第二章 时代演变对现代服装的影响

进入20世纪，社会充满变化，它是战争、毁灭和新生、进步交错的时代，是新思想、新技术、新成就不断涌现的时代，更是人类社会不断发展的时代。城市文明、社会分工，成就了欧美的强大。现代服装就是在这样的背景下，呈现出各自的特色。法国巴黎、意大利米兰、美国纽约等，作为服装强国的势头，业已初显。

第一节 中国服装

1911年，辛亥革命的爆发，促使国人衣装形式发生了深刻的变化。民国政府颁布的《剪辫通令》，就彻底地革除了近300年辫发之陋习，也从根本上废除了有2000年历史的“昭名分、辨等威”的服装等级制，从而开始步入现代着装的行列，即全新的成衣化时代。

一、袍褂西装并行

袍，亦称“袍服”，一种长衣，至膝盖以下，又叫长袍。周、秦以来官员百姓的着装，辛亥革命后，穿着普遍。学者教授亦多此穿着，新文化旗手胡适、满口洋文的林语堂等，也一如此装。其穿着范围较广。如1949年前上海市民的一些合家照，其衣着样式亦反映了这一史实。如单式，则有长、短衫之称。而褂，很明显，那是源自清代的马褂，它与袍相配，长短对比，富有层次感，成为颇具现代感的穿着形式。

西风东渐和清朝留学生的归来，也带来西方的服装文化，西装也随之而入，与中式服装并行不悖。西装的引进和吸收，为男装的发展开辟了一个崭新的领域，使之更适合人体，利于活动，显示穿着者的潇洒英姿。

二、旗袍时髦民国

旗袍本为满族男女之装，因其实行八旗制，亦称旗装。进入民国，受西方服装文化及其新式裁剪的影响，女性爱美之心的焕发，所以借其展示女性的线条美。

民国初年，穿旗袍的人还少，款式与清制旗装相接近。此时的旗袍并非为了表现女性的身材美，而只是作为一种新款而已。到20年代，上海的女装出现收腰、低领、袖长不过肘、下摆成弧线的造型趋势，并流行花边装饰。于是，新式旗袍即经过改良的旗袍就应运而生了。这种旗袍吸收西式裁剪的长处，使女性胸、腰的曲线得以充分体现。但由于传统观念的束缚，穿的人并不多。改良旗袍的普遍穿着，据说与上海“鸿翔”公司有关。有位方小姐与“汇丰银行”老板欲结秦晋之好，考虑到银行界比较洋气和新潮，方小姐特地到“鸿翔”公司订做旗袍。喜庆之日，这位新娘穿上线条分明的旗袍出现在婚宴上，顿时光彩异常，窈窕多姿，使赴宴的女士十分“眼红”。有趣的是，这位方小姐不仅身穿旗袍，而且还自备了满满一箱旗袍做嫁妆。此事引起社会轰动，旗袍也就此在上海及其他地区流行起来。20世纪30—40年代，更成为老少的普遍着装。而重大庆典，那就更离不开旗袍了。如结婚照，更兼中西结合，长袍、礼帽、凤冠加婚纱的，以显示与时风的合拍。下面是旗袍20多年的式样变化。

1925年：与旧式旗袍相似

1928年：下摆上升，袖口阔大，有旧袄风格

1929年：受西洋短裙影响，下摆再度提高，近膝盖

1930年：下摆再提高1寸，袖口以西洋法裁成

1931年：长度回复到原位，四周盛行花边

1934年：收腰很窄，衩开得更高，盛行衬马甲，充分展示曲线美

1935年：袍长至地，衩反而开得低

1936年：为便于行走，长度与开衩回到1934年，夏装之袖开始缩短

1938年：夏装之袖再次缩短，有的甚至无袖

1940—1950：因战争关系，下摆长度开至膝盖上下

天气凉爽，旗袍外加短背心或毛线衣，也有旗袍外配西装的。

以上文字表明，旗袍的变化尽管多，如衣长、开衩、袖型等，但表现女性曲线的造型美却始终未变。所以时人不无调侃地说：“小姐们！请你把‘算’是过时的新旗袍，好好地藏着，过了十年八年你再把它穿起，保证又是时行的新装了。”

旗袍之所以深受女性的青睐，主要因其具有显示东方女性曲线美的特殊魅力，其整体效果的概括、简练，散发出强烈的艺术韵味，使着装者平添高贵的

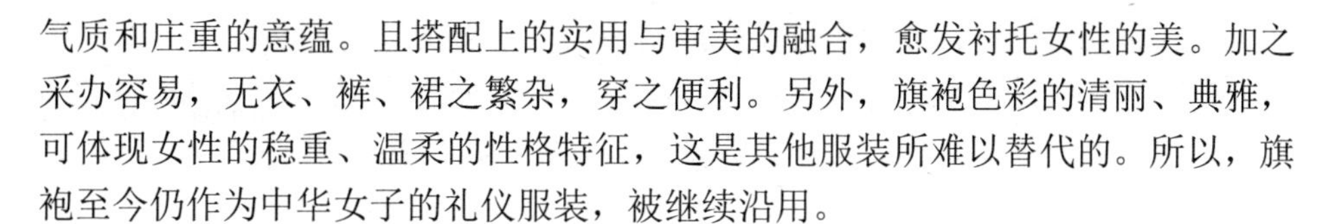

气质和庄重的意蕴。且搭配上的实用与审美的融合，愈发衬托女性的美。加之采办容易，无衣、裤、裙之繁杂，穿之便利。另外，旗袍色彩的清丽、典雅，可体现女性的稳重、温柔的性格特征，这是其他服装所难以替代的。所以，旗袍至今仍作为中华女子的礼仪服装，被继续沿用。

三、其他时兴衣装

（一）时装

自从我国国门被英吉利的火炮轰开以后，西方文化亦随之涌入，不少人都以西方的衣着打扮为时髦，于是出现了时装。这是我国服装的重大突破，也使女装发展进入了一个新的重要阶段。至 20 世纪 30 年代，由于新闻媒介和电影业的传播介绍，如报纸、杂志经常报道各种服装信息，各大电影公司聘用专门的时装设计师，为片中主人公（特别是女性）设计新颖别致的服装，加上当时的服装商人也非常注重邀请各类明星穿着他们所要推销的新奇时装，或者举办时装展览，以刺激女性的消费欲望，使女装更趋时装化，新款不断涌现，加快了当时服装发展的速度，促进了时装的流行。

（二）连衫裙

所谓连衫裙，是指衣、裙相连的一种服式。流行于 20 世纪 30 年代初，主要为年轻姑娘们所穿，而且多在夏季穿着。因为夏季衣衫较薄，穿上连衫裙后于腰间束带，就能把腰部的纤细和线条的柔美展示无遗。其开襟有前后两种，在后则自颈背而下。这种裙式，是以本民族衫裙为基础，汲取外国服装精华培植而成的一种新颖款式。

四、共和国大行“老三款”

1949 年 10 月，中华人民共和国成立以后，百废待兴，物质条件很差，又遭国外敌对势力经济封锁，人们的服装只能以朴素为主。式样上受进城部队的影响，干部服（中山装、人民装）和列宁装的穿着很普遍。其中中山装、人民装、军装被称为“老三款”。这是人们感受新生活，首次以着装的形式表达出的一种强烈的翻身之情。男穿干部服、女着列宁装，为 20 世纪五六十年代我国人民衣装的主要形式。

（一）中山装

为理解方便，先述其由来。即作革命党，首先就须有服装作外在物质形象标志。中山装由越南华侨巨商黄隆生根据孙中山的授意而设计。它以学生装（一说日本铁路制服或广东便服）为基本式样改革而成，因中山先生率先穿着而得名。其式最初有背缝，背中有腰带，前门襟为 9 档纽扣，胖裥袋；以后取消了背缝，改为 4 袋、5 扣、袖口 3 粒装饰扣，并一一赋予其特定的内涵。前襟 4 袋表示儒教的礼、义、廉、耻，认为此为国之四维；门襟 5 扣则含五权（即行政、立法、司法、考试、监察）分立的意思；袖口 3 钮寓指（民族、民权、民生）三民主义。

北伐以后，国民党曾规定，男子以中山装为礼服。1929 年，国民党制定宪法，定其为礼服，并规定凡特、简、荐、委 4 级文官宣誓就职时一律穿中山装，以示奉先生之法。春、秋、冬三季用黑色，夏季为白色。因中山装造型大方、严谨，善于表达男子内向、持重的性格，故也作常服穿着。

中山装的造型也是有所寓意和约束作用的。首先体现在衣领部位，它围绕着颈部与人体是一个严密、完整的组合，清晰地勾画出头部与躯体的界线，亦即思想与行动的界限，它同时也展示出克己与压抑冲动这两种强烈的心态。所以说，中山装收紧颈部的衣领是一种克制的象征，更是压力与危机的象征。严谨的领部与居中门襟线，更给人以一种严实、平稳的感觉。其次，中山装排除繁琐装饰，追求简洁，整个外观的平复、坦实、无饰褶，给人以信心和力量。因此，其有限的外形特征所创造的氛围，是约束和信心的表现，它蕴涵着设计者强烈的主观意愿，并要求穿着者言行合乎礼仪规范。从服装发展角度说，中山装更是民族服装与西装的成功结合，为我国男装简化迈开了可喜的一步，就此进入一个新的领域。

中华人民共和国成立后，中山装进一步得到普及，穿着广泛，成了革命和进步的象征。党和国家领导人，很多都喜穿中山装。邓小平喜欢穿浅灰和中灰的中山装，不太喜欢深灰色，其衣物由北京红都时装公司高级技师田阿桐缝制。他认为，中山装最漂亮的地方莫过于领子和两个上袋，而后者必须与第二粒组扣成一条水平线，体现出它的严密性和庄重性。

（二）列宁装

该服装因苏联缔造者——列宁的穿着而闻名于世。其形式为大翻领、单（双）排扣、斜插袋，腰饰束带。它最初是军中女干部的主要衣装，随着解放军部队的进城而传播四方：从干部学校的学员向各大学的女学员扩散，再由此逐步向社会流行，形成了一个颇有声色的穿着热潮。

（三）人民装

中华人民共和国成立初期，因中山装、列宁装的时兴，有关人士又据此设计了“人民装”。其款式为：尖角翻领、单排扣、翻盖袋。该装集中山装的庄重大方和列宁装的简洁单纯为一体，老少咸宜。由此还演化出青年装、学生装、军便装、女式两用衫等。

事实上，人民装是由中山装变化而来。尤其是衣领，最初紧扣喉头，很不舒服，尔后不断开大，翻领也由小变大。因毛泽东非常喜欢，并且大多场合都是如此装束，故外国人就称之为“毛式服装”。另因其不分老少，不论面料，城乡各地，皆有穿着，至20世纪70年代末，又有“国服”之称。

这种翻盖袋、廓形为矩形的服装，是中华人民共和国成立初期统一思想、规范行为的有效着装形式：中规中矩。

（四）苏式衣装

除影响强劲的列宁装之外，苏联还有些服装在我国的某些地区有较大的市场。如衬衫类，就有乌克兰的套头式（立领）及哥萨克偏襟式等。仿该国坦克兵服而设计的“坦克服”也很受欢迎。其式样为立领、偏襟、紧身，且在袖口和腰间有装袢的细节处理。其优点在于用料省、易制作、穿着便利。另外，面料的风格是富于俄罗斯风情的图案，亦颇为百姓所喜爱。俄罗斯大花布的广泛采用，带动了乡村集镇的花布走俏，并迅速朝通衢大都推进，妇女、儿童个个都是花团锦簇，光彩照人。

值得指出的是，当时的设计师除了吸收苏式图案外，还较为注重民族传统纹样的发掘和创新，常见的有金鱼水草、荷花鸳鸯、松鹤长青等，强调纹样的寓意性，表现了广大人民群众对新生活的憧憬。

从1966年至1976年，中国社会进入了“文革”时期。这是一个思想观念和生活方式都遭受禁锢的年代，人们的行为、心灵遭受了严重的扭曲。60年代初，由于三年自然灾害的缘故，社会崇尚节俭，“新三年，旧三年，缝缝补补又三年”，已成为社会化的穿着要求，全国上下、城镇乡村皆风行“清一色”和“大一统”的服装，即蓝、黑、灰和“老三款”统领了全国人民的穿着。

（五）军装

1966年8月18日，毛泽东主席在天安门城楼接见红卫兵时的穿戴：军帽和绿军服。人民解放军打败了蒋家王朝，功勋卓著，百姓崇敬，领袖身着军服出现在这样的重要场合，恰如一股强大的推动力。因此，军装的社会地位迅速升温，尤以中、青年为最，以此为荣，一款在身，身份倍增；加之军装的权威性和稀少性，因而更成了普通百姓努力追逐的对象。有些复员退伍军人，人还未到家，其军装早被亲朋好友“预订”一空了。这就是当时发生在中国大地上颇为广泛的军便装热，时有“绿海洋”之称。

五、改革赢得服装新

1978 年“文革”结束，我国的服装业迎来了全新的发展繁荣期。20 世纪 80 年代，国人迎来了我国服装发展史上的又一崭新篇章。国门打开，面对涌入的各种信息，人们在惊愕之余，更感新奇、新鲜。这于服装上的表现尤为明显：那扑面而来的形式各异的服装，着实令人眼花缭乱，并强烈地冲击着人们的着装观念。服装穿着朝美化自身的方向渐变，并以追求新潮服装为时髦，即个人的审美意识开始占主导地位。随着观念的急速改变，连居家服、睡衣、手编工艺装等，也进入了时尚的领域，可谓精彩纷呈。

改革开放至今的 30 年，我国的服装从面料、色彩、款式、功能和穿着方式等，均发生了很大的变化。就造型而言，除西装、夹克衫、大衣、风衣这些常见之装外，更有色彩斑斓、名目各异之服装的大量涌现。就裤装来说，花式更是繁多，以裤之宽窄程度就演绎出“喇叭裤”“紧身裤”“直筒裤”等名目，而裤之长短还翻出“便裤”（裤长至踝）、“九分裤”（至小腿）、“三骨裤”（至膝下）、“牙买加短裤”（至膝上）、“热裤”（至臀）等。此外，以面料和服用对象还生出牛仔裤、萝卜裤、老板裤等。至于裙装，既有喇叭裙、连衫裙、太阳裙、A 字裙，也有一步裙、超短裙、迷你裙（裙长仅 18 厘米）等。

而缘于当时影视艺术中主人翁形象而面世的“高子衫”（电视剧《姿三四郎》《追捕》）、“蝙蝠衫”（电影《蝙蝠侠》）、“兰波衫”（电影《一滴血》）等，以及借鉴体育运动元素的服装纷纷上柜，使市场充满了活力。同时，还有几件大事对我国服装的发展影响极大。例如，1987 年 10 月中共十三大胜利闭幕后政治局五位常委的集体亮相，所穿皆为西装。外国媒体的社论几乎口径一致：这次中国人的开放是真下了决心了。这于服装界来说，无疑是一股强大的催化剂。于是，全国迅速刮起了一轮西服穿着热潮。又如，1998 年，受长江抗洪子弟兵英勇行为的感染，迷彩服又成穿着热点。而 2001 年 10 月，APEC 会议“全家福”的发表，在全国掀起了一场含有唐代服装元素的“华服热”，并远播海外。

我国服装业所发生的巨变，还与国际流行的传播和吸纳关系密切。1985 年，这是个值得记载的年份，服装工作者更视其为具有里程碑意义的年份。这年的 5 月，三位国际级服装设计师先后来到我国首都北京进行时装展览和展示，他们是伊夫·圣·罗朗（Yves Saint Lanrrent）、皮尔·卡丹（Pierre Cardin）和小筱顺子（Junko Koshino），他们的到来，拉开了中外服装文化交流的大幕。大师们的作品，使我国的服装开拓者和设计师拓宽了艺术视野，获得了颇多启迪。

特别应该书写的是 1979 年 4 月，皮尔·卡丹（Pierre Cardin）来到中国，12 位模特（8 位法国姑娘、4 位日本姑娘）在北京民族文化宫进行的时装表演，使国人眼界大开：原来服装是可以这么穿的，从而初步体验了时装是怎么回事。

总之，30年来，我国百姓的穿着观念经历了盲目猎奇、前卫露装、强化品牌和追求个性等过程，服装穿着基本脱离了遮体御寒的固有概念，成为经济活动与和谐社会最为活跃的物质符号。各种新式衣装的推出，或款型变化、或质地变化、或穿法变化，都极大地丰富和改变了人们的衣着文化的审美习惯，即着装趋向于个性化、休闲化和国际化。

此外，我国的香港、澳门、台湾等地区，由于历史的原因，服装既有与内地的延续和传承，也有与海外文化的吸纳和融合，形成兼具内外特色的服装文化，形式、内涵丰富多样，可谓多元共存、各呈精彩。这里仅以香港为代表略作介绍。

说起香港服装，人们自然联想到班尼路、佐丹奴等品牌，这是青年们捕捉时尚信息的前沿阵地，耳熟能详。堡狮龙、鳄鱼等男性品牌则更是吸引成熟男士的目光。而品牌众多的香港女装融合了色彩、面料等流行元素，很受年轻女性的青睐。可见香港品牌是很有市场影响的。而这个局面的出现，是市场竞争的结果。

培养设计师氛围浓。20世纪80年代初，贴牌加工的老板，深感利润逐日趋薄，且劳动力成本和土地价格的迅速上涨，除部分迁往内地，继续从事大规模的加工生产外，尚有留守本地转而冲刺产业链上游附加值较高的设计，走上从贴牌加工（OEM）到设计生产（ODM）的转型之路。这就开始了设计力量的组建。他们常亲自到香港的国际时装秀上寻觅有潜质的设计师，并为其提供到欧洲学习时尚设计的机会。一批香港本土设计师就此诞生。香港贸易发展局对服装设计师的培养，也是功不可没。每年的香港时装节有个重要的内容，就是安排学子、新人的作品进行发布，并广邀媒体大力宣传，着力推荐，助其早日成才。当然，作为专业的香港服装院校，亦是连接市场，着力进行人才培养。这是学校职责所在，自是理当。此处暂不再赘述。香港的时装产业在二十多年前就与世界接轨，80%的设计师为了适应欧美国家的趋势，而主动走向国际化。他们根据顾客的需求而设计，包括生活方式、理念上的设计，也更明确各国不同的风格。

会展助设计师腾飞。20世纪60年代，是香港服装设计发展的转折点，借香港经济起飞之机，纺织制衣业亦随之昌盛。特别是1967年首次举办的香港成衣节，正式展出了本地时装设计师的作品，极大地吸引了欧美许多著名百货公司前来订货。且往后的数十年间，香港培育了不少本地的时装设计师及时装品牌，并成为东南亚地区的主要设计中心。特别应该说的是，香港文化博物馆2007年展出的“潮——香港时装设计”，作为香港回归十周年纪念活动之一，就是香港设计师对香港服装经济贡献的回顾和展望。展出逾 80 件 9 位名动时装界的本地设计师的经典作品。展示本土时装设计的创意及多元衣文化，演绎设计师的独特时装态度。参与的设计师有资深的，也有年轻的，创作概念各有千秋，把视觉艺术与生活要求巧妙结合。

郑兆良因熟悉客人的生活方式及品位要求，以擅长度身订造高级时装而闻名；张路路的设计简单低调却别具个性，以富有时代感的职业女性为对象，迎合上班一族；伊嘉是印尼华侨，善于把印尼的文化气息融入设计中，作品富有民族色彩；刘家强将传统中国元素注入现代服饰，大胆得令人惊讶，成功地展现中国服装西化、摩登和性感的一面；刘志华喜欢放眼世界，吸收外来事物，设计富有时代感；还有设计路线多元、由男装至女装，简单便服至华丽晚装俱全、勇于寻求突破的马伟明；精于把生活经历及艺术如音乐、戏剧等元素糅入作品、充满强烈的个人风格的邓达智；观察细腻，生活的细节往往成为设计灵感、作品幽默且富想象力的尹泰尉；还有因度身订制高级时装，以精巧设计、立体剪裁、细致手工著称的杨远振。正是这些香港本土的设计师长期的市场磨炼，造就了香港服装经济的繁荣，这也是其领先于大陆、水平高于内地的原因。

设计师品牌开天地。上文所述之设计师为香港服装经济的发展和繁荣做出了很大的贡献，这是设计师群体力量的充分显示。其中还有几位须再加叙述的，那就是文丽贤和张天爱。文丽贤作为“香港时装设计师协会”第二至第八届的主席，除致力于推广和提高香港时装设计师在港岛内外的形象及其地位外，更以自己的工作实绩打响香港品牌。还在纽约著名时装公司“THAYER INTERNATIONAL”任总设计师，并负责设计统筹集团内的两个品牌之际，她就萌发回香港、为中国时装业做贡献的念头。仅用 2 年时间，就使自己的品牌在伦敦及巴黎时装展中获得一致肯定，也得到多家大型百货公司订购，其中包括英国的 HARRODS（哈劳斯）、美国的 NEIMAN MARCUS、SAKS FIFTH AVENUE 等著名百货公司。其后她的时装系列，更经常于世界各地展出，包括巴黎、伦敦、东京及纽约等地。她认为“把简单的东西组合起来”为当今世界最流行的趋势。所以，在她的时装系列中，通常都是以单件组合的概念为主，用互相搭配来营造百变不同的风格而赢得世界买手的订单。出于对内地服装业的热爱和关注，当其事业如日中天时，她出任“中华全国工商联纺织服装商会”专家委员会的委员，回内地发展。将香港设计师的国际化时装设计理念和市场运作经验结合，配合内地企业雄厚的基础，两者合力打造出优秀的服装品牌，争取早日进入国际名牌行列。

而出身于传统英式家庭的张天爱，自幼受到良好的教育。艰苦的芭蕾训练，培养了她坚强的个性。1981 年“港姐”总决选的临时受任出演，使她获誉娱乐圈，但她无意于此，转而主攻“世界服装设计大师”，立志做属于中国人自己的服装品牌，全身心投入到这个新的事业中去。一边搞设计，一边攻读哲学学位；进修计算机和商业课程；学习中文和中国历史、哲学，为实现梦想而执著地努力着。

努力打造中国品牌，是张天爱的不懈追求。1981年，个人时装品牌“Pavlova”创立后，1991年“Tian Art”新牌又宣告问世，设计高级女装系列及成衣，包括男装系列，并在伦敦和纽约设立办事处。在美国、英国、法国、意大利、德国、巴西、中国及多个东南亚国家，开有专卖店。其服装风格独具，光彩夺目，活跃异常。以中国元素的时尚特色享誉国际，是成功时装设计师的典范。其设计的作品成了伦敦、奥斯陆、香港及我国内地著名艺术馆与博物馆的收藏对象。张天爱成了华人的骄傲。世界各地100余家不同的国际公司的制服，多出自张天爱之手。她还参与、组织、设计了100多场时装表演及发布会，为众多芭蕾舞比赛及歌剧表演担任艺术总监与舞蹈编排，赢取了很多国际奖项。

在取得国际影响的同时，张天爱不忘内地事业的同步发展。自1993年，她借任大连时装节艺术总监之机，把她那富有东方风情又透着新潮气息的精美服装带到了内地，使人们大开眼界：中国元素和世界时尚的完美结合。可以说，近20年的不断拓展，张天爱的设计以东西文化的融合，无论是传统简朴还是大胆前卫，都极具创意，形成了与众不同的独特的设计风格，显示了她作为实力派的风格特色。中国传统精髓，博大精深，一直是她骨子里的文化印记。

正是这些设计师长年坚持于市场一线，才造就了香港服装业的成功，其在国际上的地位不断得到巩固。

第二节　东南亚服装

由于东南亚多元文化的影响，形成了华服、马来沙纱笼和印度纱丽并存共用的局面。不过，男性特别是上层人士，至20世纪40年代，若是礼仪场合，定会以西式服装出席。同样受西方服装文化的影响，以日本的发展最为迅速。

一、日本设计师“西行”

整个20世纪80年代，最令人瞩目的现象就是日本服装设计师进入国际主流。如三宅一生、山本耀司和川久保玲等，皆在此时登上了巴黎的时装舞台，开始走向国际化。其实，日本服装业的“西行”崛起，酝酿于20世纪60年代。

高级定制“传统派”代表设计师森英惠（Hanae Mori），是这场西行运动的先锋之一，经过整整15年的不懈奋斗，1977年，森英惠终于正式进入巴黎高级时装设计界：开设了自己的时装店，参加高级定制发布会。她设计的带蝴蝶图案的和服面料礼服，引起轰动，蝴蝶亦成了森英惠的标志。

其间，“生活派”的代表设计师高田贤三（Takada Kenzo）的东方民族风情，也对西方世界产生了吸引力。20世纪70年代，他借东方风情的印花和概念，开辟了属于自己的一片天地：第一间“Jungle Jap”（日本丛林）店铺终于开张，所售皆由他设计、街市所无的：加宽的袖口，全棉织物，和服设计中的平面理念，色彩和图案之变幻如万花筒，有时装界雷诺阿之称。尔后，高田贤三的发展全面欧化，他本人也加入了法国籍，最后连牌子也卖给了LVMH集团，和日本完全脱离了关系。

而“现代派”设计师三宅一生（Issey Miyake）于20世纪70年代的脱颖而出，宣告了一个不同于传统亚洲设计路线的设计师的横空出世。走上一条全新的探索之路，可谓艰难曲折。他奔走于巴黎、纽约、东京间，极显日本设计师的顽强毅力。1976年，他在东京和大阪举行的题为“三宅一生和12位黑姑娘”的时装表演，及其后于东京和京都推出“与三宅一生共同飞翔”的新系列，皆获极大成功。于是，他受到纽约和巴黎时装周的关注。三宅一生对东方元素的运用，创造了人体与服装的和谐之美，成功地向世人展现了东方精神与现代社会的完美结合。

及至1981年春夏，山本耀司和川久保玲在巴黎时装周上的亮相，令这个以优雅时髦的法式风情著称的时装之都颇感不适。他们的设计被认为“完全不合身、不对称的”，既不追求性感表现，也不追随高雅品味，线条松垮，色彩阴暗，被称为“不被期待的艺术、无形态、不搭调”。这对他们无疑是个巨大的打击，但他们并不气馁，而是继续努力，坚持不对称性设计和残缺的美学实践。5年后，他们终于从世人的抗拒中赢来了狂热的追捧，这是很难得的。1986年，以往的批评和谩骂，终于转为颂扬和称赞了。此后的十年里，山本耀司更是逐步成为国际公认的偶像级设计大师。

川久保玲在1986年，采用捆绑的棉、人造丝和PU、厚帆布的大胆尝试，创造出具有吸引力的造型，使西方人折服：“川久保玲让我们看到了许多时装之外的东西。当我们放下傲慢的姿态，打开自我的心智，便能在破烂布片的背后，发现服装的另一种魅力——是的，你不需要为别人打扮，不再需要以被观看为目的在镜前浪费时间。”这些充满哲学意味的小众色彩的设计，终于获得了崇尚个性、讲究时髦的欧洲人的青睐，从而永远地改变了世界时装史。

日本服装设计师之所以能征服时装之都的巴黎，关键在于他们的不懈坚持，大和民族坚韧的个性和创新的设计，以及品牌的商业实力的经济支持。这些设计师西征巴黎时，在日本大多创立了自己的工作室和自己的品牌，并逐步演化为公司，设计师品牌经济效益渐成规模。1981 年，山本耀司的男女装两个品牌已经有相当于 1.8 亿元人民币的年销售额，川久保玲到 20 世纪 80 年代也拥有了相当于 2 亿元人民币左右的年销售额。从 1975 年到 1981 年的五六年间，设计师品牌的销售额增长了 200%，而川久保玲更是拥有了 300%的增长幅度。所以，20 世纪 80 年代这些设计师进军巴黎时，已经拥有了商业上相当成功的个人品牌和经济收益。

同时，日本设计师的创意群体合力，也是他们成功的极大因素。30 年来，他们之间没有派系之分，没有资历之别，有的是一致前进的决心和毅力，且相互支持，共同进步。特别是对年轻后辈的无私帮扶，更令人钦佩：或慷慨解囊，或提供平台，或现场指导，尽力为后辈们的发展提供便利。这的确让人赞叹。

二、印度设计师崛起

地处世界东方的亚洲文明古国之一的印度，进入现代社会后，国际化程度日益提高，联系密切。其外汇收入最多的就来自服装工业，占该国出口总额的近 16%。印度拥有约 30000 家成衣制造企业，出口型居多，从业人员约 300 万。外国买家的热情大多较高，有的时装领先品牌还与印度产品联合。现在，印度已成为主要国际市场、高品质时尚服装的供应国家。

（一）国内市场塑形象

印度经济每年以 8%的速度高速增长，为印度服装设计师开拓国内外服装市场提供了极为有利的条件。国际著名时装品牌如香奈尔和迪奥等纷纷落户印度，从某种程度上也刺激了印度设计师的迎头赶上。时装设计师瓦尔马说：“世界时装品牌已进入印度，我们再也不能忽视国内时装市场。”加速国内市场开拓，成了不少设计师的共同认识和付诸实施的有效办法。在 2006 年秋冬新德里时装周，设计师拉胡尔·康纳说：“时装周开始前，我们在 3 家店卖时装，现在，我们在印度国内外有 26 家时装店卖时装。”并希望通过合作的形式，使他拥有 40 家时装店。

市场的实际需求，也加大了服装设计师进军国内生产的力度。仅婚礼服设计一项，堪作代表。服装收入的 70%，就来源于此。有统计说，这个市场的总交易额高达 3000 亿美元。这是个令人心动的数字，也预示了巨大的市场潜力。这促使广大设计师们把目光投向这个庞大的婚礼服设计市场，在传统与现代之间架设桥梁，不仅把自己的专卖店经营得颇有声色，而且还颇具国际的领先性。1997 年由设计师 Rohit Gandhi 和 Rahul Khanna 合作推出的品牌 Ctie，销售于印度主要城市加尔各答、班加罗尔、德里和孟买的5家专门店，其整体的廓形不仅是东西方的融合，就连细部点缀的垂坠，也是古典印度工艺与西方风格的结晶。些许纱丽风情的曳动，受到顾客的欢迎。这是一个聪明的做法，先站稳国内市场，尤其是在经济不景气的情境下，此举更显重要。

（二）跨越鸿沟向国际

印度服装设计师在国内市场大展拳脚时，并未忘却国门外的大千世界。他们中的先行者瞄准国际市场，大胆参与国际间的各项活动，冲向巴黎，与强手直接过招，力求在竞争中夺取佳果。Manish Arora，就是立足世界舞台接受考验的佼佼者。2009/2010巴黎秋冬时装周上，Manish Arora动物主题的时装秀反响热烈，夺人眼球。T台模特梳着魔鬼角形状的发型，脸上画着像文身一样的线条，眼睛上涂着浓重的油彩，并装点着施华洛世奇的水晶，身穿别致新装，好像参加狂欢节的舞者。除了服装造型令人注目外，其图案形式多样，有的似孔雀开屏，有的像兽首变形，有的如中国武将补服，有的几何底纹中穿插具象花卉，的确新颖独特。而色彩的浓艳袭人，简直是马蒂斯再现，缤纷斑斓，夸张中不乏次序感，真是印度传统纱丽之现代版。

"我们能走向世界吗？"这是印度设计师常会发出的疑问。Manish Arora用自己的设计克服了印度同行思想上的障碍，成功地跨越了人们视为国际化的鸿沟，以传统和现代相互交融的设计，在巴黎向世人诠释了印度风格的作品。所以，人们在震惊之余，更看到了印度传统文化的绚丽。Manish Arora一直致力于把印度本土文化、风俗特征融入创作和服装设计中。他的印度式波普艺术风格，创意十足。而倾注着这些创意的Manish Arora作品，人们在他专卖店里都可尽情欣赏、消费。2002年，Manish Arora第一间旗舰店在新德里开门迎客。全球至今已达84家，品牌总价值550万美元。Manish Arora在服装界的成功，吸引了其他领域对其的青睐。他曾与运动巨头Reebok推出一个成功的系列，并与Swatch手表、Pommery香槟和Good Earth的家居用品等跨界合作，也取得骄人的业绩。MAC化妆品牌与之合作的产品，一经推出便销售一空。事实表明，当大多数设计师满足于本土市场的时候，Manish Arora却把眼光转向了世界。他以勇气和才华实现了自己的创意，以至使人们对印度服装文化着了迷。Bameys New York时装总监Julie Gilhart，就曾对印度时装周发表过这样的评论："我不确定我是否会下订单，因为Bameys专业性很强。但是每场秀我都能看见自己喜欢的设计！"

（三）时尚普及大众化

印度各地时装周的兴办，极大推动了服装的市场影响。当Wills印度时装周

10周年庆典之际，社会各界都被动员起来。那段日子，出租车、奔驰和摩托三轮车络绎不绝，从Wills时装周的据点Inter Continental Eros酒店，到德里时装周的发生地Swank Emporio商场，到处是热闹的人群，拥挤不堪。“时装周变成了一场集会。过去只有时尚界少数精英可以参加，现在人人都想成为时尚界的一分子。”印度《Vogue》的时装专题总监这样说道，“你可以看到戴着墨镜的宝莱坞明星，也可以看到穿着拖鞋的邋遢家庭主妇。”时尚已从少数人扩大到芸芸众生，被普及到社会普通人。难怪印度设计师协会主席Sunil Sethi兴奋不已，并把印度比作早年的日本，虽然不是每个人都能成为三宅一生和山本耀司，但是已有年轻设计师正在被认可，“兴趣和信心都在。”Sunil Sethi说。这是印度人对西方时尚统治地位的挑战。

可以说，印度是个正在崛起的服装国度。研究显示，印度服装市场每年以15%的速度增长，民族服装将继续是主角之一。另一方面，西式服装为240亿卢比，大约是总体女士服装市场的12%，每年增长率为16%—20%。到2025年，中产阶级人口预期达到全体人口的45%，将对西式服装发展做出重大贡献。印度服装的前景诱人。

这里，再把纱丽作一补充。纱丽，本是一种缠腰布，长约6米、宽近1米，与紧身胸衣、衬裙、罩衫组合穿着。面料品种较多，棉、丝为主，但视丝绸为正宗，豪华富贵者，唯金银线绣图案，价值连城。尤其是以质地、色彩、花纹而闻名的玛特拉西（Madras）和别娜莱斯（Banares）的纱丽，最受印度妇女的垂爱。颜色大胆鲜艳，五彩缤纷，有桃红、艳橘、火红、宝蓝等。

纱丽的缠法繁简不一，大致可分包头式、披肩式、垂挂式3种，以扎、围、裹、披等技巧，产生不同变化。且因地区、种姓、地位的差异，而有所不同。图案华贵富丽，变化万千，有的典雅大方，有的鲜丽夺目，有的素雅怡人，更显穿者之端庄妩媚，婀娜多姿。

纱丽穿法无硬性规定，可依个人喜好。在公司企业上班的女性，大部分采用较正式的披肩式；而随处可见且较随意的，多为包头式。晚宴时则以较浪漫的垂挂式居多。

三、“韩流”滚滚受众广

20世纪90年代，韩国的服装开始传入我国，并很快形成较大的流行潮流。它得益于韩国有一支杰出的设计师团队。他们的服装设计在20世纪60—70年代，就已开始起步。如崔福浩、安德烈·金等著名设计师等。

（一）崔福浩：美的使者

崔福浩（Choi Bok Ho）是位“以人为本”、把顾客放在首位、丰富顾客生活、创造未来文化的服装设计师。他的作品用色对比强烈，面料别具特色，有如韩国传统原色之民画与彩缎之艳丽浓烈，而符号性文字、图案造型所构成的独特的视觉美，则给人以强烈的原始色彩的冲击力。“太极（Taeguk），水与火的和谐”，是崔福浩的设计追求。水火对立，历来如此，可在崔福浩的设计中，竟使两者神奇地化为和谐：把火焰般热烈的底色和似水般柔和的款式融为一体。这种水与火的交融，他借助斜裁法工艺，使款式得以柔和、自然，从而还女性服装以温柔感。其实，这种解放女性形体的造型设计，缘于欧洲紧身内衣的改革，使女性的身躯不再被紧紧勒住。所以，崔福浩的服装自 1975 年打响以后，就成了美的使者。40 多年来，他以高贵的、具有感性的设计与浪漫的款式，强调女性特有的曲线：以实用、自然的线条与气质美，通过设计师独特而绝妙的细腻表现出服装的时尚美。他的服装，是 40 岁—50 岁、懂得享受服装文化的高品质人士的代表品牌。可以说，崔福浩是韩国服装界的代表人物。作为大邱时装工会第八代理事长和韩国时装协会副会长，他积极参与国际间的各类服装活动。从 1980 年起，德国、法国、美国、日本、新加坡，以及我国的北京、上海、香港、青岛、宁波等地的服装展会，皆可见到崔福浩那令人目眩的作品，并在时尚界引起轰动，使人大饱眼福。

（二）时装界的“金大师”

安德烈·金（Andre Kim）本名金峰南，1935 年生于风景秀美的京畿道高阳市。1962 年，27 岁的安德烈·金开设了自己的工作室，成了一名真正意义上的服装设计师，也是韩国历史上第一位男性设计师。1966 年，他成功地在法国举办作品发布会，此开韩国设计师之先河。至今在世界各地已举办了 100 多场时装秀，多次受邀参加奥运会时装展，活跃服装界近半个世纪。因而被韩国时装界尊称为“金大师”。

安德烈·金最著名、最有分量的是婚纱礼服。他将自己对爱情的理解融进了每件精致、纯洁的礼服，他所举行的一场场“婚礼”，华丽绚烂，展现的是一对对宛如天仙的情侣组合。他用最华美的服装，书写着自己对爱情生活的憧憬，营造一个属于成年人的童话境界。而他的晚装则融合了东西方宫廷装的特色，自成一派，极具皇家风范。至于时装发布的时间、地点的确定，安德烈·金也是经过精心选择的。他曾经在联合国基金会募款，在世界杯足球赛、奥林匹克运动会等特别的时机，举行他的时装秀。这真是巧借重大活动搞推广，收获倍增。这是安德烈·金不同于其他服装设计师定期发布的地方，并有进军其他领域的规划。自 2007 年涉足化妆品行业后，他还打算进军内衣、丝袜、眼镜等领域。他说：“时尚就是一种综合艺术。我只是结合了我的想法与时尚，使它往多元化的领域去发展罢了！”

安德烈·金的时装发布善与明星模特合作，使之效益互见。实践证明，该策略运用得相当成功。尽管当年评论界曾经颇多微词，称他哗众取宠，用电影明星为自己造势。但他顶着压力并未退缩，坚持任用韩国当红明星。从20世纪60年代电影明星崔恩熙作模特后，张东健、权相佑、元彬、金喜善、李英爱、崔智友等韩国明星都相继受邀。他说："影视明星所拥有的演技，正是展示时装所需要的。他们将情感融入时装表演中，让我的发布会成为一个综合的艺术舞台，带给观众最高层次的享受。"安德烈·金也成了最受明星欢迎的设计师。只要能参加一次安德烈·金的时装秀，那么星途就会事半功倍。这是韩国演艺界的公开秘密。安德烈·金的时装秀成了天王天后们诞生的摇篮。他们都以穿安德烈·金设计的时装为荣。连远在美国的歌手迈克尔·杰克逊，在公开场合所穿的衣服，出自安德烈·金之手的，也不在少数。难怪安德烈·金所到之处，总能受到隆重的礼遇：金字塔前举办时装展，埃及第一夫人亲临现场；在意大利办展，该国总统授予他勋章；办展于旧金山，该市市长为他宣布"安德烈·金日"，等等。可见安德烈·金在世界服装界的重要地位。

韩国服装行业的快速发展，是设计师大力推动的结果，其作品制作工艺的精致、内涵的多元融合、风格的前卫内敛、色彩柔和出挑，是韩服广受世人瞩目的关键，也是韩国服装品牌站稳巴黎等时尚之都的重要原因。

第三节　欧美服装之都

一、巴黎——罗浮宫的伟绩

罗马不是一日造就的，巴黎的服装艺术则是日积月累而成的。从17世纪以来，法国的服装就一直是欧洲的代表，至20世纪高级时装（Haute Couture）的诞生，更是达到了巅峰。

（一）一个英国人的贡献

法国高级时装（高级定制服）的问世，并非本土人士的创新，而是一个来自英国的年轻人，他是设计师沃斯（Charles Frederic Worth，1825-1895）的首创。1858年他在巴黎开了家以自己名字命名的时装店，服务于当时的法国宫廷和欧洲王室、贵族。那些俄罗斯、意大利、奥地利、西班牙等宫廷的贵妇们，在领略了沃斯设计艺术的高超之后，纷纷赶往巴黎，连法国皇后欧仁尼、英国维多利亚女皇也慕名前来，成了沃斯的忠实主顾，高级时装由此而勃兴，并成为法国人崇尚奢华古老传统的代表。由于沃斯将这一传统的缝制手艺上升为受人敬重、钦佩的艺术，因此人们把他设计制作的各式豪华礼服尊称为“Haute Couture”“Couture”，高级时装由此定命，并逐步发展至鼎盛。沃斯也就被誉为近代巴黎时装之父，其美丽的妻子也成为第一个服装模特。

但因定制只为极少数人所能接受，即只能为权贵阶层的消费者服务，所以，极难推广普及。“二战” 结束后的1947年，迪奥(Christian Dior)发布的“New Look”（新风貌、新造型）系列，极具里程碑意义：高级定制服的精湛技艺，再次华彩绽放。20世纪50年代，众多品牌的竞相崛起，遂将高级定制服推至极盛。然终因其本身的服务范围极其有限，所以好景难长。20世纪六七十年代，客户锐减，高级定制服进入萎缩衰退期。

（二）设计师群星“建都”

这是一个需要设计的年代。作为服装设计师的功用就格外为社会所重视，这就促使一批设计师脱颖而出，且各具特色，共同把法国服装推向世界服装的前沿。

1．简化造型第一人——保罗·波烈

保罗·波烈（Paul Poiret，1879—1944），简化女装造型设计第一人。他出生于布商家庭，自幼喜欢时装插图，曾得到名师道塞特（Doucet）的指点，并进入沃斯的店里工作，从此保罗·波烈走上了服装设计的道路。

保罗·波烈设计的女装首次摒弃紧身胸衣，具有简洁、明快、松身、腰节线提高、裙摆狭长并不展宽的特点，以此宣告了传统紧胸衣的灭亡，恢复妇女胸部的自由和健康。他在自传中不无夸耀地说：“在这个紧身内衣仍旧流行的时代，是我发动了反对它的战争”“我以自由的名义预言紧身内衣的灭亡，并宣布乳罩的登场，从此以后，乳罩将大获全胜。是我解放了女性的双乳。”这种简化服装设计的方法，使其步入现代意义的设计行列，更被西方服装史家誉为“20世纪第一位设计师”。又因当时正流行节奏缓慢的探戈舞，保罗设计的裙装亦恰好符合了探戈舞的节奏，故又称“探戈裙”，可知此裙在人们心目中的地位。

保罗·波烈还注重从其他民族的艺术中吸收多种营养，用多元的艺术素养来充实、提高自己的服装设计。比如，他吸收伊斯兰、非洲部族的彩塑、新西兰土著居民彩绘等艳丽色彩，排斥了传统的灰、棕等黯淡无光的色彩，还从中国丝绸、东方地毯等借鉴了装饰艺术的结构。这种多层次的广泛学习，丰富了保罗·波烈的艺术修养，增进了他的设计才能。因此，人们称他的设计作品色彩富丽、浓郁，喜“柔软而有像阳光或树木在水中倒影般灿烂”的面料，热衷绉绸、薄纱等设计服装。故而既赢得了世人的关注，更奠定了欧洲现代服装的基调。这种设计思想至第一次世界大战后，持续了二三十年之久。

2．优雅的风格——香奈尔

香奈尔（Gabrielle chanel，1883—1971）是20世纪最具影响力的服装设计师。自幼丧母，后遭父遗弃，在孤儿院长大，由此养成独立不羁、自由自在的强烈个性。1914年以设计羊毛衫女装一举成名，遂开始了她长达50余年的服装设计生涯。香奈尔的设计宗旨是：“要使妇女们愉快地生活，呼吸自由，舒适，看来年轻。”因此，她的服装具有适用、简练、朴素、活泼而年轻的特点，为松腰的直线造型，与当时仍在流行的浓艳、矫饰、拖沓的风格截然不同。

香奈尔平时留意观察周围的人与事，启发自己的设计灵感，创作出新颖的服装款式。受水手所穿羊毛套衫的启发，而设计了毛线套衫与对襟毛线上衣，盛行一时。这种孜孜不倦的追求精神，奠定了她日后成功的坚强基石。首先是她的设计稿很受欢迎，纷纷以重金购买，以便获得优先生产权。其次，她创办服装商店，通过自己的商店来推广自己的设计作品。同时，她规定每年八月五日——她生日这天作时装展示日，以后随着时装流行周期的缩短，改为每月五日举行一次。这些，有力地促进了她服装设计的更新、丰富，从而立于不败之地。难能可贵的是，香奈尔在一次次的挫折中，重新振作，重又绽放华彩。1954年重返巴黎时装界时，已是71岁的高龄老人，仍倔强拼搏，固执于自己设计，终于再次大获成功。“伟大的香奈尔”，以无可比拟的意志和信心战胜了高龄，赢得设计师同行的诚服和尊崇。

直到1971年1月10日逝世，她的设计始终主宰着时装流行的潮流。可以说，香奈尔的服装设计与她的生命相始终，这在近现代世界服装史上是为数不多的。她说：“我的兴趣不只为几百个女人设计服装，我要使成千上万女性穿出美丽。”的确，诚如时人所言：“有疑问时就穿香奈尔”。因此，香奈尔成为20世纪最重要的设计大师之一。

香奈尔逝世十多年后的1983年，一位德籍设计师卡尔·拉格菲尔德（Karl Lagerfeld）入主“香奈尔公司”，以其不拘泥于任何陈式和自由、任意、轻松的设计心态，纵情地体现在创造之中，从而给“香奈尔”注入了活力。他总是能把两种对立的艺术感觉合二为一，法式的诙谐、浪漫和德国的严谨、精致，竟不可思议地在统一在他的设计中，但人们从中领略到的却是“香奈尔的纯正风范”。这就是卡尔·拉格菲尔德，他使香奈尔的经典得以延续。

3．“设计师中的建筑家”——维奥尼特

维奥尼特(Madeleine Vionnet，1876—1975)夫人，“斜裁”技术的发明者。

生于法国收税吏家庭，自幼聪慧。12 岁进时装店当学徒。18 岁时的婚姻并不美满，离异后到英国伦敦男装店工作，后来还成了工作室的负责人。5 年后回到巴黎，先入卡罗姐妹的时装店，后转多赛店任设计师。1912 年独立开设门店。1922 年，在“老佛爷”百货店的资助下，维奥尼特购买了蒙泰纽的一座大院，办起了与当时最大同业不分上下的时装店。她的成就虽不像香奈尔那样领导潮流，但却因为“斜裁法”的创造而闻名于世。维奥尼特独创的这种新颖的裁剪技法，即倡导裁片趋向斜线的形式，根据面料的特性进行服装设计。这是她所特别擅长的。她的斜裁法，以面料的斜丝裁剪出的女装，十分柔和地表现女性的体型曲线，富有动态美。那多样的垂褶、背心式夜礼服、尖摆式手帕裙、装饰性刺绣等，使不少贵妇为之迷倒。她还充分运用缝纫技巧，排除任何系缚物，仅就服装本身去发挥影响、吸引人们，使服装随女性的形体而灵活多变，产生平整、柔滑、舒适而简练的感觉。为使“斜裁”效果更完美，她还专门定制了双幅宽的绉绸。维奥尼特很重视技术保密，她创作时从不画设计图，而是对着 1/4 木制实物，研究纤维特性，开展创作设计。这样，她设计的作品更具空间立体灵动感，因而获得“设计师中的建筑家”的美誉，也成了 20 世纪最杰出的服装工艺家。

4. “时装界的独裁者”——迪奥

迪奥（Christian Dior，1905—1957，其名法语为“上帝”和“金子”的组合），为 20 世纪四五十年代服装成就突出者。生于富商家庭，受到良好的艺术熏陶。1931 年，因母亲去世，家庭破产，与他人合办的画廊也相继失利。为解决生计，摆脱失业困境，他为杂志画插图和服装效果图。这无疑是他 40 年代脱颖而出的有益的专业基础训练，以他名字命名品牌 Christian Dior，简称“CD”，一直是时尚和流行的标志。

1946 年，在“棉花大王”马尔赛尔·布萨克的资助下，迪奥创建“迪奥高级时装店”。1947 年 2 月 12 日，他首次发布的“花冠形”服装，取得巨大的突破，引起轰动，一举成名。这款带有圆润流畅的肩线，柔和丰满的胸部，束紧收细的腰部，微展撑起离地 20 cm 的宽摆长裙，大胆地让女性露出双腿，这可是第一次，开创高雅女装时代：性感自信、激情活力、时尚魅惑。这符合战后人们对服装女性化、高贵典雅、温柔曲线的要求，宣告了“像战争中的女军服一样的耸肩的男性外形结束”，是件“追回失去的女性美的伟大艺术家的作品”，因而被称为“New Look”（新外观）服装，并迅速风行几乎整个西方市场，以致法国政府不得不采取专利措施，来维护“新外观”女装的利益。有些国家不得不缴付巨大的税金，才获准进口该款“新外观”女装。巴黎世界时装之都的地位，由此再次得以确立。

迪奥于1948年秋“Z字形折线造型”、1950年的“垂直线型”（vertical line）和“斜线型”的推出，集中于上身的塑形，使着装者更具苗条感。1951年的“椭圆型”（oval line），着意于解放女性的腰部。1952年的“曲线型”全面放松腰身，整体塑造苗条的柔和美。1953年的“郁金香型”（Tulip line），再次紧束腰身，裙长底边提高离地面37 cm。受设计大师克里斯特巴尔•巴伦夏加的影响，所作第一次呈现朴素直线造型，即1954年秋“H型”，及次年春秋的“A型”“Y型”，同可归入此类。而1956年“箭型”(Arrow line)的问世，则又重返自己的风格。尔后“磁石型”（Magnet line）、“自由型”（liberty line），及其最后的“纺锤型”（spindle line）等设计，无不是对女性之肩、腰和裙摆等的造型，所作的一次次崭新的艺术性呈现，更是对自己设计不断卓越的超越。正是这些杰作的一再推出，使巴黎一直处于服装时尚的中心，从而使世界讲究穿着艺术的女人们，也一直处于潮流旋涡的中心，享受着迪奥提供的美服华衣。这10年，迪奥的成就、事业，更达到了业界之巅峰，因而被誉为“流行之神”“时装之王”“时装界的独裁者”。其创造的风格，被后世奉为经典，影响至今。

迪奥的贡献还在于对青年的培养。主要表现为对新人的悉心提携。如1955年，年仅 19 岁的伊夫•圣•洛朗和皮尔-卡丹的成名，就是由于迪奥的小心呵护和亲自指导。还有其他后来走红业界的设计师，也因迪奥的发现，才脱颖而出的。这是迪奥的又一令人敬佩之处。

可惜的是，这位才华横溢的享誉时装界的设计大师，正当盛年之际，52岁就过早地离开了人们。

值得欣慰的是，如日中天的迪奥品牌声誉及其“空间感”“立体感”的服装设计理论，并没有因迪奥的辞世而发生任何动摇。同年接掌“CD”艺术总监的圣•洛朗（21岁），于1958年1月30日，“梯形”系列发布的成功，就把法兰西和服装界从担忧中解脱了出来，使世人重又对“CD”恢复了自信和骄傲。之后由马克•葆汉、费雷、约翰•加里亚诺等分别执掌，使迪奥品牌和“迪奥帝国”永葆盛世辉煌。

迪奥品牌的辉煌业绩，是杰出的设计师团队，以及财力和运营有力配合的综合成果。这里，棉花大王布萨克功不可没，是他始终不渝的全力支持，成就了迪奥。推而论之，巴黎国际服装界的中心地位，是法国政府强大后盾之保障。仅就每年的服装盛会，多在罗浮宫广场举行，这就极大地提高了如高级服装展览会这样的展事活动的地位和声誉。这是1982年时任法国文化部长雅克•兰在听取了组委会的意见后作出的决策，从而使纺织服装业，上升为一种文化事业，同为法国文化的精华之一。

1986年，雅克·兰出席时装艺术博物馆开馆仪式时，还作了如此表示，希望时装业成为法国遗产的一部分。时装已不是人们可以随便丢弃的破布片，时装业不应当受到蔑视。该馆馆长弗洛朗斯·米勒儿说得更明白："所有的服装商都在利用服装环境：音乐、发型、装饰……时装表演和展览已成了一种重要的事情。"也就是说，服装造就了一个文化产业。

二、意大利时尚获誉世界

同为世界服装之都的意大利，在历史上就是人文荟萃之邦。其北部以时尚、设计为主，一直是意大利文化、经济和时尚的中心。文艺复兴的火种曾从这里燃起，辉煌的威尼斯电影节、绚烂的米兰时装节等，于此拉开大幕；众多世界一流的设计师、一流的制造商、一流的团队，也在这里汇聚；伟大的艺术品更从这里诞生；以及无数年轻梦想成为精英的闯将们，铸就了一个灿烂夺目的意大利，向全世界展现着他们的魅力和价值。

（一）政府高层关注

意大利的服装、服饰时尚，一直以来，颇受政府重视，并随时被给予关注和指导。1932年，当时的政府因不满意鞋子在市场的地位，就要求全面提高意大利的服装艺术、手工技艺工业和商业的运作计划，从而引发了"意大利民族时尚业"的大发展。到1936年政府进一步要求，设计师必须在自己的设计里保持25%的意大利的灵感来源，即民族元素。此类服装还附有"意大利创意和生产"的标牌，这既是对服装设计的督促，也是向全社会强化民族品牌意识的一种方式。

（二）有识之士支持

由于意大利政府对时尚的高度重视，所以社会上也不乏时尚活动的热心人士、有识之士。意大利的第一次服装发布会，就是上层贵族的倾力推动才得以举办的。1951年，杰奥里尼（Giovan Battista Giovgini）伯爵在佛罗伦萨自己的宫殿，开风气之先，举办了有史以来的意大利设计师的集体发布，来自罗马、米兰、佛罗伦萨、都灵的15位设计师和50位买手与会。至同年7月19日第二季发布时，该处已云集了多达250个买手和记者，"意大利时尚"从此成为现实，意大利从此亦成为世界瞩目之焦点。而瓦伦蒂诺（Garavani Valentino）、詹尼·范思哲（Gianni Versace）、乔治·阿玛尼（Giorgio Armani）等名动全球的服装大师，也就此以自身的实力和品牌，向世人展示了他们的出色才华。从此，意大利被推上拥有世界服装名师、名牌最多的国家之一。下面以瓦伦蒂诺的成名稍作评述。

1932年，瓦伦蒂诺出生于意大利北部的沃盖拉（Voghera）。瓦伦蒂诺之所以成为意大利的骄傲、并使意大利高级女装达成与巴黎平分秋色的高度，与他年轻时的虚心求教和广泛涉猎关系密切，是他的勤奋努力打下了扎实的基础，厚积薄发。

1949年，17岁的瓦伦蒂诺告别故乡，带着童年时代对时装的热情，来到米兰的桑塔学院学习时装绘画，踏上了为之痴迷的时装之路。一年后，他进入巴黎时装联合会的学校学习。这时的瓦伦蒂诺，显示了他兴趣广泛而充满激情的特性，迷恋绘画、雕刻和建筑，痴爱法国戏剧和舞蹈。多种艺术品种的广泛涉及，艺术的融会贯通，使他在国际羊毛局举办的一次时装设计比赛中，获得大奖（伊夫·圣·洛朗、卡尔·拉格菲尔德几年后，也同获此殊荣），瓦伦蒂诺的服装事业就此起飞。这位19岁的青年，顺利进入简·德塞（Jean Desses）的高级时装公司任德塞的助手。设计师纪·拉罗修（Guy Laroche）也在此任职。与这些日后都成为著名设计师的5年相处中，瓦伦蒂诺耳濡目染，如此氛围，丰富了他的设计理论和缝制技艺，他的设计风格也就此得以孕育。

至1957年，因纪·拉罗修（Guy Laroche）的独立，德塞公司的设计和销售转由瓦伦蒂诺负责。这对瓦伦蒂诺来说，是一次难得的独立从事设计的机会，更是一次综合能力的实践锻炼。作为独当一面的瓦伦蒂诺，此时更是加大了学习的力度：利用一切机会向设计名师和街头艺人学习，凡有时装和展览会，他都会设法观看，细心揣摩。勤奋的学习造就了智慧的瓦伦蒂诺。1959年，瓦伦蒂诺在罗马创立了属于自己的第一间工作室。

1960年，得詹卡洛·贾梅蒂（Glancarlo Glammetti）加盟，他们共同把服装事业推向一个又一个令人称羡的高度。首次引人关注的，当推1962年佛罗伦萨碧丽宫的秋季发布会。瓦伦蒂诺的作品尽管被安排在最后一天的最后一小时，疲惫的订货商和记者们还是耐心地等待着这位意大利新秀的展示。瓦伦蒂诺并未让等待者失望，发布尚未终场，精明的商人们从雷动的掌声中，看到了市场价值。且鉴于巴黎时装的昂贵，转向意大利也就很自然了。订货商们竞相到后台去下第一笔订单。演出的空前成功，确立了瓦伦蒂诺在时装界的地位，及至后来"白色系列"的发布，更夯实了他在服装界的地位，而"时装界的金童子"也越叫越响。

其服装高尚典雅的造型，舒适的面料、成熟端庄的仕女风韵，备受上流社会的欢迎。1964年，杰奎琳·肯尼迪开始穿着瓦伦蒂诺设计的服装，1968年，瓦伦蒂诺为她与阿里斯多德·欧那西斯的婚礼设计了婚纱，她与瓦伦蒂诺保持了长期的友谊，并终身穿着瓦伦蒂诺品牌的服饰。此外摩洛哥王妃葛莉丝·凯丽、西班牙皇后索菲亚、南希·里根和意大利前第一夫人维多利亚·利昂娜都是他的时装崇拜者，加上此前影星伊丽莎白·泰勒，她为《斯巴达克斯》一片的首映式向他订购了一件白色的礼服。奥黛丽·赫本、索菲亚-罗兰以及莎朗·斯通等也开始青睐瓦伦蒂诺的服装。一个由著名影星组成的服装崇拜团体，是瓦伦蒂诺服装不花费用的热心的推广员。据说，伊丽莎白·泰勒是第一个被这位年轻的设计师所吸引的影星。

而人们所熟悉的瓦伦蒂诺“V”形标志的出现，应在1968年春夏那次著名的全“白色”系列发布会。奶白、粉白、沙白、本白及米色、磷光色，寓变化于单纯的白色系列组合，这组由意大利时装界掀起、席卷全球的白色热潮，使世界充分认识了瓦伦蒂诺服装设计的才华。1969年，米兰第一家瓦伦蒂诺店开张，服装连锁事业启航。1970年，罗马和纽约的瓦伦蒂诺店开张。这时的瓦伦蒂诺38岁，设计炉火纯青，事业如日中天。成为与圣·洛朗并行的优雅和流行的传播者，使意大利高级女装取得了与巴黎同等地位，意大利也如愿以偿地登上了世界时装之都的宝座。

三、英国——露西尔开创服装业

作为19世纪至20世纪男子服装设计、穿着风范倡导的英国，是现代设计的摇篮，理应顺势发展，再领欧洲服装风骚。但因思想趋向保守，反倒显得落后了。可在行业开拓者的引领下，英国服装还是显示出其发展势头的。

（一）露西尔（Maison Lucile）

露西尔女士是20世纪初英国一位有声望的服装企业家和服装改革者。她在一无资金、二无雇员的情况下开始走上服装设计之路。1890年在职业学校学习缝纫、刺绣，1900年与戈登博士（C. D. Gordon）结婚，人称戈登夫人。依靠她的艰苦精神和不断奋斗的毅力，在伦敦开设了一家小小的服装店，而后声誉逐日升高，资金亦得到了充实，于是，她在巴黎、纽约、芝加哥开设了分店，建立了庞大的服装企业。

露西尔女士还是一位女装的大胆改革家。她说：“我要解放伦敦的妇女和小姐，为她们设计鲜花般的时装，并对古老的传统服装进行彻底的改革。”她这番话是针对当时女装的现状而发，当时伦敦妇女穿着法兰绒内衣和多皱裥的衬裙，行走极为不便，且脸披面纱，与修女一样，令人生厌。于是，1907年，她以丝绸为面料设计的女衬衣就一改传统式样，穿着效果极具飘逸感，这是整个英国女装的一大改革。而且露西尔女士还用五彩的小玻璃珠、小圆金属片装饰，袖口绣上玫瑰花环图案的花边，更显得美丽、活泼。此时，她还设计了曳地银白色缎子结婚礼服，以高贵、典雅的风格，很快风靡欧洲各国。

露西尔还特别强调市场研究的重要性。她要求每个分店必须搜集当地不同季节、不同阶层的服装，定期汇总，以供分析，掌握服装发展动态。她本人则身体力行，利用一切时机进行市场调查。1909年，露西尔女士到纽约度假过圣诞节，发现当地妇女盲目崇拜巴黎时装而丧失了自己的穿着个性，即缺少各自的风格。针对这个现象，露西尔于1910年2月在纽约市的西三十六街开设了时装店，聘请伦敦四大模特儿表演了150件（套），这些专为美国妇女设计的不同季节的服装，使许多女士都着了迷，从而改变了美国妇女的着装倾向。于此可知，露西尔女士还是一位时装表演的创始人和推动者。这样，既推广了自己设计的时装，还开拓了经济来源。的确，露西尔不愧是一位有眼光、有魄力的企业家和英国历史上第一位女性服装设计师。

（二）棉布企业家、时装设计师——伯尔伯雷

伯尔伯雷（Burberry）的崭露头角，是适应了当时敞篷汽车、蒸汽快艇、女性旅游等新的趋势。因为他生产的华达呢（gabardine，俗称轧别丁）比一般细棉布厚实且结构紧密，可以抵挡风雨的侵袭，这一服装新面料的问世为服装的更新提供了必备的物质条件。

当时，体育运动的开展也带动了服式的更新。英国盛行打高尔夫球，但过去男运动服则是僵硬、直立的亚麻布衣领，而女运动员则穿紧身裙，无法在赛场上自由跑动，只能缓缓地在场地上徘徊，严重地妨碍了该项活动的开展。关于这一点，英国著名高尔夫运动员斯特雷格尔1900年的回忆录中有较详细的描写。20世纪初，这种现象开始有了改观。女衬衣敞领，衣袖较宽松，便于胳膊自由活动，且袖口收紧，裙长也缩短到腿肚中间。男子高尔夫运动外衣于1904年非常流行，因它适合赛跑、旅行，更因此衣于快艇人员穿着方便，遂演变为军队制服。从运动服上升为军队制服，其间可窥一种服装审美价值的转移，这是应该引起设计师重视的地方。

（三）高级成衣时装设计者——奥尼尔

20世纪30年代，是成衣的大发展期，而成衣时装因式样独特、价格昂贵，发展也很迅速。奥尼尔是这方面的代表。她毕业于艺术院校，学生时代就显示了她具有服装设计的天才，有不少优秀作品得到了好评。她开设的时装店最初只有5名雇员，而后竟拥有500名。奥尼尔成功的秘诀在于工艺上的广泛求新，引进上浆、上胶等新工艺，提高时装的质量。同时，加强调查研究，尽快采用新式样，为此，奥尼尔每年都要到美国去考察，掌握信息、动态，以推进自己的时装设计。

日后在众多设计师的大力推动下，英国也在世界服装界站稳了脚跟，伦敦更逐步攀上世界服装之都的高峰。

四、美国——政策扶持奠基

（一）政策导向设计

美国服装强国地位的确立，源于成衣业的启动。“一战”时期，许多服装作坊、工厂被征用生产标准化的军服。这就促使他们增加劳动力以应付生产的扩大，借此达到高速、高产的目的。特别应该指出的是，这些工厂中有些生产能力和技术设备已有了可观的发展，如带式裁剪刀的应用，就极大地提高了面料批次的裁剪量，效率大为提高。不少学者在研究美国这段历史时，也看到了设备和管理的领先的作用。对“服装版型”的高度重视，更是抓住了服装生产的核心，即设计能力的锻炼和培养，这实在是功不可没。美国政府采取的关税政策，对美国的女装业产生了重大的促进作用。进口服装关税的征收，体现了政府政策的导向作用：起初标准较低，后逐步提高；与此相反，进口服装版型则低关税，甚至是零。这就鼓励设计人员加强版型研究，从设计这个源头着手，强化自身设计能力的提高。这一政策的实施，极大地调动了设计人员的创作热情，及其设计能力的有效锻炼，从而推动了美国服装业的快速发展。这是如今美国作为服装强国、世界服装之都的历史基因，即政策扶持完善设计。

（二）缝制设备跟进

美国服装业的发展和世界领先地位的取得，设计作为基础，自然很重要，但还必须有先进的服装缝制设备相配合，即与机械缝纫工具的问世关系密切。1851 年美国科学家列察克·梅里瑟·胜家（Isaac Merrit Singer）发明的缝纫机替代了手工缝纫机，为美国服装的崛起提供了有利的条件——是投入竞争市场的坚强后盾，速度快、周转快，极大地提高了生产率，也为成衣化大生产打下了极强的基础。这个革命性的发明被英国当代世界科技史家李约瑟博士称为“改变人类生活的四大发明”之一。

1851 年，一位名叫胜家的美国人发明了一种缝纫机。

1853 年，首批缝纫机于纽约市工厂开始生产。2 年后，在法国巴黎世界展销会上取得第一个奖项。同年，美国胜家公司首创了增加销量之“分期付款”计划，成为世界上推行此种销售方式的创始者，对其后消费市场产生深远影响。

10 年后，美国胜家公司已持有 22 个专利权。每年的缝纫机销售量达 2 万台。1867 年，胜家公司成为美国首家跨国工业公司，在世界其他地方设厂生产，到 1880 年，全球销量已达 25 万台。家喻户晓的红色 S 标志，亦于此时确立。

1889 年，胜家公司制成了世界上第一台电动缝纫机，至 19 世纪末期，全球销量达 135 万台，而一个专门从事分销及业务推广的网络亦于此时开展。

进入 20 世纪，尤其是“二战”以后，胜家公司进入了一个大发展时期。她推出的许多特种缝纫机，满足和推动了服饰设计和缝纫的发展需要。

1908 年，美国胜家公司于纽约之总部成立，位于纽约的胜家大楼是世界上第一幢摩天大厦，亦为当时世界上最高的建筑物。

20 世纪 60 年代始，她遍布全球的 3 万多家专卖店和经销点的强大销售网络，成功地转向多元化经营。其中包括世界著名的美国“阿波罗登月”计划和以后的航天飞行计划。

1975 年，胜家公司又发明了电脑控制的多功能家用缝纫机，此后又逐步用于工业用缝纫机，生产厂家尤其以日钢胜家的工业缝纫机最为中国用户所熟悉。

1994 年 11 月 10 日，投资 2000 万美元、占地 6 万平方米的上海胜家缝纫机有限公司在上海闵行经济技术开发区正式成立，时任国务院副总理邹家华题词祝贺，加拿大总理亲临剪彩。

经过几年的努力，上海胜家已经先后开发了七大系列几十种工业缝纫机产品，在我国大陆及海外市场获得用户的良好赞誉。它兼具当前以及新一代专业缝纫机械的特色，是市场上最具有竞争力的、最方便用户使用的系统。

2004 年，胜家在上海建立了研发中心，并不断扩大生产规模。今天，胜家可以提供各种型号的缝纫机，并继续保持强大的国际竞争势头。目前，胜家在巴西、中国设立了制造厂，并在 190 多个国家建立了销售网络。

2001 年，胜家在庆祝公司 150 周年纪念时，推出了世界上最先进的家用缝纫刺绣系统：QUANTUM XL-5000。2005 年，胜家最先推出了世界上第一台由个人电脑（笔记本电脑或台式电脑）控制操作的 FUTURA CE-200 缝纫机。这台兼具多功能缝纫和电脑绣花的设备，又是一个革命性的发明：成为时装设计最理想的工具之一，她可以将人们充满智慧、灵感的创意设计，变成社会生活的现实，使之成为时尚生活的得力助手。

（三）新颖面料

纺织面料的革新，也对美国服装的发展产生了很大的影响。1920 年，美国人造丝的发明，替代了丝绸，这就改变了内衣穿着的面料。这种衣装因面料的更换，使价格大大降低从而适合于大工业生产。这样，这种低廉的人造丝制品迅速流行于欧美各国，人们从而摒弃了过去那种肮脏、耐用的黑色丝袜——因为 1922 年已经成功地生产了人造丝长统袜。1938 年，人造丝又被尼龙（即聚酰胺纤维）所取代，致使颇具科技含量的尼龙服装得以问世，从而丰富了服装设计的面料的品类，即扩大了面料的选择范围，使设计师的创作视野更为丰富。

（四）服装企业家——塞弗尔里德杰（Gordon Setfridge）

1909 年 3 月 15 日是塞弗尔里德杰成功的日子，这是他创建的服装商店隆重开幕的日子。商店的规模很大，拥有经理 2 名和职员 1200 名。

塞弗尔里德杰很懂得经营，他的商店也安排得很讲究，里面设有接待室、休息室、阅览室、露天花园等，把商店变成娱乐场所，顾客在这里可以消磨一天时光。至晚间，还有模特儿展示 18 世纪著名宫廷画家华托（Watteau）为王后们设计的华丽时装，这些精彩的时装表演，使人们流连忘返。开幕的 5 天里，就有万人前来参观、购物，盛况空前。

塞弗尔里德杰一生奋斗，至 81 岁仍然雄心不减，还经常到伦敦巡视。他指出：服装设计应该是完全新颖的，给妇女们在生活上带来更多的便利和舒适。基于这种认识，他的服装经常出新，备受欢迎。

1957 年 5 月 8 日，这位精力充沛的老人终于走完了人生的旅程，告别了他热爱的服装事业，享年 89 岁。

（五）“新女性”时装设计师——吉本森（Charles Dana Gibson）

吉本森是 20 世纪初的设计师。他的设计适应了女性追求思想解放的潮流，体现女性的形体美。所以，他的时装以紧身、曳地长裙见称。著名模特克利福特（Camille Caifford）展示了这套时装，后来还有其他模特都对此做出了贡献，以至有“吉本森女郎”之称，轰动当时的服装界，从而获得了成功。遗憾的是，吉本森除了这一紧身长裙之外，终其一生，别无他式。

到 20 世纪 70 年代，被誉为“纽约第七大道王子”卡尔文·克莱恩（1942—）的横空出世，遂把美国年轻、快节奏和机能性服装推向高潮，并以自己的风格在本领域开始主宰国际服装界。

据此而言，欧美各服装大国皆以自身的特色，在国际市场占有重要的地位。特别是位居服装之都的那些城市，更以风格显著之强势见称于世。如巴黎发布会的信息是国际流行趋势的风向标，纽约的流行趋向大众平民化，米兰被誉为引领潮流的“晴雨表”，而伦敦作为最前沿的艺术思想和最先锋的设计与艺术形式的发生地，是服装创意的发源地，等等。这些服装之都所创造的成就，无不影响着世界各地的服装进程，乃至时尚取向。

总之，各国服装的演变，受社会影响颇大，社会各领域所发生之事，皆可作用于服装界，涉及政治、经济、军事、科技、外交、文化艺术、体育竞技、影视作品、音乐舞蹈等，都可为服装的催化剂。因此，服装是社会的综合性的浓缩，是文化的物质凝结。

现代服装的世界意义，当以欧美诸国为代表，这已为历史所证实。我国近邻日本、韩国等服装的领先性，且在服苑占有一席之地，是特别值得研究和借鉴的。日本设计师长期坚持，毫不气馁，群体合力，没有派系之分，没有资历之别，有的是一致前行的决心与毅力，自成日本风格。韩国服装融和欧美时装特色，极具吸引力，在我国迅速流行，并延及东南亚各国。这个和我国历史文化相似的国家，服装的快速发展，是我国设计师应该着力研究，以期突破的。印度服装业的受宠国际，同样是传统与现代结合的典型，应该正视其崛起的原因。我国香港服装的腾飞世界，亦更具说服力，主要是会展和培养设计师的氛围浓厚。1967 年首次举办的香港成衣节，展出的本地时装设计师作品，吸引了欧美著名贸易公司的纷纷下单订货。至 20 世纪 80 年代，贴牌加工（OEM）向设计生产（ODM）转型，开始了设计力量的组建，80%的设计师能够适应欧美国家的流行趋势，从而为香港服装经济的发展和繁荣，做出了很大的贡献——这是香港设计师群体力量的充分显示。

第三章　现代服装精神的评述

现代服装作为时尚的载体，已成为人们日常生活最活跃的商品，也是人们最为乐意谈论的话题之一。讲究穿着品位，懂得衣着文化，显示了服装文化与百姓生活的亲密交融性，成为最普遍的大众文化形式。但这个新崛起的产业自身的因素和内外环境的影响，还有不少方面有待进一步研究和完善，特别是设计、广告这几大环节，有加强的必要。本章以文化批评时尚的精神，发挥服装批评的功能，以达到服装文化进步发展的目的。

第一节　现代服装中的文化视角

现代服装作为文化的载体，人们既把它看作生活改善的象征，又视为娱乐自己的一种新方式。

一、大众娱乐性

现代人的穿衣已从物质性不断提升至精神层面，人们对服装的认识，已由过去对色彩、面料、款式、缝制工艺等物的表象，升华至对服装造型、服装搭配、服装品位、服装时尚等角色文化的理解。视服装为文化载体，成为人们显示服装文化的有效方式。作为服装文化大众娱乐性的最初形式，是20世纪八九十年代兴起于各地的服装表演。

（一）服装表演娱乐化

20世纪80年代，国门虽打开实行改革开放，但文化生活还是比较贫乏。服装表演作为一门新兴的娱乐品种，且又有时新之服装相伴，加上其形式吸引人，所以很受社会各界的欢迎。院校、企业、厂矿、部队等单位，凡有节庆活动，少不了请服装队登台助兴。这是人们心中往日之时尚。可以说，参加表演者没有年龄的限制，小到幼儿园的幼童，大到退休老妈妈，都可以成为服装表演队的队员，为大家带来欢乐。这是一种新兴的娱乐方式。

之后娱乐中逐步加入了商业活动的内容，成为吸引消费者的一种营销形式。有条件、有规模的服装企业组建了自己的服装表演团体，专门从事服装演出活动，并最终导致这支队伍的职业化、商业化、国际化。这在当时那绝对是一大娱乐项目，是实实在在的时髦活动。

（二）影视作品主题化

像服装是每个人的生活必需一样，作为影视艺术作品，其构成要素都有以服装为中心的角色安排。从 20 世纪 90 年代到现在，我们的文艺作品特别是大家都常看的电视节目，都能见到以服装作为主要内容的作品，或克服困难赶时间完成出口加工订单，或强化设计推出新款以赢得市场，或组合时装进行系列表演，在电视艺术中都能看到。这里有刑满释放人员、自谋创业个体人员、院校毕业生、海外归来者等，都可为剧中的主角，从服装业出发，一路奋斗，最终获得成功，荣誉、掌声、鲜花，纷至沓来。他们从服装开始步入社会，是服装成就了他们人生的辉煌。服装作为电视作品的主线，成了艺术作品描绘、表现的重要内容。

（三）型秀平民主体化

电视的覆盖和网络的发达，人们对新兴平台的倚重，造就了若干百姓所喜爱的娱乐活动。在丰富精神生活之余，这些活动也为人们的衣着文化打开了另一扇平民之窗。自从 2005 年湖南长沙“超级女声”轰动全国之后，东方卫视的“加油！好男儿”“我型我秀”、江苏台的“震撼一条龙”、浙江卫视的“彩铃唱作先锋大赛”、安徽卫视的“超级猫人主持秀”、星空卫视的“星空舞状元”等选秀节目的紧跟推出，极大地满足了平民娱乐欲望的表达，另外，“网络红人”、《百家讲坛》等的流行，标志着一个“草根文化”时代的到来。这是平民文化的普及，是平民意识的自我表达，从而使“平民英雄”成为普通人的生活主角，即下里巴人的自身价值得到了实现。

大众娱乐活跃了人们的文化生活，成为百姓茶余饭后娱乐内容的补充，引导了人们的娱乐生活。细加观察，这类节目人员的服装似乎太过注重装饰，包装的感觉重了些，离人们的生活似乎有了些距离。国外也有类似现象。2009 年春天，不被看好的大嫂级中年选手苏珊·博伊尔在《英国达人》选秀节目中，一炮而红，成了全球热议的话题——因为博伊尔颠覆了“以貌取人”的大众娱乐文化。美国《娱乐周刊》作者莉莎·施瓦茨鲍姆在个人博客上写道，如今的大众流行文化充斥着外形包装，而博伊尔毫无矫饰的艺术力量，不仅让人感到“人性光辉”的意义，而且“重新定义了美丽的衡量标准”。

（四）型秀装备流行化

这些型秀节目在完成各自的主题外，还向人们传递出服装流行及其服装文化普及的信息。随着“好男儿”“快乐男声”等选秀节目的走红，美丽与时尚，由女人独享“女色时代”的地位，已悄然发生变化，“男色消费”渐露端倪。福建才子集团正是从中窥得这一消费新趋势的企业，他们适时推出了“时尚国粹”男装，以梅花、印章、青花瓷、书法、山水、戏剧脸谱等中国最典型的国粹，应用到才子男装的设计中，并由此演绎出“男人进入美丽时代”的品牌主题，倡导“美丽着装”与“美丽生活方式”，以更具时尚品位的诉求开始在新现代男人中引起共鸣：“美丽”与“国粹”交相辉映，“时尚”与“生活”共存同栖，成功地实现了古老与现代、传统与时尚的结合，从而创造了“才子”这个独树一帜的特色品牌。

二、哈日韩激流

国门打开，外国文化蜂拥而至，其中日本、韩国在我国的青年中影响较大，聚成哈日、哈韩一族。韩国文化如音乐、电视剧大举登陆我国，其冲击之汹涌，形象说法称为“韩流”，谐音“寒流”，意指我国音乐和电视剧所处地位的被动和所受到的冲击。“韩流”起于韩国电视连续剧《爱情是什么》在我国播放涌现的。之后，和“HOT”“NRG”等韩国流行组合歌手的名字在我国的传播，引起了部分青少年对韩国影视明星和歌手的兴趣，刮起了一股强劲的韩国流行歌曲、韩国影视明星的“热潮”：喜欢看韩国电视剧，听韩国劲歌，“追星”；进而发展到追求韩国的商品，如韩国的化妆品、结婚礼服，韩国比萨饼屋、韩剧服装，以至韩国的二手车、幼儿英语教材和教育玩具等，可谓“韩流”滚滚。并向越南、蒙古和我国香港、台湾等国家和地区迅速扩散。而《大长今》的热播，更将韩国饮食带到了我国，韩式烤肉、韩国泡菜等，也渐渐走上了国人的餐桌，韩国文化进一步走进了中国。更有甚者，有的青少年为了“追星”，竟专程到韩国旅游体验“韩流”文化氛围和情趣，拜见自己心目中的偶像。可见“韩流”之魅力。

“韩流”之所以会来势汹汹，并在一定范围内形成气候，主要是韩剧中描绘的韩国的经济发展，即人均 2 万美元的年收入，吸引了我国部分年轻人的向往和追求。其次是政府的支持，作为贸易的支助产业：文化创新出口。韩国时兴这么一句话：“资源有限，创意无限”。2016 年韩国的电影、音乐、手机和电子游戏四大行业有着两位数的增长，出口额超越了钢铁行业，成功晋升世界文化产业的五大强国之列。

“韩流”的创造是个奇迹，但绝不是东亚文化的唯一奇迹，借鉴“韩流”

的成功经验，打造中华文化圈的灿烂天空，使“华流”滚滚，这样，我国就真正大而强了。

三、媒体须客观

任何行业的形成和发展，任何企业和品牌的建树，都离不开媒体的参与和支持。诸如新闻报道、品牌推介、倡导审美、普及服装文化等，都做了大量开创性工作，功不可没。作为凝聚时尚的主要载体的服装，自开放以来，一直受到充分的关注。我国服装行业的每一个进步，媒体都是主要见证者之一。反思以往，媒体在推动行业发展时，以下两点值得注意。

（一）荣时力荐

企业的新品发布，必须通过媒体传达于市，各媒体都是这么做的。可在报道中，往往难以确知报道中心的把握。一般的新品报道，还较好掌握，难的是那些具有功能性的塑身、抑菌性内衣，还有羊绒制品的羊绒含量等，把握不易。处理不慎，往往处于尴尬境地。在实际操作过程中，媒体大多对其优点、强势之功能，给予较多的篇幅、版面。有的版面处理，亦是令人注目。有的还调动新闻写作技巧，多角度对其进行报道，使广大读者、听众对某些商品，在短时间内有了较强烈的认识，不少人据此还产生购物冲动。可见媒体报道的社会影响之大。

（二）闻错共责

产品难免有质量问题，只要认真处理消除影响即可，但在实际中，往往难止于此。保暖内衣的问世，当年是个新鲜事，也是推动穿着美的一种革新款。由于企业说它具有2—3件毛衣的（羊毛衫）能量，经媒体的推波助澜市场很旺销了一阵。但它被检查出这等优秀的保暖率，竟是一层塑料薄膜。此事曝光后，民情愤怒，大有受骗上当之感。相关媒体及时跟进，纷纷指责其不道德的商业行为，揭其种种劣行。当然，这时的报道也是应该的，应该还大众一个明白。可当时就有人评说，都是新闻里说的，有什么好讲的，反正倒霉的是老百姓。此话反映了一种情绪，如果媒体在处理稿件时，对这种夸大的说辞加以推敲的话，市场反应恐怕就不见得如此强烈了。

还有甲醛含量被检超标，那也是难以了断的。作为曝光单位会接到各种名目的电话、传真，或直称某报社的，或媒体广告代理，言辞大多是给企业作报道，消除不良影响；否则继续作甲醛报道，放大其不良影响。这种情况虽为个别，但影响极坏，企业摊上了，有时还真难以摆脱。

（三）还原正本

生活离不开媒体，尤其是时尚的生活环境，更需有报纸、电视、杂志、网络等信息的引导。特别是那些大众型的传媒，更是着眼于做普及文章，为时尚文化的快速传播起到了极大的作用。若就中国风格的服装文化、打造中国服装的世界影响进行考量的话，那这方面的作用就显得很不够。他们往往热衷于时尚流行趋势发布、明星服饰现象曝光、服装名人生活琐事和人际关系等的炒作。碰到服装时尚类大型活动的那些天，荧屏、报纸上还是有几分热闹的。可对重塑中华衣装文明、弘扬民族时尚文化、打造中国服装国际舞台、如何化解服装产业瓶颈等关乎中国服装业发展的深度话题，却显得热情不够。

而对美国奥斯卡金像奖颁奖晚会的报道，国内无数媒体都在第一时间、不吝版面、慷慨作文，争先刊发。从国际影星的步态容貌、言谈风采到华贵衣装、夺目饰品，皆仔细道来，唯恐有所遗漏对不起星帝星后们似的。国际大牌影星的亮相，人们都喜不自禁地说，抢眼球，饱眼福。活跃于我国服装舞台上最耀眼的、服装文化传播使者之一的服装模特，大受追捧。各式模特大赛的此起彼伏，使中国超级、（洲际）世界超级、世纪之星模特等桂冠，各有得主。这些活动造就了这个行业的辉煌，这些模特真的走向了世界，大红大紫。遗憾的是，为模特提供服装的企业、设计师却“深藏幕后”，鲜有人知，更遑论他们的地位和贡献了。因此，人们有理由要求媒体把追捧模特的热情，向服装设计师做点倾斜，加强对这个行业的报道，作些专题化的导向性研究，为服装行业的早日雄起保驾护航！

第二节　企业心态过于激进

经过近30年的发展，我国坐上了世界最大服装生产国、最大服装出口国和最大服装消费国的宝座。我国服装业为世界服装经济做出了贡献，是个名副其实的“世界服装工厂”。世界著名品牌服装在我国都有加工、生产点，确实是服装大国。可因其水平低、结构差，没有一个品牌真正在世界上叫得响，也没有一个品牌能让国际人士对我国的服装刮目相看。这就是服装大国的遗憾：大而不强。为改变这种尴尬局面，尽管有很多方面的问题需要解决，诸如通路建设、销售管理、终端完善等，这都是必要的，但从服装业发展的现状看，笔者认为应先从企业开始找原因，这应为当务之急。

我国服装业，普遍存在急于求成的心态，并表现为以下几种形态。

一、“急”于求成重表面

做企业讲效益，追求利润，天经地义，俗说将本求利。但利益、效益的取得，有个方法和时间问题，是不能“夕发朝至”的，它有自身的经营之道。国外品牌进入我国市场，都有个具体安排：先重点解决水土不服，尽快适应我国的市场氛围，缩短与消费者的磨合期。这是每个货品从生产领域走向流通领域必须经历的。而对赢利的预期，初期阶段基本并不将其列为必须的考量内容，它有个逐步发展、提升的过程。只要是他们看好的市场，他们就会有耐心。外国品牌都是这么做的。大多有 3—5 年的市场坚持，不急于目前利益的立马获得，而是看好市场的长远效应。可我国服装业“只争朝夕”，利字当头；做企业、创品牌的耐心，明显准备不足。急功近利，急于求成，急于摆脱现状，是这些人共同、普遍的心理特征。

我国服装企业之所以急功近利（其实，其他行业大抵也是如此），可能是一种穷怕了的心理在作祟。做买卖求利，应该是正常现象，这是商业社会的功能所致，没人会持异义。可是国人从受教育开始，我国百多年屈辱、落后的史实，满目皆是落后、贫疾、穷困的景象。新中国诞生，物资也是很紧缺。改革开放新政的实施，使怀有改变现状的人们，终于有了一试身手的机会。发家、挣钱，为第一要务。人们急欲摆脱现状，改变生活现状。于是在经营服装时，求成当先，大走捷径，大做“表面文章”。这表现在：

海外注册多

品牌故事多

模仿紧跟多

走进百货商厦的服装楼面，五彩缤纷的服装便扑面而来，北京、上海、南京、成都等地，男、女、童各大类的服装，其牌子令人眼花缭乱，名称亦是洋气十足，给人以国外品牌总汇的印象。且品牌出身地多在欧美，分布在意大利、法国、德国、美国等著名的时尚国度，还有的源自澳大利亚、丹麦、比利时等。其内容大致是，在当地都有多年的创业、奋斗经历，现在漂洋过海、不远万里来到中国，等等。可仔细一琢磨，这些所谓的洋品牌，检查其 DNA，发现都是中国血统，好不尴尬。人们崇拜洋货，洋货在国人中怕是很有市场的。这也难怪，国外的物件有些的确是不错的。现代社会信息虽然传播速度相当快，但我们开发、生产的毕竟是中国货，应该有民族特色（内涵），尽管民族概念有趋模糊之势，但中国元素能够引起国际市场的重视，还是有道理的。应以特色赢市场。远的不说，近邻韩国和日本，国家都不大，资源也并不丰富，可产品在我国都销得很好，受到国人的好评。20 世纪 80 年代，日本的影视作品，不仅叫座吸引观众，还带动了我国的服装流行；韩国一部《大长今》更受国内追捧，尤其是大中城市，收视率极高。与此同时，韩服也成了年轻人的热选之装，“韩流”终成流行之势。有些人还专门跑到韩国去“体验”，可见韩国货品特色的吸引力。

说这些，决无贬责我国货品之意，关键在于中国特色、中国文化在服装的充分显现。一味地模仿，终在表面，用的是他人的形态，建立不了属于自己的风格。自己的风格、特色建不起来，始终只能跟在别人的后面。要在文化上用心。文化的传达要体现在产业的各个方面，要重视我国服装文化的建设，要造就我国文化特色的品牌。如品牌命名，“恒源祥”“七匹狼”“东北虎”“鄂尔多斯”“雅多”等，这些具有中国意味的品牌名称，或传统，或现代，或地域性。这里所举，并非说这些品牌就是完全的中国特色，至少是让人一看就明白是中国货。不少大商场的牌子看着是洋的，仔细一看却是中国的，借“洋名”为自己张目、壮门面，意在迎合、取悦国人崇洋的心态。因此，这种“假洋鬼子”的中国品牌，似与中国无关。那么，“洋名”统率下的中国品牌，该如何建设中国文化呢？这是个课题，似有研究之必要。

对行业出现的新颖指向，业界紧跟程度也是相当高的。如“体验”一词刚在国内兴起，服装经营者们即刻紧紧跟上，他们的宣传手册，必定会有此二字。想必这些企业是深知其中道理的。这是一种新颖的、先进的、极具人性化的国际营销策略。但是，这些画册的制作者，又有几个能知道此处“体验”的真正含义呢？他们只知道这个词是重要的，代表着时髦。他们更明白，服装既是时髦的体现，那就必须努力“赶”上这个“时髦”。所以，一时间“体验”在服装界到处可见。这是服装经营者的敏感所致。

二、形象代言造势忙

在拥有洋品牌的前提下，企业就着力于品牌推广，让消费者知晓，以至产生购买冲动。诸如品牌发布会、媒体广告、专家著文介绍，手法颇多。自保暖内衣的广告大战后，明星形象代言的巨大效率得以充分显示，即以此进行品牌的推广和维护。这是最为火热、频率最高、最集中、最引人注目的方法之一。“品牌代言”，是我国企业开始与国际服装营销惯例接轨的开始。比较而言，起初以温州服装企业居多，而后是福建的晋江、石狮居上。各路明星和模特几乎充斥多家的传播渠道。据温州不完全统计，从 2014 年至 2016 年，短短 2 年时间，为之代言的各路影视、体育明星多达 200 余人次。

且每到年底，还得奔向中央电视台拼搏一番，去争那广告最佳播出时段，还不包括地方台的投入。然而，结果如何呢？这样高密度的明星荧屏、报刊的频频亮相，确实加深了消费者对明星的印象。但他们往往记住的是明星们可爱的脸，对他们所穿之衣，反而不太注意。所以，企业一掷千金换回来的只是流于形式的模仿。难怪有议论说，这些明星不可以把大把的银子拿回去（指广告代理出场费），而应该向品牌商支付酬金。这表明，明星代言人的作用没有充分发挥好，没能明白其所代表的是品位和文化的象征，而只是为单纯地提升销售业绩这个短期行为。所以，应该使代言人和企业文化、长期发展目标联系在一起。要根据企业的实际情况确定代言，不能盲目。

休闲运动品牌美特斯—邦威的代言曾经操作得很具专业水准。他们对广告代言人的选择，可谓是每分钱都花到了刀刃上。从 2001 年起，与郭富城的合作，使代言者的形象及主打歌与美特斯—邦威的广告主题曲《不寻常》紧密相连，之后，赞助音乐鬼才周杰伦的个人演唱会的代言，及购买议定数额美特斯—邦威的服装，就会获赠周杰伦演唱会的入场券。这对新新人类“周迷”来说，无疑极具吸引力，从而使得美特斯—邦威的品牌深入人心：只要一提起美特斯—邦威，就会让人想起“周杰伦的衣服”。此乃“好风凭借力，送我上青云”，借助周杰伦的超级天王人气，成就了新人类眼中的另类宣言，美特斯—邦威也就打响了：“不走寻常路”的诉求。这个经营战略为我国服装界提供了一个优秀范例：摆脱低价恶性竞争，整合资源，打造成功品牌。

再者，如今的走秀发布，已和当年的品牌、新品的亮相，相去甚远了。现今主要是造势，把影响造得大大的。早几年的北京服装博览会，就是企业比拼“造势”的大舞台，其兴师动众之势头，难出其右。尤以男装企业为甚，动辄就是一百多两百平方米的特色装修，豪华中见壮丽，上百人的模特大秀，每家都是品牌代言人坐镇，几乎把华人演艺圈所有男性明星，都请了来。他们似乎不是比产品，而是在展示各家的装潢艺术。再有，自从山东如意上长城做了一次大秀之后，紧跟其后大有人在，都在探寻能够显“势”而大“造”一番。据说，在太空唯有长城能被观察到，因此，老外也受此感染，如卡尔·拉格菲尔德就上了长城，美美地秀了一把。

三、品牌空心化

文化是服装品牌的核心，80%的利润由此产出。人们之所以认为法国服装品牌是浪漫与奢华的体现、英国品牌是前卫的体现、美国品牌是时尚的体现、意大利品牌是精致的体现，这些差异的出现，取决于各国的文化。巴黎是时尚的领导者，伦敦是先锋的策源地，纽约主导了世界的流行趋势，而瑞典生产了世界上的奢侈品。就我国而论，服装业的竞争已由产品向品牌过渡，是文化这个核心的竞争。对品牌的忠诚，就是对文化的认同和喜好，是她所创导的一种生活方式，一种文化品位和情调。据此可知，品牌文化是指企业和消费者互为认同和接受的、对生活有所影响的一种精神。

可我国品牌存活率之低，是不利品牌成长的。从知名度分析，我国服装不仅不如国外，且内地的更换速度也非常快，可以说是“短命”品牌占了大多数。据2016上海国际服装文化节组委会的调查表明，我国每年大约有2000个服装品牌被淘汰，即每天有6个，每个品牌的平均寿命只有短短的4个小时。与国外名牌的百年史相比，我国服装品牌简直是“昙花一现”。这是品牌空心化的市场环境因素。

货品同质化严重。走近百货商场，人们对各款服装都有似曾相识之感，款型、风格，有的甚至连面料质地都相当接近，区别不大，即品牌雷同。有消费者说，若要购衣，不需要逛太多的商场进行比较，只要进一家就够了。原因就是可选性、可比性不很大，即差别不大。上海服装行业协会2008年上半年曾经做过一个调查，结果发现，上海各大商场销售的女装品牌虽有近千个，但同时拥有五家专卖店以上的不足一半。说明大多数的品牌还处于初级发展阶段，同质化的低端竞争不一而足。这制约了品牌的上升和成长，助长了品牌空心化的程度。

以我国服装重镇浙江为例，分析其男装品牌的文化状况。西服和衬衫是其强项，最具竞争力，亦最具市场优势。雅戈尔、步森、罗蒙、杉杉、庄吉和报喜鸟等六大西服品牌，其品牌定位，都属中高档，价格在1000—5000元／套；再看消费对象，好像都销给了“好男人”：庄吉以“庄重一身，吉祥一身”相表述；罗蒙虽没打出如此明确的文字，但观其样本画册，也能概括出“罗蒙是成功的好男人形象”这一相似的市场定位。这里，人们不禁要问，难道中国男装品牌就只有“成功”，而无其他别的文化了吗？他们都在急吼吼地宣称自己产品的高档、国际化，很少甘居人后的。品牌定位高调化，急于创出品牌，一口吃成个胖子。这是经营者心理浮躁之表现。作为品牌大省的浙江，品牌文化尚且如此，何况其他地区呢！因此，人们不能不这样说，我国的服装品牌，缺乏打动人的品牌文化与内涵，穷得只剩下知名度了。

其实，服装的文化内涵是很广的，包含品质、款式、服务、美誉度、影响力、民族性等许多文化特质。就外部气质着手，可以独特的质地和精湛的加工工艺，创造消费者注目的第一印象；主攻设计软肋、终端形象、强化服务等，其中任何一项的突破，都有助于改善我国服装企业的地位，即硬件完善、软件不足、竞争力不强，进而使之弱化，逐步向服装大国攀升。这就需要我国服装业界静下心来仔细分析，选择自己会做、能做，且能做好的某个点切入。借以时间的延续，各个文化面的密切配合，一种高质量、高品位、追求完美的文化魅力，也就逐日累积而成。青岛红领集团就是这样一路走来的。这些年，他们全力支持中国体育事业，在国内树立了“中国人的形象大使”的良好公益形象和美誉度。

品牌空心化这种状况的改变，应该是在民族元素、中国特色的指导下，在与国际文化的交错中，实现创新的文化打造。文化的创新，就是核心竞争力的创新。“创新”的概念，早在1912年就由经济学家熊彼特提出，即把生活中常见的事和物，转化为巨大的文化和经济效益，要出新意，也即创意。对此，全球首富比尔·盖茨曾有过一段经典的描述：“创意具有裂变效应，一盎司创意能够带来无以数计的商业利益、商业奇迹。”最新的权威数据表明：“全世界创意经济每天创造220亿美元，并以5%的速度递增”。以此推算，短短一分钟，创意经济就给人类带来1500万美元的财富。这是多么诱人的巨大财富啊！发达国家的增长速度更快：美国接近14%，英国为12%。所以说，资本时代已经过去，创意时代已经到来。英国的发展可资借鉴。从2003年起，创意产业对经济发展的重要性已经超过了金融业。伦敦把创意产业当成核心的产业，将创意产业划分成12大类，并派生出4个产业，特引为参考。通过创意达到创富，是智能型的产业，是新文化的新成就。

简言之，创意就是将普通的生活对象转变为成功的创意产业模式，使之产生巨大的文化、经济效益。就服装来说，就是把普通的布料变成CHANEL、GIOGEO ARMAM品牌。其间商业裂变的发生，文化扮演着重要的角色。这是服装界所要认真思考和努力实践的。

第三节　设计能力弱

服装业的发展和提升，其中担当灵魂重任的是设计和设计师。现实情况是，经过多年的市场磨炼，以及实际的消费需求，企业和社会越来越感到设计的重要，或作为公司的重要组成部分，报以重视的敬意，或努力办学，培养后继人才。的确，服装设计这一行，已被社会认可，作为职业立身社会，正在发挥着他们的积极作用。可与我国服装大国所处的国际地位来说，显然差距太大。主要体现在以下几个方面。

一、资金缺乏设计力量不足

我国服装企业自身的设计能力较弱，力量不足，主要以仿制、翻版为主，原创设计明显不够。有机构为各国的设计能力打分，我国竟在泰国和印尼之后，处国际设计水平之最低位。这当然就缺乏领导潮流的能力，无时尚的话语力，只能依赖劳动力成本较低的优势，参与国际市场竞争。

作为灵魂的国内设计师，缺乏资本积累，创品牌非常困难，捉襟见肘是常有的事。国外知名品牌小型品牌推广会，动辄就是三五十万美元的花费，美国一个服装品牌一年的服装设计开发资金竟可达千万美元；而我国服装企业资金投入有限，设计师自创品牌的投入更少，常以十几万元起步，就是与企业合作也不超过 200 万元。资金差距悬殊。所以，仅凭国内时装周上的偶尔露个脸、亮个相，实在难以培育品牌。

设计模式落后。我国服装企业设计手段落后，还停留在纸面放样的阶段，即传统设计管理模式。且设计周期长，试制成本高，致使新品创新能力弱、开发周期长。不容易发掘适销对路的产品，从而造成库存积压，影响资金周转。有资料显示，服装新品周期（设计、成衣到进入销售）工业发达国家平均为 2 周，美国最快 4 天，而我国平均是 10 周，差距非常明显。这当然极大地影响了服装新品的问世。

二、资讯短缺设计系统乏力

缺乏对时尚信息的系统了解。长期以来，服装潮流的话语权被西方设计师所掌控，面对汪洋般的国外前沿潮流信息，设计师往往容易迷失于浩瀚的信息海洋之中。我国设计师了解国际前沿信息的最佳手段便是网络，但网络是各种信息的汇聚之所，往往真假难辨。网络所搜集的信息，仅能帮助人们了解当前潮流的趋势，却难以据此开展未来预测发布。

对设计师来说，把握未来 6 个月至 1 年的趋势至关重要，这正是潮流“话语权”的基础。这是整个设计师团队合力所取得的。以国际著名品牌迪奥为例进行分析。迪奥拥有超过 50 名设计师支撑这个品牌的国际运作。他们分三个类别为品牌做咨询服务：除研究主体服装外，还需对发型、妆容、饰品、皮鞋、手表和珠宝等前沿讯息收集、整理，还会就某一品牌定位的消费者的消费习惯进行分析，包括进何种迪斯科舞厅、观看哪些文艺演出，等等，都必须列入新品设计的整合考察范围之中。而我国设计师却不可能拥有这些优势。他们大多在信息了解不太系统的前提下，做着设计；说是无米之炊，怕有失偏颇，可评其信息不畅，应该说还是恰如其分的。为此，我国设计师需要建立一个完整、快速、灵敏的信息系统，要把触角直接伸到国际五大时装之都中去。没有这种触角的直达，特别是不深入行业前沿，不了解国外著名品牌和知名设计工作室他们眼下在做什么，未来准备做什么，就只能跟在国外设计师的后面，亦步亦趋的还是模仿。

这种一味模仿的设计理念，不仅使企业在潮流上永远慢他人半拍之外，还极易陷入不伦不类的文化与视觉误区，即最终迷失了自己品牌与文化的定位。或许成了被模仿者的翻版，当了别人的传声筒，把自己的本色给弄丢了。

三、孤芳自赏缺乏团队合力

服装的第一属性是商品，首先考虑的是市场和销售。其次，它反映的是潮流，是“速朽”的艺术。设计师不同于画家。凡•高生前作品得不到欣赏和认可，死后被发掘，画作大幅升值，流芳百世。服装带有浓重的商品属性，不同于纯艺术，设计师不能过分强调个人的主观感受和意愿，不能过分执着于自己的设计风格和理念，而企图将服装塑造成永恒的艺术品。这是设计师没能正确理解服装的商品属性而陷入了认识上的误区。

这种孤芳自赏式的设计思维，严重阻碍了设计师团队的有效形成，缺乏多方人士的合力运作，身陷孤军奋斗状态。为完成一个设计主题或某个项目，这些设计师凡事皆亲历亲为，独立包揽所有工作，自己采购面料，自己联系生产厂商，自己敲定推广方式等。这已不再像现代的服装设计师，更与老式小作坊相类似，这不可能形成运作合力。而国外的品牌团队，通常由投资人、策划人、买手、品牌推广等组成，分工合作，目标高度一致，是个整体性严密的系统机构。这些成功的经验实在应该借鉴，不能执拗地认为自己的设计是最好的，而忽视了市场的实际需要。当与企业合作时，往往表现为缺少协作精神和应有的责任意识，一言不和便拂袖而去；怀才不遇愤愤然，起则埋怨老总不识才，继而跳槽另觅良主，引发“短暂婚姻”一片。

这方面，国际大师树立了可资借鉴的典范。Chanel（香奈尔）的总设计师卡尔•拉格菲尔德，同时还是品牌 Fendi（芬迪）的设计总监，两大品牌都获得了各自的市场地位。拉格菲尔德的成功就在于，他能较好地领会两个品牌各自的传统风格和品牌精神，在创新的基础上最大限度地加以延伸，赋予品牌和企业最持久的生命力，而不过分强调自己主观的设计理念，或强加于品牌，把服务品牌和个人风格，拿捏得恰到好处，实在值得我国服装设计师好好揣摩。

四、急于求成文化明显

我国虽有设计师群体的崛起，并已向市场主体努力，但始终没有建立起属于自己的体系，市场影响也是很有限的，或者仅限于圈内人士。照理应该循此路线，脚踏实地开拓，潜心于品牌的打造，着重在文化内涵的塑造。可我们的设计师，与企业家一样的急功近利，一样的浮躁，眼下的设计做品牌还刚起步，却急忙一头扎进“后现代主义”的艺术思潮中，玩起了新花样，以猎奇吸引眼球，在所谓的时尚潮流中追风逐浪。

而努力于建立品牌的设计师，也存在文化内涵肤浅、缺乏生命力的弱点。他们对中国元素的理解，仅是符号上的花样翻新，如旗袍、中山装、中国龙等某些固定的单体形象的发掘，缺乏整体性融合，设计思维单一。有些作品初见之下，还令人眼睛一亮，颇具“中国特色”，可再看第二眼时，人们的感觉就急速下降。这主要是对中国元素的理解停留在表面，浮光掠影，未做深入研究所致。他们理不出属于本民族服装一脉相传的文化内核，只把中国符号作形式上的模仿，将瓦当、团花、牡丹等图案视为现象罗列，所以，这类设计经不起推敲，犹如一杯白开水，缺乏深厚文化内容的神似。从2006年起，欧美世界开始关注我国的春节文化，这是让老外了解我国、输出我国文化的好机会；2008年，我国成功举办了奥运会，中国红、青花瓷等元素的频频出镜，就受到国内外的广泛肯定。业界应借此机会加以研讨，强化对我国文化意蕴的理解，使之发扬光大。

我国服装设计师不乏智慧之士，奇思妙想，创意轰动。如长城作秀、水上T台等的策划，出人意料，人们连连称“绝”！若以此再发神思，各方援手添薪，形成团队合力；借助异质文化激荡之体验，更经常于民间采风，以固本土文化涵养之根基，定会使偶然之举，光彩久远，摆脱“高薪聘请+媒体炒作”之嫌，从而绽放出新时代服装文化之华光异彩。

诚如我国服装业在世界没有话语权一样，我国服装设计师在本土也发不出声音；唯在各地举行服装时尚类活动时，比如服装节、时装周等，人们才会稍知他们的行踪或近况。要使我国服装获得世界地位，就必须寄希望于我国的服装设计师。服装设计师本身是文化的体现，他们肩上担负着开拓、发扬中国服装文化的重任。哪天他们的服装和言论能够左右市场了，那么，我国服装离国际服装舞台的距离，也就不会很远了！

当然，社会已开始重视设计师的作用，各企业都把服装设计和设计师放到了重要的地位。大多数都引进了设计人才，主抓企业的服装设计，逐步显示了他们的作用。而作为流通领域的百货商场，更有主动承担起培育品牌的重任，引导设计师品牌服装进店开专柜，即为设计师品牌进商场大开绿灯，为设计师品牌的扩大影响做实事。这种现象北京、上海等地都有成功的先例。这种现象若逐城扩展，加上全社会的经济发展、文明进步、综合素质提升，我国服装业的世界成就，我国的创意发展，就能早日实现。

第四节 广告无新意

改革开放使我国的广告业得以飞速发展，对服装业的贡献率是很大的，效果也很明显。重大活动总少不了服装广告的积极参与。广告的投放对服装市场的扩大和美誉度的实现，功不可没。不过，就整个服装界的广告而言，还是有几个问题需要加以重视的。

一、盲目个性化

服装广告的投放，是每个企业都很重视的，它们都讲究广告效果的实现，即以富有特色的广告内容，引起世人的广泛关注，以使品牌获得理想的市场效果。但服装广告应体现品牌的特色，方能引起受众的注目。如“做一个有弹性的男人”，就知道是“汤尼威尔男装”；见“不走寻常路”就知是美特斯—邦威；“男人就应该对自己狠一点”就知是柒牌男装。这里的广告起到了很好的识别和联想作用，是值得推崇和称道的。人们见范思哲就会想到“惊世骇俗的性感与华丽”，而看到阿玛尼便会联想起“优雅，不过分前卫，永远在优雅与时尚之间完美地拿捏着平衡”等含义，广告词及其内涵，是品牌个性和风格的体现，是创造竞争优势的核心。

可国内产品的同质化，连广告也跟着雷同了，分不清品牌的个性了。如男装多为“成功人士”，女装则以“白领”相标榜，显示了很大的模糊性。有的甚至连社会公益也不顾，打出了“我管不了全球变暖，但至少我好看”的广告词，这就是某知名企业反世界环保的广告。看似制造了噱头，有个性，结果哗众取宠，适得其反，遭致社会的谴责。全球变暖形势严峻，世界各国共同关注，该企业却利用这个社会各界瞩目的焦点话题，当众声明“我管不了全球变暖”，这种不顾社会公益的广告行为，理应受到批评。玩个性过了头，太过分了。真所谓“真理往前多走一步，就变成了谬误”。

其实，该广告本身的目的，是想以争议性话题，引起注意和重视。可能受国外同行影响，利用争议性的话题，赋予品牌以内涵吸引消费者眼球。可惜的是，本意走向了它的反面，显得有些盲目。这方面成功的典型案例，可看意大利“贝纳通”（Benetton）的广告，最具代表性。

贝纳通以反对工业化文明的斗士而著称，其广告更是特立独行，独辟蹊径，平淡中见神奇，使普通的服装有了较广的社会含义。20 世纪 90 年代初的广告，展示的是“怀抱着白人小孩的黑人妇女”“教士吻修女”“濒临死亡的艾滋病患者”“浑身沾满石油的海鸟”“血迹斑斑的波斯尼亚（原南斯拉夫）士兵”等一系列反映人性、种族、宗教、生态、战争等极具强烈争议性的话题，惊世骇俗。这些广告创意超越了产品本身，且与社会、常识多有不合，故屡遭禁刊；但却宣传了品牌的某种精神或思想的主张，给品牌赋予了特殊的个性和内涵，从而使贝纳通名声大振。它是个性广告走到极致的成功案例。

具有相同情况的是，2006年下半年，中央电视台第6频道播出上海家化一则化妆品广告，因涉嫌“乱伦”而引起舆论的广泛争论。广告内容：孩子天真地对“妈妈”（蒋雯丽饰演）宣布：“妈妈，长大了我要娶你做老婆”。因为“妈妈漂亮”，缘于家化的化妆品。孩子不懂讨老婆是怎么回事，说这些话没什么不可，更与“乱伦”无关。这是个有意制造出来的争议，是生活现象创意的成功。爱美之心，老少皆然，包括自己的妈妈。引起的争论越激烈，企业越高兴，因为争议增强了社会大众的记忆。

而有些服装广告常喜欢以性感相标榜，走情色“暧昧”路线，制造眼球效果，结果搞得四不像。如2012年十大恶俗广告之一的某西服广告：镜头缓缓地摇过，西服男人、旗袍女人；西服的领、袖、前襟；一只手轻抚过西服。暧昧的眼神、手势。轻柔的女声旁白响起：女人对男人的要求，就是男人对西服的要求。这个企业原本是想借国外常用的“情色”广告来打动消费者，可表现时却变成了近乎“色情”，性感玩得过了头。广告分寸的掌控处理，可多多琢磨国外的成功经验，不要进行所谓的形式学习。

二、文化内涵缺失

时至今日，服装是文化。人们购买、穿着服装，并不在乎其物质，而看重的是其文化的内涵。牛仔服之所以风靡全球、历久不衰，那是美国西部牛仔以他那阳刚、富有开拓性的性格，所创造的牛仔文化所致。牛仔、牛仔服成为文艺作品热衷表现的永恒素材，从而赢得了男女老少广大消费者由衷的青睐。男人们视牛仔服是力量与勇敢的象征，女人们则看其为刚柔兼济，更有女人味。我国的旗袍，大素大雅，端庄不失谦和，是20世纪三四十年代所铸就的都市文化的结晶，亦是在我国深厚文化脉络中，被发挥到极致的高贵。另外如中山装等，也是服装文化造就的奇迹。因此，服装文化的有无，是遮体装置和品牌价值的重要区别。

国内服装品牌，为了赋予品牌以文化内涵，可谓不遗余力，总想高人一筹，给人以惊奇，可往往不得要领，效果不佳，有时还成为业内笑柄。某西裤广告语：“××西裤，中国人的骄傲！”什么样的裤子，居然让十几亿中国人为之骄傲？纯假大空，只会成消费者之笑柄。对此，可能会有人拿“金利来，男人的世界”作说词，那还是“世界”呢！这与某西裤的广告词，根本是两回事。就个人而言，每个人都是个“世界”。不能看到“世界”，就马上想到整个地球，它与“全世界”的概念不等同。“中国人”是个实体集合概念，而“男人的世界”的广告语，树立了金利来在男装品牌中老大的地位。有意思的是，某些男装品牌据此紧跟着推出了“男人的选择”“男人的风度”“男人的享受”，等等，模仿得十分苍白、毫无新意。有的休闲服品牌还以“年轻、时尚、前卫”等相许，可时尚、前卫到底体现在哪里，又难以说出个所以然。想要以文化为广告核心，可又缺乏表现文化内涵的恰当途径。

利郎在传统文化的品牌内涵挖掘方面，做出了经典性的示范。利郎男装虽然定位为现代的商务休闲，但在其品牌文化塑造中，却将中国传统文化的内敛、深沉、不事张扬的特征表现得淋漓尽致。他们的广告语“简约不简单”，用语简洁典雅，既有传统韵味，又不失现代气息。“简约”与“简单”对应，修辞上有回环反复之美，琅琅上口，过耳不忘，更兼寓意深刻，富有哲理。所以，利郎品牌能从商务人士—知识群体—社会大众逐层扩散，广为人们接受。这说明，“简约不简单”已超出服装的范围，成了社会生活的流行用语，被各行各业广泛运用，并融入人们的日常生活，言谈举止，为人处世，都可以“简约不简单”。法国大文豪雨果说：“世界上最宽广的是海洋，比海洋更宽广的是天空，比天空更宽广的是人的胸怀。”这就是一种包容的心态。一种产品的广告词，竟升华为人们对生活的一种态度和观念，是利郎广告策划者所没有想到的。

三、产品诉求狭窄

所谓产品诉求狭窄，是指我国很多服装品牌就产品而诉求产品，越做越狭窄，越做越单调，越做市场越小。很多服装企业尤其是做西服的企业，其广告几乎都是着重产品，从面料、款式到设计、做工的多个细节局部，逐一“广而告之”，可以说，被秀得明明白白。这种广告缺乏卖点诉求，因为无差异化的产品，是不能打动消费者的。仅就服装面料、款式、工艺等的细节优势的宣传推广，是无法激起消费者的购买欲的。那么，怎样的产品诉求才能满足消费者呢？

市场细分的现实表明，唯有差异化的产品才能真正主宰市场、打动消费者，即必须有产品品类诉求的突破。柒牌，是个做了多年的男装品牌，要想突围，困难重重。强势品牌林立，西服如杉杉、报喜鸟、雅戈尔，休闲夹克如七匹狼、劲霸，运动休闲服如美特斯—邦威、佐丹奴等。面对如此阵势，柒牌以品类破茧而雄起——柒牌中华立领。一个全新的男装品类，与西服、夹克、中山装不同，仅需把中山装的领子立了起来，款式就更具时尚性。如今，“重要时刻，穿中华立领”已经成为一种时尚。演艺界、公众形象、学者、教授等，都喜欢穿着“中华立领”出席各种场合。

无独有偶，福建七匹狼所推的“双面夹克”“多彩T恤”“防盗夹克”等，也是服装品类创新的成功案例。据此可以得出结论，服装广告如果要诉求产品，以前那种诉求细节优势的方法已经行不通了，只有从根本上进行产品创新，并就产品的创新来诉求产品，这样的诉求才是最有效的。这里，广告语的提炼也很重要，要具有深入浅出、引人联想的效果。Esprit的“在乎心态而非年龄”就很自然，四两拨千斤，很有美感，清晰地把品牌定位、产品风格等，简明扼要地传达出来了。

四、明星效应待完善

1989年，著名表演艺术家李默然拍摄的“三九胃泰”广告片，开创了新中国名人广告先河之后，中国的明星代言便以前所未有的速度向前发展着，称为明星的光环效应（或称晕轮效应）。以明星代言扩大产品的影响力和知名度，这已成为服装企业塑造品牌、营销推广的有效之举。当时业内有“只要找到明星就可以使品牌成为名牌”之说，消费者也特别相信明星效应，以为请明星打了广告的品牌肯定就是好牌子。就连去药店买药，顾客都会指名道姓要某个品牌的药。因为“这个药好，它做了广告的”。那段时间明星代言，确实为服装企业做出了贡献。当年请明星代言的雅戈尔、杉杉等品牌都迅速崛起，短期内扩大了代言产品的知名度，提高了服装销量。但问题也随之而来，就像事物都具有两面性一样，明星自身不足的另一面开始显现，如明星本身形象和特质及其影响人群等，是否与品牌文化、品牌目标消费群相符等因素，都需作进一步的探讨和细化，否则，对推广品牌和提升销量，极有可能产生负面影响。所以，有必要对明星代言存在的不足进行反思。

（一）明星品牌须相符

明星形象在受众中形成鲜明的风格定势，且极具人气，很多企业聘请明星担任形象代言人时，往往看重他们的知名度，而忽略了自身的产品定位，造成代言明星风格与产品定位的相违背，有时明星风格、气质并不符合品牌的理念。这非但不能达到预期效果，反而会引起消费者的误解。世界著名奢侈品牌“CHANEL”（香奈尔）选择著名歌星李玟作广告代言，令人称奇：“CHANEL”品牌代表着“高贵，优雅”，而李玟形象则是“活力、性感、大胆”，两者个性形象既无任何关联度，那能得到香港上流社会名媛的共鸣？

所以，明星风格必须与所代产品保持一致，也叫明星与品牌的匹配程度。

只有明星与品牌两者相匹配的代言，才会对塑造品牌和提升销量有更好的、更持久的效果。

（二）多家代言多干扰

明星代言的实际效果，使有些企业很受鼓舞，看到了品牌运作的新方式。某明星代言的某某品牌名声大振后，他也力聘该明星担当本企业的品牌形象代言。可这些企业忽视了这样一个基本现实，即人对事物、观念的接受有个先入为主的特点。如果某位明星代言一个品牌影响力过大时，就会在受众的大脑中留下“某某明星就是某某品牌的形象代言人”这样相对较为顽固的印象。以后其他品牌如果再邀该明星代言时，不仅不能达到预期效果，而且很容易给受众造成品牌概念混淆，使后来企业的广告投入变成为他人作嫁衣。如任达华担任“报喜鸟”代言时非常成功，而“日泰”则没有达到应有效果。其原因就是“报喜鸟”聘请在先，后聘者则为前者提供“无偿服务”，好了他人品牌。

当然，高人气的明星同时代言数个品牌是很常见的。李宇春人气飙升时就代言了 5 家企业的产品，刘翔鼎盛时达十几家，等等。关键是企业选择形象代言时，不仅要了解明星本身，还要知晓明星所代言的其他品牌。如果明星代言的产品过多，会使其代言的产品失去焦点，有损代言效果。温州某家企业，本以生产男式休闲鞋著称，却聘请了一位素有“大美人”之称的香港著名女星来担任形象代言人。虽然没有造成很大的负面影响，但一笔可观的佣金却就此打了水漂。

而市场的细分化，也要求明星代言人的风格与产品定位，必须保持对应一致。因为，企业产品之定位，只能满足某一对应消费群的需求，不可能面向多群体的消费者。

（三）代言价值待挖掘

企业请明星代言总要支付佣金，聘请高名气的花费更是巨大，可代言效果总感觉不是很到位，其广告价值并没有得到有效实现，还需做必要的挖掘以弥补不足。服装广告表现雷同，特色不明显。大量服装平面广告均以“俊男靓女”为主角，展示品牌服装的设计、款式和色彩搭配，这就无法在竞争中相互区别，从而很难通过广告来塑造独特的品牌形象。有机构在北京某大型商场进行的一次调查显示，55%的消费者认为，目前国内的服装广告模式雷同，缺少创意；45%的消费者认为有些服装广告宣传手段单一，采取强行灌输的方式使人不厌其烦。

欣赏国外优秀的服装广告，恐怕会对国内同行有某些启示。无论是广告媒介的选择，还是广告地点的落实，都有别于他人，显示其创意之出众。美国著名品牌 Calvin Klein，精通于广告投放地点和方式的选择。户外广告牌、电视和杂志等，已然显得老套。Calvin Klein 在新媒介的运用上一定要做到第一，否则就不做。索尼剧院中装爆玉米花的袋上可以找到 Calvin Klein 的商标，信封和入场券的背面也印有 Calvin Klein 的商标，一次性富士相机、少儿读物的封面、书包和流行的文身中，也有 Calvin Klein 的商标，甚至连 E-mail 的信息联络中也有 Calvin Klein 的商标。Calvin Klein 更开发出独具一格的广告形式。

而且，一些国外品牌在媒介的运用上也别出心裁。2000 年 10 月 5 日，米兰曼左尼大街 31 号 Armani 的旗舰店开张，他就连着在意大利几家大报刊登了整版广告，他名字的第一个字母 A 竟铺满了整个版面。这就是创意在吸引眼球。

还应提出的是，有些服装代言广告流于形式，好像为了赶时髦。其广告做得或主次位置颠倒，成了明星的宣传片；或表现苍白无力，缺乏“诱”人之处；这些都很难发挥明星广告的传播目的。还有的服装企业请明星代言，其作用就是拍 POP 广告、产品画册以及出席新闻发布会等，这是对明星资源的浪费，没能充分挖掘代言人的价值，也浪费了企业积攒不易的有形资本。当然，上述代言活动是应该做，但该代言人的影视作品、娱乐赛事及其日常活动，也应出现代言人穿着该品牌的形象，这样，其产生的新闻价值与品牌传播效应，将会更多、更大、更广泛，从而最大限度地发挥明星代言的功效。

随着服装业的深入发展，广告业还会随之有更大的变化，新媒体、新形式、新技术等的不断问世，强化创意追求，以短暂、率直、颇含美感的流行话语，实现服装广告“创益”“创异”“创议”“创艺”“创忆”的真正突破。不过，就目前国内服装广告现状来说，还存在很多不足，模仿成风、创意表现乏力、制作粗糙等，这都须有根本性的改变。否则，追赶国际广告先进水平，塑造真正的中国服装品牌，只能是一句难以实现的誓言。

服装作为现代社会的活跃商品，其文化载体的功能越来越为人们所广泛认识，并演绎出五彩缤纷的大众化的娱乐活动。我国服装业的进步和发展，还须有服装批评的完善。本章据此就企业塑造品牌、服装设计、广告创意这三大环节作了概述，并从以下几方面加以掌握。由于历史原因和穷困的现实，我国服装企业在改革开放国策的指导下，急于发家致富，改变现状，心态浮躁，急功近利。具体表现为品牌建设表面化，即追求表面的近似，品牌名称洋化，属地洋化，故事洋化。简言之，傍国外名牌之“洋气”，走自身品牌发展之路。虽有了些名气，但底气显然不足。品牌空心化是其必然结果。品牌的真正国产化、本土化，就是要确立具有我国文化内涵的服装品牌。而明星代言造势，更是急于求成之策。初始阶段的温州，几乎把香港有名的艺人请到了位。此举打响了温州服装的名气。可明星气质与品牌文化的匹配问题，就此拉开，即进入品牌广告的创意时期。作为服装灵魂的设计，经过多年的市场打磨，服装设计和服装设计师，赢得了市场的认可，成为行业不可或缺的一个职业。由于市场的误解和自身的弱点，我国服装设计的能力还很弱小，只能是翻版、仿制，原创很难。主要是资金匮乏、信息不系统，再加上孤芳自赏、无团队精神，又急于出成绩，所推作品往往流于中国文化的形似，叫好不叫座；即使与企业合作，也只是“短暂联姻”。这是我国服装设计和服装设计师的尴尬。而欲使产品取得理想的市场效果，必须有营销手段相辅佐。广告推广就是其必选策略之一。现代意义上的广告营销，在我国还是个较为年轻的行当。郑永刚接手涌江服装厂时，把仅有的资金砸进了上海电视台，好多人不理解，可“杉杉”的突然扬名，令疑惑者如梦初醒。“广告”就这样成了各行各业既爱又恨的一个词：做品牌不做广告不行，可投放广告难得理想效果，更是苦恼之事。我国服装行业的率先得利，也使服装企业陷入了做广告的困境，即盲目个性化、文化内涵缺失、产品诉求狭窄、明星效应待完善等种种不足。分析这些案例，为日后服装企业提供借鉴。

第四章　现代服装的审美视角

生活中，人们在逛商场时大多会有这样的经历（特别是女性），在自己心仪的货品区域内浏览，有的还会拿起合适的衣服往身上比画，并还会与同伴说上几句。需注意的是，这就是服装审美了。可以说，服装审美在如今的社会表现得尤为活跃。即挑选、试衣、评价等，是人们生活中最常见的，表现得最为充分，且不受学识、场合、年龄等的限制，是任何人都会发生的一种关于美的形象具体而又生动活泼的鉴赏性思维活动。它包括审美的本质、审关特点、审美心理几个方面，表明了心理因素、机制对审美所具有的推动作用，即审美主体和审美对象两者之间的内在关系，尤其是重视审美客观存在的现实性。

第一节　审美本质

前面章节已讲到过，服装具有实用和审美的两大功能，前者属物质方面的，满足人们的生理需要，如护身御寒遮挡；而后者为精神方面，满足人们精神需要，即精神上的愉悦体验，美化自己，美化生活。这里，就涉及了美的概念，这是审美的核心，所以本章就从研究“美”开始。

一、关于“美”

说到“美”，恐怕是当今社会见之较多的现象，其内容也是每个人都会碰到的，且都认为是最简单的事，好像谁都能弄得很明白似的。其实，美是什么，要真正弄清楚还真不容易。多少年来，不少学者专家为之花了大量的精力，都未找到一个合适的、令人满意的统一的解释。可以说，各有说法，各有道理，以至有人说“美是难的”，因为“美”这个词儿的意义在 150 年间经过成千上万的学者讨论，竟仍然是一个谜。

（一）美学、服装美学

这里不拘泥于学术上的探讨，只是就美学研究的范围加以界定。一般认为，美学是研究人对自然现象、社会现象和艺术现象的审美关系的学科。人们所处的环境，到处都存在着形态各异的美的事物，都会不同程度地引起情绪活动：或感奋，或沮丧。现实生活中的每个人，都喜欢美，欣赏美，创造美。这表明，美学是研究人与现实的审美关系的科学。围绕审美关系这一轴心而出现的美、美感、美的创造这三个方面，是美学研究的三大领域。这里集中于美感在服装方面进行展开。服装美学作为一个分支，是研究人对穿着艺术与科学技术的审美关系的学科。服装审美便应运而生，从而成为现代人精神状态的体现，是美化社会的组成部分，成为衡量个人生存方式与社会生活方式的主要尺度。

（二）美的表现

通过视觉和触觉而获得的感觉（感知、感受），赏心悦目、协调和谐，这就是美的一种表现。有感到实用的，能表现个性的；甚至有些另类，或呈“酷”状的，也有认为是美的，表现的是他的与众不同的心理之使然。这就是人们物质需要的实用性和精神需要的审美性的结合，寓审美于实用之中，融实用于审美之内，二者互为依存，辩证统一，是服装审美的根本，更是衡量服装审美的准则。

二、审美关系、美感

（一）审美关系

审美关系指审美主体的人与审美对象的物体之间的内在联系，即人与现实的某种特定关系。以本书叙述之中心——服装而论，因其所处情景不同，就各有不同的说道。以其加身，首先体现的是使用价值；当置于流通领域，或可成经济学研究的对象，亦为历史学、社会学、民俗学的研究对象。而当该服装的质地精良和高超技艺被认同，人们为其智慧和创造的结晶感动时，即获得了精神上的满足和愉悦，这一情感因素的出现，就为服装的研究又增添了一项新的内容，那就是审美关系，也是本章所要重点讨论的。什么是审美，至此已是很明白的了，它是人与服装的关系，是各种场景着装者的不同心境。其中心话题应是美感，那美感又是怎么回事呢？

（二）美感

美感是审美主体对审美对象的感受，是美的欣赏活动的产物。而服装美感，是人们直观感受下最常见的产物。时尚帝国意大利的范思哲（Versace），他的完美的性感设计，是令人着迷的经典。他的服装线条流畅简洁，色彩有如宝石般夺目耀眼。其设计用料少，且非常贴体。如衣领开至肚脐，让通俗女歌星穿上用工业塑料与 PVC 制成的内衣，使 Versace 品牌所注重的快乐与性感，相得益彰，从而创造出闪烁于粗俗、奔放与高雅、华丽之间的无限魅力，即这冲突中的和谐、充满诱惑力的性感与不能抗拒的激情。这就是人们对范思哲服装美的具体感受。

有“好莱坞淑女”“淑女中的典范”之称的奥黛丽·赫本，其塑造的一个个银幕形象，曾引起整整一代人的痴迷。那就是其清丽动人，以及生活中那优雅入时的特殊打扮，如《罗马假日》中饰演的某国公主。时至今日，赫本清丽的形象已成为人们心目中珍藏的经典。这除了她本人的丽质外，还有服装设计师的重大作用，这就是赫本的形象设计师纪凡希，并成了她一生的形象设计师。赫本着装形象的简洁、清新、庄重的风格，皆出自纪凡希。人们对赫本形象的钟爱，至今不减，就在于其魅力犹存。

三、审美标准

（一）环境指归

审美，是审美主体人对审美客体服装所作的独特的情感式的评判、评价，是一种形象性很强的思维活动，贯穿于服装的选择、试穿及议论等全过程。审美标准随社会发展而改变，时代变革、观念更迭，人们对服装的审美会出现相异的现象。熟悉欧洲服装的人都知道，女性的束腰、裙撑装饰盛行，那是受英国女王伊丽莎白一世服装的影响（为掩盖其瘦削的身材），突出女性特征（含紧身胸衣）。时风延及后世数百年之久，至第一次世界大战，为应对战争，女性们暂缓此饰。对此，美国战争工业委员会有位成员不无感激地说：“美国妇女为战争做出了很大的牺牲，她们从内衣中抽出了共两万八千吨的钢条，这足够建造两艘战舰。”然而 19 世纪末还是达到极端，好多妇女因此死于难产。可见女性对其钟情之深。可到了 20 世纪 60 年代，名模翠姬却以身材瘦削为时髦，影响颇大，产生了很多崇拜者和模仿者，如著名歌星卡蓬特，就是典型代表。其为减肥，竟患上了神经性厌食症而导致死亡。这种刻意追求的瘦削美，是非正常的审美观，至今乃有追随者，也有致命的报道。

（二）国别差异

就整个社会来说，审美标准受社会意识的制约，在不同民族、不同国度，亦会相佐、迥异。加上个人的审美观也不时发挥作用，造成社会审美和个体审美的矛盾，正是这种貌似对立的审美观，推动了整个社会审美的向前发展，促进社会服装文化由物质丰富向精神满足的提升。先说前者。女性之穿长裤，各国差别太悬殊。在我国是件平常事，清代以后就成了日常服装。可在欧美国家却是件大事，没法律的保证，谁也难开此禁，否则，就有被投进大牢之虞。1932年，著名的美国影星马莲·底特瑞琪就因穿长裤在巴黎街头行走，竟被抓到警察局要以“有伤风化罪”拘留。后因女权分子去警察局外示威游行，才不得已释放了她。而最后解除禁令是因为“二战”的爆发，男人们奔赴前线，留在后方的妇女勇敢地走上了他们的岗位。为工作方便，妇女们自然穿起了裤子，并成为女装的基本组成部分。是严酷的战争，替代了只有通过立法才能解决的难题，改变了社会审美。

（三）意识更迭

当社会意识改变、呈现宽松化时，个人的审美往往得以自由表达，着装的个人意识也尽情发挥。20世纪70年代末喇叭裤在我国广泛、持久的流行，就是审美意识的创新爆发。经过长年禁锢的青年们，对这种粗犷、奔放的裤装风格，亲切之情远胜新颖之感，所以，他们勇敢地接受了它，鼓足勇气穿出去。特别是女性的支持，尤为可贵，促成了新裤装的问世，如裤门襟由侧而中，发生革命性变化。我国自此开始接纳国际流行，并融入了国际服装界，开始成为国际服装业的重要成员。

（四）认识趋同

认识趋同是人数较为众多的穿着现象。有的时间、范围较短暂、有限，有的较长而广泛。如我国改革开放初期，西服的盛行，是国民对西方服装文化的全民性的大欣赏。可以说，西服达到每人一件的程度，这在服装史上，甚为罕见。为什么会有如此盛况呢？那就是压抑太久，全然不知外面之精彩。而今一旦放眼看世界，新事物像潮水般涌来，便觉什么都新鲜的。西装又是西方服装的代表，哪有不学之理？否则便会有落伍之讥：审美须紧跟时代，紧跟潮流。

四、独立的主体观照

（一）审美观照

美的效用并不仅限于经济实用，重要的是精神上的享受。服装穿着，尽管要考虑使用价值，但款式、色彩还是会予以更多的关注的，那是基于服装能给人以精神上、心灵上的愉悦和满足。德国美学大师黑格尔说：“自然界事物只是直接的、一次的，而人作为心灵却复现他自己，因为他自己作为自然物而存在，其次他还为自己而存在，观照自己，认识自己，思考自己，只有通过这种自为的存在，人才是心灵。”

通过对客观对象的感知、想象、情感等多种心理功能的综合活动，而达到领悟和理解的感受方式，叫审美观照。观照是哲学、心理学的专用术语，指的是通过感性直觉直接达到理性本质内容的把握的一种心理的过程。通过审美观照，主体就获得了精神上的享受，审美上的满足。这种感受必须是亲历所为之后的萌发。要领略服装的美，就必须眼观加手的触摸，来品味、感受；听他人之介绍，任怎么描绘，都不能构成审美。眼见为实，这怕是服装审美的特色，眼观然后心动。其实，凡属审美范畴，都应该如此。

（二）审美直观

人们面对款式新颖、色彩亮丽的服装，往往会被其吸引、驻足、观赏，有的还会触发情感记忆，激活想象，体验眼前所见之适畅怡悦。这就是服装审美观照。这种把对象的外在形式作为整体性的感受方式，也称为审美感受的直觉性，它是服装审美的心理特点，完全是个人独立的情感行为（别人的意见，仅是参谋而已），包括五官感觉和精神感觉，即在直观中包含着理解和联想，这于服装欣赏、着装观感、服装设计，实在是大为有益。人们见香奈尔以 71 岁高龄复出的第二季发布，那没有衬里的上衣、漂亮的袖形、丝质衬衫、金色腰链、包缠式裙子、人造钻石襟扣时，顿然使人产生一种全新的整体形象美，与迪奥“新风貌”不分上下；而粗呢新面料的运用和配饰变化的稳定感，则又给其注入了一种世俗化的新意，令世之女性爱不释手，由此赢得“有疑问时就穿香奈尔”的长久美誉。所以，人们见此服装马上就会与精致、高雅、经典等风貌相连。

第二节 审美特点

服装作为客观之物，不管它的款式如何、制作工艺又是怎样，只能是物的存在美，是一种材质的美、造型的美、色彩的美和技艺的美，还不能上升为真正意义上的审美。只有当服装和穿着者完美结合，方能进入审美的阶段。因为，此时的服装由人体的衬托，其所形成的着装形态（款型、颜色、图案），精神状态（气质）和环境（场合）所构成的和谐统一，才具有审美意义，且大多以别人的视觉感知评判为依归。鉴于这种审美上的外向性，称之为是“穿给别人看的”，也是很恰当的。服装虽是个人的事，但每个人活动的空间，却是各个不同的群体，在群体的评论中，获得精神上的满足。据此可以说，服装穿着也是社会行为。因此，其审美可概括为烘托性、整体性、组合性和典型性这四大显著特点。

一、烘托性

服装穿着虽然包含着社会意义，但却是通过主体个人的装扮实现的，属于自我表现的审美意识。俄国美学家车尔尼雪夫斯基说：“在人身上美极少是无意识的，不关心自己的仪表的人是少有的。”人们注意并精心打扮自己，是出于爱美的天性，求得快感、愉悦感。这就是现代人自我装饰的审美目的。既如此，那就以时尚、潮流为自己的穿着标准吧！这是服装界的流行说法。

（一）适合原则

跟着流行走，当然是新潮。不过，也并不尽然，以适合为好，穿得舒适为好。意大利著名影星索菲娅·罗兰曾就此发表过自己的心得，她说：“跟着时装的潮流穿衣，当然是可以的。但请勿滥造潮流。你可以改造一下时新的式样，以适合你的特殊需要，重要之点在于你对自己穿的衣服要既觉得合体，又显得合适。”

（二）自我烘托

怎样的穿着是适合自己的服装呢？美国有个研究服装的学者指出：“能烘托你的自然美，又能适当掩盖你不足的服装，就是适合你的款式。”对此，日本著名影星山口百惠有自己的心得，她把穿衣与日常活动相联系，使之更富有情趣，更有利于生活。她说：“不能认为穿什么衣服都行，服装会决定一天的色彩。”简言之，就是穿着为自己加分、增添美感的服装。

二、整体性

人们在欣赏某人的穿着时，往往会较全面地进行观察，这是一种快速的视觉心理行为，是对衣装和穿着的统一观感。且主要表现为对服装款型印象的评判，也就是服装造型。

（一）款型合拍

一般来说，服装总要表现为某种几何形状，即今谓之款式。它包括服装外在形式的材质、技艺的造型，及其与人的装身所形成的着装感，两者的互为映衬，产生的高度的物质和精神的和谐，这就达到了美感的境地。这里，种种感觉的出现，就在于欣赏者的整体性观察。迪奥那款“新外观”之所以成为经典，除时代的需求外，即战后女性迫切要求改变穿着要求的心理，更有该衣整体构成的悦目感：圆润的双肩、弧度极优雅的衣摆、裙摆距离地面的恰到好处。1947

年 2 月问世至今，人们的欣赏、赞美等，从未间断。道理就在其设计、穿着等的上下融洽性，这才会有人们 60 余年来对其由衷不懈的崇拜。

（二）衣装合度

这是指服装与着装者之间，应该有个适合度，即服装与审美主体两者的一体性、统一性。若把风格毫不相干、材质迥异的衣装，硬是要放在一人之身，那将是绝对的不伦不类（混搭不在此类）。同一款衣物，两人穿着，效果也会大不一样：穿着者的本身状况，至关要紧。在甲为好，换为乙身就难以称佳。这里没有随心所欲，不能张冠李戴，更不可东施效颦。其中的道理，在于人的主体意识左右着观感的表述。

三、组合性

服装作为审美客体，是文化艺术的综合体。色彩是关键，重点检验其是否遵循原色、间色、复色和补色之规律，从色相、明度和纯度的关系，把握重视色彩主题，在对比、衬托中，实现其协调性、整体性，体现动感、层次感。

（一）色彩组合

歌德断言“一切生命都向往色彩”。约翰内斯·伊顿说：“色彩就是生命，因为一个没有色彩的世界在我们看来就像死的一般。”法国画家普珊强调指出：“绘画中的色彩好像是吸引眼睛的诱饵。”KENZO 作为国际著名服装设计师，他的色彩明亮而富有特色。2013—2014 年秋冬发布可为之佐证。有图兰朵公主的亲临现场，可谓奇幻奢华：珍贵而闪光的天鹅绒，情趣盎然的花朵图案，威尔士风格的印花，镶满亮片、荷叶边的华服，处处彰显着奢华而神秘的气息，诠释了女人们所有的梦想。人们就这样在“诱饵”的吸引下，不知不觉中爱上了 KENZO 色彩的诱惑力。

（二）关系组合

服装各构件关系的协调，是服装审美的基本要素。协调指领、袖、三围以及襟、摆、扣等各局部处理之比例，与着装者所处空间环境的状况（自然环境和人文环境）。2009 年 5 月，查尔斯王子为自己的建筑环境基金会在英国沃特福德新建的一处生态屋奠基。他头戴厚厚的建筑帽，身穿价值 2900 英镑的西服，脚上是一双 2000 英镑的皮鞋，拒绝了工地经理递来的手套，赤手空拳为生态屋垒上第一块砖。为了把这蜂窝状的砖块放到指定的位置，查尔斯不仅擦伤了手指，还把出自萨维尔街的高级定制西服弄上了水泥印。可见服装穿着还应与环境的整体一致相协调，从而使工作做得更加完善、到位。另外就是饰物的匹配，是为点睛之笔，诸如鞋、帽、巾、袜等装束的相配，应相当在意。否则，高跟鞋与休闲装为伍、西装与运动鞋一体，能不别扭吗？看之能眼顺吗？因其有悖常理。这也是服装审美的一大需要注意之要点。正是这诸方面的有机组合，才使服装在与人体的再构中，形成全新的视觉对象，给人以美感。

四、典型性

典型是艺术理论中的重要内容，审美中的典型是艺术美的集中体现。服装审美的典型是服装美的高度体现。那什么是典型呢？

（一）典型

恩格斯说：“每个人都是典型，但同时又是一定的单个人，正如老黑格尔所说的，是一个‘这个’，而且应当是如此。”黑格尔所说的“这个”，是存在于特定时间、特定空间的独特性格，是不可重复的“这一个”。这是文艺界的著名理论，说的是艺术形象的鲜明的个性特征，越是典型的，就越具个性化。服装典型，说的是着装者的个性美。其所穿之装的审美元素的选择、取舍和组配，与穿着者本人的性格、爱好、思想等的吻合程度。这人与装的和谐组合而成的新质体系，定会是个跃然于社会生活的审美对象，受大众的崇拜。典型的体现个性的服装，男子因其生阳刚、显帅气、助倜傥；女士则可尽显九曲、温柔、性感之美。服装作为显示成功者的形象，作用不可小觑。这表明，个性特征的显现，是服装的自然要求，亦显其出色的审美效果。

（二）典型装束

典型衣装是个性化的体现，是受社会普遍认可、崇拜的。美国电影《欲望号街车》中的 T 恤衫，由于马龙·白兰度穿出的帅性，颇具市场吸引力，迅速成了当时青年竞相追逐的对象。设计师与名人结合，所创造的服装佳作，更成服苑佳话。震惊法国服装界的奇才的 Jean Paul Gaultier（让-保罗·高提耶）与乐坛天后麦当娜的合作，可谓是最合拍、最神奇的融合。1990 年，Gaultier 为麦当娜在她的“金发女郎野心勃勃环球演唱会”中设计的造型，一改麦当娜女性的妩媚诱惑力，以“Cone Shape Corset”的舞台服，变为略带雄性力量的坚毅，拥有男人般的强势，从而使其成为演唱会的巨大亮点，并引发了内衣外穿的浪潮。而这也进入了 Gaultier 的造型设计的经典系列。2006 年，Gaultier 再度为麦当娜的世界巡演设计演出服。在巴黎女装设计部，Gaultier 用了许多时间及精力，研究高级的质料如塔夫绸、公爵夫人缎、高贵的 Chantilly 蕾丝和雪纺丝绸等，设计马裤、衬衫和夹克等，以满足、适合演出服的个性需要。这可从他绘制的大量草图中，看到 Gaultier 对该装的个性设计的用力。

以上的划分，只是就大众审美的普遍习惯，有的还从形态美、色彩美、动态美进行划分。在实际的欣赏中，人们并不可能如上述那样单一，常常是交叉互动，多种特点共同作用的审美结果。

常听说的“你穿的这身衣服真美”或“今天你看起来真美”，两说的交点在于，人与服装的组合关系（再造性重组）。这是上述四大特点的中心。人这个审美主体如果和审美客体服装，不能形成密切而和谐的关系，即一个整体（人、装合一），那是无法构成审美的。这是特别需要注意的。

第三节　审美导向

服装是一种物质文化，人们在穿着、观赏服装时，也关注着一种文化倾向，这就是服装审美的心理导向。关于这一点，说法很多，有从面料、款式、色彩等服装三要素来研究的，有从服装风格来探讨的，有从服装流行的角度来推断的，等等。各种研究方式都没有离开服装的服用对象——人的活动，这是各家的共同之处。既然服装的服用穿着以人为主体，受人的行为、环境、时代的影响，那么，不妨就直接从人的心理为研究的出发点和归结点，恐更为接近生活，也更便于理解。据此，可以归纳为炫耀导向、趋众导向、新奇导向、名气导向和流行导向。

一、炫耀导向

炫耀，是人类所共有的基本心态，生活中的任何环节都会有值得炫耀的事发生，即人们是生活在炫耀的环境中，彼此都会成为炫耀的动因，都会成为炫耀的实践者。可以说，人们是在炫耀中彼此交织前行的。尽管各自的表现形式不同，可目的却是相同的，即在炫耀中胜过对方。

（一）炫耀及其他

炫耀就是自己的事和物，比他人好的一种满足感的张扬，有时甚至是以挑衅的方式向外宣示的行为。这是基于人不满足的本性，所产生的心理外化的行为。实际上是一种攀比心理作用的结果。由此延伸出炫耀性商品这个概念。它是经济学家凡勃伦在《有闲阶级论》中提出来的，他把商品分为两大类：即炫耀性商品和非炫耀性商品，非炫耀性商品，满足消费者的物质效用；而炫耀性商品则使消费者精神上满足，即虚荣效用的满足。炫耀性商品，至今可分为三类：一是天然品，如黄金珠宝等；二是奢侈品牌，一种人为的稀缺品，纯粹是符号；三是名人物品，因名人使用或拥有过，所以价值也就高。因为名人物品，其炫耀性能高。

“80 后”这个群体，注重面子、身份地位、相互攀比，已然成为炫耀性商品市场中不可忽视的新生力量。他们以价格昂贵作为炫耀的最佳选择，更把对奢侈品的拥有作为新一轮比拼的对象和目标。青年人的这种以昂贵的价格为指归的服装审美心理导向是值得重视的，是开发市场的一个重要方面。这个层次的炫耀导向往往能影响市场的发展趋势。

（二）服装炫耀

服装是生活中人们最常见的炫耀载体。利用服装可以炫耀穿着者的美质，炫耀地位和财富，炫耀气质（指尊严、风度、个性）等。爱美之心，人皆有之。通过服装衬托各自的体质之美，是现代服装审美的普遍要求。尤其是年轻的姑娘，更是乐此不疲。她们往往以服装来增加自己体态之美妙，风姿之绰约，夸耀于人前。而炫耀地位和财富，这更是相当普遍的。中外贵妇人、上层人士大多以服装展示自己不同于他人的显赫地位和财产的富有。菲律宾前总统马科斯夫人伊梅尔达在成为马拉卡南宫（总统府）女主人后，便以巴黎和罗马价值连城的珠宝首饰和高级时装打扮自己，而招摇于国际舞台，最后竟弄出“三千双鞋子”这个震惊世界的新闻，其他财富也就可想而知了。美国前总统里根夫人南希以服装显示地位，也是很厉害的。她把白宫作为一张付账卡，时时想把已故总统肯尼迪的夫人杰奎琳压下去，而被美国一家报纸“封”为贪得无厌的“时装王后”。

以服装表示风度和尊严，也是一种炫耀。民国初期的长袍和马褂是善于交际的着装，而穿长衫则有学者之称。蒋介石就曾利用长衫、马褂的装束，而大大盖过了一身戎装的李宗仁。国外也有显例。英国男装黑礼服、燕尾服、司的克（手杖）则是绅士的形象。当今以服装显示个性、体现气质的更是不胜枚举。曾是美国第一夫人芭芭拉·布什的着装显示自己不同于前第一夫人南希·里根的地方。芭芭拉出现在公共场合时，经常着宽松舒身的服装，偏爱较为素净的蓝色，端庄而不故作俏丽，满头银发从不染色，就是那常戴的三股式白项链还是不到 100 美元的假珍珠饰品。据接近她的人士透露，芭芭拉的着装以商店里的现代服装为主，并多次表示，“不为这（指衣着）费心”。当有人将她同衣着花哨的南希作比较时，芭芭拉直率地说：“我永远也不会像南希那样注重外表。但有一点，我身上也有南希所没有的东西。”这就是芭芭拉追求外表简朴的着装个性。因此，记者们给她送了个“讲究实际”的美称。

二、趋众导向

实际场景中的某些现象，人们会有一种较为相近、相同的看法或态度，某一时段往往还会取一致的言行。心理学称之为趋众现象。

（一）趋众

也称从众，就是暂时放弃个人的信念、态度，而再现他人的一定外部特征和行为方式，俗称“赶时髦”“随大流”的模仿。服装从众的产生，是服装个体受某地域环境、习俗暗示、时尚导向、群体氛围的影响。这种审美导向是以他人的着装方式为自己的标准和模式，带有一定的盲目性，不顾及自身条件、着装环境等因素，别人穿什么，他也穿什么；社会上流行什么，他就赶快添置什么，这是个人数颇多的群体，也是造成服装流行的重要因素。把流行服装看作是适合任何人的服装，忽视流行服装的共性与各穿着者之间的关系。常识认为，流行服装是有其客观合理性的，也具有较广的适用范围，但并不等于说适合于每个人。若不加区别地只要是流行的就往身上穿，那可就有“东施效颦”之虞了。可生活中这种情况还是时有发生。热裤，是夏季女孩的最爱之一，时不时地“秀”一下，既给环境增添亮色，更予人美的享受：那腿形、肤色显示的是年轻的风采，洋溢着青春的活力，是一种阳光的魅力。然而有的人的穿着却真不敢恭维，别的不说，那皮肤更是色斑多多，肤色美无从谈起。这种装扮把自己的缺点、劣势等不足全都暴露了出来。无独有偶。退休了的 Valendino 对大都会博物馆时尚盛典着装更是痛批一通：“我看了大都会博物馆盛典的照片，我没见过这么丑的东西。所有的姑娘都露出腿上最难看的部位。”大师这里所批评的并不是普通的女性，而是那些穿高级定制的女星，可见“暴露”问题之严重。这一课应该从明星开始补起。

（二）趋众慰藉

产生趋众这种导向，是有其心理依据的，主要是寻找社会认同感和安全感。因为这种心理是以大多数人的行为为准则，这就从人数上获得了强大的力量而感安全。具有趋众模仿心理的人，或者是出于某些实际存在（如“文革”时期的着装形式）的社会压力（或来自想象的所谓压力），或者是出于某些心理需要，而放弃原来的着装方式顺应潮流。所以，只要是眼下流行的，就是好的、时髦的，就有种安全感。相反，则是陈旧的、落伍的，并引以为耻而感“丢脸”“难堪”，心理上缺乏安全系数。因此，这是一种自觉接受社会行为规范的服装审美的心理。当然，若要仔细研讨的话，在整个趋众模仿的着装导向中，也是有差别的，有的趋同于色彩，有的在款式上模仿，还有的在局部（如图案）

用心，等等，以求符合社会审美准则。这也为服装设计提出了新的研究课题。

三、新奇导向

不满足、不甘心于现状，是时尚社会的现实。在流行、潮流面前，总有些人显得很激情、冲动。这就是新奇心理的表现。

（一）新奇之求

求新求奇是指对现状的突破心理，这在现实中是普遍存在的。在现阶段，社会的安定，生活的提高，人们是不会安于服装上的老面孔的，更腻于一成不变的款式、色彩。就是面料，人们也讲究不断地翻新。记得涤盖棉的问世，就很风光了一阵，因为人们穿腻了“文革”时期的涤卡（当年知青奔赴广阔天地时，老乡们对涤卡则是爱不释手）。从审美的门户——眼睛来说，长期接受相同的面料、色彩、款式，缺乏新鲜感而使视神经疲劳，故追求新奇。就审美心态来说，那一成不变的服装，使心理凝固而失去应有的审美活力，故也需新奇的形式加以调剂。特别是那些刚推出的服装，更能刺激人们的穿着欲望：越是新奇，就越能显出自己的与众不同，这与上述趋众模仿不同。这些追求新奇的穿着者，不以与社会的“同”为时尚，而是以“异”为追求的目标。只要是新的服装，新的视觉形象，就能满足他们的好奇心。随着时间的流逝，某种服装穿着范围的不断扩大，原来那股好奇心也随之减弱，那些原来吸引他们注目的服装也失去了往日的魅力，以至产生厌倦心理，从而激发寻求下一个新奇的视觉形象，以重建心理之平衡。具有这种心理动机的人中，以经济条件较好的城市男女青年居多。他们富于幻想，渴望变化，蔑视传统，喜逐潮流，容易受宣传和社会的影响，往往表现为冲动式的购买，只凭一时的兴趣而已。这些就是他们的特征。

（二）新奇轮回

宽博的袍衫和宽松的裙装，是我们中华民族的传统服饰，分别具有威仪和飘逸的观感，时至今日，谁都会承认它们的历史价值，但却没有人会去穿着它，更不会以它为审美目标，而是去追求简洁合身的服装造型，以适合当今的社会环境和文化心态。然曾几何时，社会上宽松的衣衫、裙裤到处可见（如 20 世纪 70 年代中期、80 年代后期），成为新的时髦。这时的宽松造型，呈现了改革开放新的时代风貌，体现了人们对现代物质文明和时代风尚的执着追求。因此，舍弃简洁合体之造型，而使新一代的宽松造型大行其道。几年之后，人们的视觉神经厌于此式时，那体现女性曲线美的造型再度面世。进入 20 世纪 90 年代，随着社会节奏的加快，人们追求新的合体的服装，介于宽松和表现曲线美之间的新的造型，而更适合现代社会发展的需要。至2015/2016冬春，男生裤装的宽松度更高，那肥大之势，常令人吃惊。

基于此，服装中的标新立异、喜新厌旧是值得提倡的，它们是促进服装发展的强大动因。

四、名牌导向

经济社会的商品，讲究的牌子，学名叫品牌，而其中有名气的称名牌。现代消费的人们，往往以名牌为购物标准，这就是名牌导向。

（一）名牌身价

现代社会，人们对穿着愈益讲究，追求名牌就是表现之一。这里所说的名牌，包括名师服装、名牌商标、名牌厂店、名牌面料，有的甚至是辅料、装饰用品都讲究名牌。因为一款名牌服装加身，顿有身价百倍、精神陡增之感，尽管价格高出一般服装几倍、十几倍乃至几十倍，也是门庭若市，销售看好。诸如“彪马”“苹果”等著名商标，成了人们寻觅的对象。有个真实的故事是说，几个服装专业的资深教师，在机场候机时见一年轻女性，从国际到达处出来，其所穿风衣非国内所见，行走之间，透着精神。经打听，那是阿玛尼的新款。原来是国际大师的牌子，那是大名牌，身价自然见涨。

（二）借牌自重

名牌之所以如此受欢迎，主要在于：其一，名牌的知名度高，社会影响大，故借名牌以自重，即衬托着装者个人的社会地位。国外品牌最早进入我国市场的是皮尔·卡丹，人们在购得其商品时，大多久久不愿拆去袖标。什么道理？主要是借卡丹的名牌效应推广自己。其二，也是一种炫耀。因为能穿着真正的名牌，特别是国际名牌的在我国毕竟是少数人，这就使名牌穿着者拥有别于他人的优越感，是一种心理自我满足的表现。这股着装倾向，有愈益强盛的趋势。服装设计和生产等部门，应紧紧抓住这股心理导向，创我国服装名牌，吸引消费者。在这方面我国已开始努力并已有一批名牌服装，且已受到国家有关部门的高度重视。但从服装审美心理导向来看，仍然以国外名牌居多，也更受欢迎。相信在不远的将来，有更多的本土名牌服装，不仅占领国内市场，而且更能打入国际市场。

五、流行导向

关于流行，详见第六章，此处单列，意在强化服装审美心理导向的完整性，以期引起人们重视。

（一）流行

是短时间内由社会上大多数人追求同一服装行为，并背离以往穿着习惯的穿着方式，它具有连续性、感染性的特点，并以社会接受能力为依归、为尺度，即在社会、民族、地域、文化等允许的范围内形成流行，而每个审美者又是依此进行自觉或不自觉的自我修正。

（二）流行时态

同世界上各事物都存在正反两方面一样，服装也是如此，既有流行服装，也有逆时款式。这是文化价值观成双对应现象。以趋众导向分析，在逆向心理的驱使下，即表现为非趋众行为和反趋众行为。前者坚持自己的行为方式和态度，不人云亦云，随波逐流，而是我行我素。这种人个性很强，具有独立的意识，不易为他人所动。而后者故意与大众或群体对立，不以大多数人的行为方式为准则，他们的衣着行为完全与流行趋势相背。你流行紫色，我偏爱黄色；你流行合身款，我偏喜宽松式。这种反趋众的行为很值得研究，它往往孕育着下一个流行趋势，即在这反趋众的事实中孕育着新的热点。因为当某种造型或色彩处于流行的盛期，也就是其走向反面的起点，所以，这种反趋众的服装行为往往给人以新的视觉感受，从而造成新的流行趋势。这是我们在研究服装流行时应充分留意的一股审美导向。

六、心理导向

上述炫耀导向、趋众导向、新奇导向、名牌导向和流行导向，皆是心理导向，还可简略概括为顺应性和逆向性两种。下面再作简要分析。

（一）顺逆定势

顺应性就是依据穿着者本人原有的心理定势，起暗示、提醒、强化着装效果的作用。如性格外向的人穿上运动夹克，它不仅体现着装者好动的一面，而且还时刻以自觉或不自觉的形式暗示、提醒自己，使之原有的心理定势得以强化。所谓逆向性，就是对原本并不属于自己的某些性格特征，常常表现出一种强烈的渴望和欲求，即以服装来暗示和提醒着装者心理结构中未曾显示的一面，起淡化或逆反原有心理定势的作用。如性格柔弱内向的小伙子，总希望自己能焕发、洋溢出一股阳刚之气，而把原来的弱点或不足掩饰起来，因此，他就借运动夹克来满足这种心理需求。时间一久，他自己似乎也觉得具备了这种自我意识，如言行上也会发生潜移默化的变化，就是别人也会逐渐习惯他的这种形象气质和性格特征，从而忘却他本来的柔弱习性。这就是着装触发了着装者心理结构深层的那好动的一面，并使之外观化，进而改变原来的心态及人们对他的观感。

（二）定势方位

着装的“心理导向”作用还表现为：同一个人穿不同的服装，会产生不同的心理特征。如身穿戎装，便有威严感；换上便装则有潇洒感；穿晚礼服便感高贵，而换上时装便感轻松活泼。因此，不同的着装，可以把同一着装者的心理导向不同的审美方位。这就便于塑造不同的社会形象。同一服装，也可以造成不同的心理导向。如同样穿暴露式晚礼服，性格外向的女性，应酬于宾朋满座的晚宴，泰然自若；而性格内向的女性，则可能显得局促不安。即是同一穿着者，由于心境的不同而产生的心理导向也各不相同。如同是素装，心情愉快时，它能给人以淡雅、素净、明快的感觉，而心情忧郁悲伤时，则会更增穿着者哀愁伤悲之态。此外，心理导向作用还要受着装者所处的时空环境的制约。以泳装为例，如穿着于海滨浴场，穿着者（包括观者）都会感到轻快活泼，怡然自得；但若置身于闹市，对任何人都是难堪的。这些都表明，着装的心理导向是服装、人、环境等因素的综合产物，它具有丰富多变的不确定性。所以，有人说服装是一块“魔镜”，它可以反映着装者的“现实形象”，也可以显现着装者的“潜在形象”，前者是顺应着装者原有的心理定势，后者是逆反（或淡化）着装者原有的心理定势而促其另一心理指向的产生。从这个意义上说，服装体现并塑造了着装者的性格和形象。

审美是美学中的组成部分，也是服装美学的重要内容。其中审美主体的人与审美对象的物体之间的内在联系，即人与现实的某种特定关系，研究的是审美主体的人与审美对象服装之间的联系；就审美主体对审美对象的感受的美感，作为美的欣赏活动的产物，即服装美感，是人们直观感受下最常见的产物。服装审美是现代社会普遍的、形象性很强的思维活动，是审美主体对审美客体服装所作的独特的情感式的评价、判断，贯穿于服装的选择、穿着等的全过程。审美标准随社会的发展而改变，时代变革、观念更迭，都会影响服装审美的进行，并可概括为烘托性、整体性、组合性和典型性这四大特点。就服用角度而论，受穿着者的行为、环境、时代的影响，表现为炫耀导向、趋众导向、新奇导向、名牌导向和流行导向，然简略归纳还可有顺应性和逆向性两种心理导向。

第五章　服装文化在现代社会中的表现

服装是生活必需品，此为人所共知。不过，若想依其来解释各种社会现象，乃至社会发展进程，或谓之与文化表征、时代风貌、民族传统和科技进步等相关话题，还需有番理论。本章仅就此展开讨论。

人们在相互交往中，总会构成群体、阶层，其中地区甚至民族的物质水平和精神面貌等，也必会有所融注，呈现为某种社会性的文化特征。这就是现代社会与服装文化所要研究的主要课题，它属于服装社会学范畴，是一门新兴学科，20世纪60年代以来，随着社会经济和科技水平的发展，才逐步形成和完善起来。

第一节　服装及其文化表现

文化，简言之，是人类在社会实践中所创造的物质财富和精神财富的总和。而服装正是人类物质文明和精神文明的产物，它是物质和社会意识（含艺术）的综合体，并非纯物质材料的组合。物质和精神，统一于服装，相辅相成。有学者甚至断言：“这个世界的规范原则，都编列在服装系统里。”这里，“编列”的文化体现，意为表征。由于服装的文化表征，涉及范围相当广泛，此处依教材体例仅集中于社会变化和文化功能两方面展开。

一、不同社会形态下的服装文化

有位学者在研究美国服装时曾深刻而形象地说：“从整体来考虑，美国服饰是一种复杂的文化类别与各种类别关系的组织基模，也是一张文化宇宙的真实地图（这么说并不夸张）。”联系上文，可知学者们对服装的文化价值的认同度非常高，肯定了服装文化表征的价值。

服装是社会的人造产物。社会形态不同，服装必会异样。社会变革，服装也会随之更替。它忠实而充分地记录了社会的发展进程。这是服装作为特殊载体的属性所决定的。因此，说它是浓缩了的社会历史，也似无不可。

社会与服装之关系，在第二章已有述及。本章再从文化表征的角度进行阐述。先看我国。1949年10月，中华人民共和国诞生，时行于民国的长袍、马褂、旗袍，遂逐渐功成身退，被中山装、列宁装、布拉吉、绿军装等所替代。这是百姓追求新生活的着装表征，以及时之国际关系表征，也是社会形态改变后在服装上的反映：新社会，新气象，新面貌，是全新的社会形态于着装上的表现，是全国绝大多数人的着装表现，更是一个根本性的、质的变化的表现，它是人民大众执掌政权的表征。

法国服装史上有过“无套裤汉”“长裤党”服装的记载，它是穿半截丝绒套裤贵族对这些“非马裤阶级”的蔑称。该种既长又大的裤子和罩裤，是出入打谷场的劳作之装。可这是法国大革命主力军的打扮，他们夺得了政权，成了国家方针大计的决策者，受到人们的崇拜、礼遇，甚至连他们的服装——长裤，竟也为上流社会所接受，不仅誉为时尚，更冠以“共和主义者”“爱国者”的非语言表征了，即一场社会制度的变革，导致了社会成员地位的转换，实为新政治体制的社会表征。

社会变革给人们的衣着生活带来的变化，是意识形态改变之所致，这基本已成了一条定律，并已为服装史所证实。社会发展进程充满了各种因素，如人们的思想意识，同样也会引起着装之变异。20世纪60年代的欧洲青年，热衷怪异、随意的穿着，为社会所难容，斥责声四起，谓之放纵、自由，思想动荡，并据此称之为垮掉的一代。果真如此吗？当时欧洲青年思想活跃，生活光怪陆离，他们不满于传统的习惯势力，向往极端的个人自由。这与社会规范相矛盾，理所当然遭到社会的否定。在经历痛苦的思想冲突后，他们借怪诞之装，以弥合内心之不平。这是思想迷茫之表征。

这种情况我国也有发生。20世纪90年代，人们也面临着一场思想变革大潮的冲击。国门初开，青年们面对汹涌而来、五光十色的西方文化，新奇目眩。面对东西方、新与旧的文化激荡，处于农业文明与工业文明的交错中，他们思想异常活跃，情绪激奋，可一时又不知方向在何处。为平复这一难安之心情，他们选择了服装。特别是大城市的青年，但见所穿之前胸后背，多印有“拉家带口”“烦着呢，别理我”“跟着感觉走”“情人一笑”等，带有个人情绪又颇具调侃之言词，以表现其处社会大变革前思想的徘徊、彷徨之精神苦闷。他们三五成群行走于大街上，以此为时髦。而着装文字所传之讯息，虽有消极之义，但在商品大潮袭来时，是可以理解的。

然而正是这一特殊的社会思潮的推力，却成就了服装业的日新月异。原来，这衣装形式极普通而平常，学名称“汉衫”，上海地区叫“老头衫”，因这些文字的印上，又颇具图案的装饰效果，遂升格成了“文化衫”。而这名称的改变，竟又与世界流行时装新贵之“T 恤”联盟，合二为一，即融入世界服装文化的大潮之中了。所以，当年这些青年着装的不可理喻，还贬之为思想稚嫩、行为颓废。殊不知，青年人的这一服装行为，倒使“汉衫”脱离了老者之行列，而凸显年轻之青春活力，成了时尚之品。其图案可概括为体育明星、卡通形象、民族文化、风景名胜、抽象图文等。“老头衫”之名，从此淡出人们的衣装生活。T 恤，成了老少咸宜、四季常备之装。如此之“颓废”，真可多多益善！而文化衫则更为民众化，是扶贫、志愿、环保、促销等服务性或临时性集中人员的标志性衣饰。

其实，当年欧洲青年反传统也造就了一批时装的问世。1966 年，英国尼龙纺织协会研制的透明半透明之面料，在 1969 年的炎夏，姑娘们终于把这薄透的衣料制装成衣大胆地穿上了身，有的还在胸部饰以圆形小金属片，充满诱惑。之后，多种金属装得以脱颖而出，走上了时装化的道路。这是反传统的青年们所没有料到的。就是时至今日，各类服装发布中，还可见其轨迹之延续。可见，这怪异着装的文化表征，生命力可谓强矣。

二、服装文化的功能性

服装的护体和遮羞功能，随着社会的发展，文明程度的提高，这两大基本功能显然已降为次要地位，而注重更高层次上的文化潜能的发掘。如增强秩序、提高效率、表现个性等功能，已越来越成为人们衣着文化的主要追求。

为便于理解，先对“制服”作个简述。制服，一定的社会意志对社会集团，按照法规、制度而穿着的定式之装。英语称 uniform，即统一的衣服。因社会规范程度强弱的不同，又可分为按法律规定穿着的正式制服（formal uniform），如军服、警服、法官服、囚服等，以及社会集团所规定的职业之装（quasi uniform）。这里层面较多，包含不同工种的工作服、作业服（work uniform）、各公司职员的事务服、办公服（business uniform）和不同职业类别的职业服（career apparel）等。本书所指制服为正式制服和不同职业类别的职业服。

（一）增强秩序

服装具有增强秩序的功能，我国古已有之，那“垂衣裳而天下治”“昭名分，辨等威”“百官服制等”，就有维护统治秩序的含意。至 1911 年辛亥革命后，服装上所寄寓的等级社稷之意识，被尽行废除，代之以新型的维护秩序、增强社会稳定功能的服装相继推出，即制服。如警察局和军队这样保护性组织机构，他们的职责就是保护群众、维护社会秩序和国家安全，以及应对突发事件。这是他们制服的外在权威性所致，即人们用制服来制定权限、赋予服从的内涵。这是国家形象、人民利益的内涵文化功能之表现。所以说，制服，是组织机构完整独特价值观的文化表达，它通过机构成员的穿着予以展示，并对其行为进行约束。

因为这类机构具有纪律森严的外部形象，是效率和能力的表征，主要通过制服上明显的标记来实现的，它是组织机构的标志。如果穿制服者，其行为与机构宗旨相左，那就是对这套制服的亵渎、侮辱。常见军人之间的敬礼，那不是针对某个人，而是冲着军服，是对制服所体现的组织机构的文化敬意，即军队的权威性。所以，但见军人队列之形象，常既有威武雄壮、又有可敬可爱之感。2008 年 5 月，汶川大地震的发生，武警的迅速到位抢救难民，谱写了又一曲人民军队的英雄赞歌，是 21 世纪我国最可爱的人。因此，当身穿迷彩服抢险战士来到时，灾民们无不感“救星”之降临。迷彩服就成了灾民盼望救助的物质文化符号。而公安人员身穿警服，巡视各处，震慑不法之徒，维持地方治安。这些警务人员是安全的保证、是信赖倚靠的象征。这里，制服的外在警示标识的内涵，发挥了巨大的作用。

还有海关、工商、税务、质监、城管等的制服，尽管多至几十种，却是维护社会正常秩序所不可或缺的。这些服装所散发出的无形力量，可督促人们自觉遵守纪律，提高组织观念，增强生活中的安全系数。因为这些大体统一而局部互有区别的制服，穿上它行走于闹市小巷，似有鹤立鸡群之感，异常醒目，便于识别。特别是那宽肩式的服装造型和棱角分明的大檐帽，更衬托了穿着者身材的英武魁伟，为执行公务平添了几分威严！生活和影视作品中亦有形象描绘：路边商贩做着买卖，突闻一声“大盖帽来了”的叫喊，众商贩赶紧手忙脚乱收拢货物，速转他处。制服的标志作用，显而易见。服装之管理作用也就得以应有的发挥。

（二）提高效率

现实社会告诉人们，每个人从事的工作各有不同，所处的环境亦各有差别，故所需的服装也各有不同，包括款式和材质亦各有要求。为提高工作效率，就需使个人的服装适合工作，适合环境。运动员穿着合适的服装就能使其运动水平得以超常发挥，消防战士穿着防火服就能有效地投身到灭火及抢救生命和财物的环境中去。这些具有特殊功能的服装，在服装文化中是独占一席的。还有众多职业服的规划设计和不断实施，是各个行业对服装功效文化的整体要求，从而淘汰了“工作服”这一概念，体现了整个社会文化的进步，更是职业细分化的结果。它以企事业的单位性质、工作特点、群体“个性”为依据，而设计、制作的统一着装，以利工作安全、效率提高和便于识别的团体化制式服装，具有鲜明的科学性、功能性、象征性和审美性等特点。如大型商厦、公司（集团）、企业等，对职业服的要求相当高，有的还制定了严格的规定。20 世纪，美国的经理协会就发布过一个经理人的着装标准，它由三件套西装、白衬衫、黑皮带、素色领带组成，给人以诚实、可靠、精干的印象。而袜子与皮鞋颜色的搭配，也是西方社会的讲究之处。

再比如，公关是改革开放之后所出现的新型职业。要做好这项工作，除必要的知识结构、交际能力和个人长相之外，服装还有着特殊的意义。潇洒典雅和落落大方的结合，增强自信心，富有亲近感的第一印象，就极易被人接受，从而为工作的顺利展开铺平通路。这里，举服装商场的销售为例，以说明之。店员们的穿着通常是整洁、时髦，且符合商家的文化形象。但仅此并不够，还必须兼顾营销对象，以期获得较好的经济回报，即必须顾及消费者、顾客的感受：店员的着装能够对购物者有所吸引力，至少不反感。人们在购物时，导购人员的着装，在实际消费过程中有较明显的影响，这于每个人会有不同程度的感受。经济组织的职业服，不仅关乎员工，而且也影响到它的顾客。服装作为第一信息传递的媒介物，其地位之重要，于此可见。所以，每个人都要十分清楚地明确自己的社会责职、承担的社会责任，懂得利用服装的装饰作用和符号特征，为自己创造有利的条件，以便更有效地从事各自的工作。

公关这个现代社会的新职业，是商品经济日益发达、信息量需求大而准确并快速授受的社会中，必不可少的一项重要工作。它是社会历史阶段的新需求，企业无论大小，都需要掌握与企业相关联的市场信息，才能制定得力的措施以应对。这其中充当重要角色的就是公关人员，不同于一般工作人员。所以，这些人的衣着整体形象以及所显示出的精神风貌，就不是其个人的事，而是代表着某个企业。可见公关人员的着装之重要，涉及企业的重大利益。

（三）表现个性

俗话说："穿衣戴帽，各有所好。"这里的"好"，就是个人的爱好、兴趣、习惯等，即个性特征。穿着个性特征是人们衣着生活的基本准则，即以服装为塑造个性形象的媒介，而在社会上扮演一定的角色。所以，服装表现个性的功能，也可以说是服装的角色功能。这就是说，服装并不是满足一般视觉上的好看，更重要的是向他人展现自己的个性。这一点，当今社会表现得尤为突出、强烈，它是服装功能中范围、对象最为广泛、最为活跃的因素，也是最值得研究的一个方面。

黑格尔指出："人的一切修饰打扮的动机，就在于他自己的自然形态（人体）不愿意听其自然，而要有意地加以改变，刻下自己内心生活的烙印。"这里，黑格尔有意强化着装的主观色彩，即在服装上反映着装者的内心生活、思想情感，强调非自然形象和社会形象给人们更深层、更隐喻的内涵和感受。当然，这种表现个性也有层次的深浅和程度的直接、间接的区分，但无论从何种角度说，它们只能在更合理、更科学的基础上，用最合适的外部形象表现自己的内心世界。法国“时装界的皇帝”迪奥在总结自己设计女装的经验时说：“每个妇女都赋予自己穿着衣服的个性。”她们并不看重一件衬衣、一条短裙、或一款大衣是否好看、质地是否上乘，而是乐于按照自己的心愿去挑选、配套，来创造和表现自己个性的服装。可以说，着装的突出个性，是现代服装的一个总趋势。

服装的个性化，实在是一门难以捉摸的艺术。所谓的个性，并非是女性的婀娜多姿，飘逸优雅，也不是男性的西装革履、气宇轩昂，而是掌握穿衣的品位。因为穿着打扮是非常“个人”的事，它没有一个标准的衡量尺度，所以，只要凭自己的悉心揣摩，就一定可以穿出属于自己的特色。台湾电视剧《情义无价》中的女主角柳心荷，是一位气质高贵、不畏艰难勇于进取的女强人，她的服装就很恰当地衬托了她的这个性格特征，主要体现在服装的色彩上，无论是面料色彩，还是色块的配置，都以冷调的形式出现，有力地强调了她那坚信、强忍的性格。所以，知性、具有信服力的服装，是事业成功的外在形象。愿每个人都重视自己的服装形象——个性，这是服装多样化、时装化的基础。

接下来就高层人士的穿着探究其个性倾向。总统、首相等人常处于政治舞台的中心，他们的衣着就不是个人之事，也不是可以随意处置的，而是带着浓厚的政治色彩。美国总统老布什之所以能荣登“1989 年度最佳衣着名人榜”，就在于“他的衣着得体，品位纯正，令人觉得舒服”。因为他充分了解衣着与公众形象的关系，所以，在竞选总统和就任的几个月间，就显露出他着装的个人风格。同理，英国前首相撒切尔夫人，早些年，因忽略衣着而颇遭微词，被一家知名的时装杂志称为“墨守成规妇女的体现”。这对“铁娘子”震动很大，她不敢懈怠，马上就到已有 120 年历史的英国阿奎斯卡顿公司去选制服装，以此改变她在公众中的服装形象。值得一提的是，1987 年，撒切尔夫人 12 天访问 7 个国家，尽管访问活动非常紧张，但她还是不忘服装的装饰作用，能有条不紊地打扮自己，并以访问地命名服装，诸如“威尼斯”“堪培拉”“北约组织”等，就是这一路访问在服装上的反映，它既是访问内容的凝聚，又是异地服装文化的集锦，故舆论界对她倍加称赞，助她顺利访问七国。把国务活动与服装联系起来，这是撒切尔夫人从以往的实践中悟出的经验，她认识到服装穿着得当是会给自己的事业带来巨大影响的。

此外，影视艺术作品中的服装，对塑造人物、深化主题是不可缺少的。这就是演员服装的角色化——戏装，它们是以演员穿出之后的神韵为第一要义的，并且随着剧情的节奏和情绪而变化的，即以服装作道具使之视觉化。影视剧服装设计师是颇得个中三昧的。艾伦·米罗吉尼（Ellen Mirojnick）是其中的高手，她总是以剧中人物需要（如个性和景况）为出发点，利用服装将它准确地表现出来。这是艾伦的专长。她接手的几部影片如《华尔街》《致命的诱惑》《黑雨》等，其主人公都在服装这个道具的衬托下，大放光彩。取得这种效果，是设计师苦心钻研的结果。她了解剧本的结构，影片的节奏，角色之间的关系。在拍摄现场，她仔细观察角色的情绪和表现，这样，她设计的服装才和角色出色地合二为一了。对此，艾伦深有体会地说："每位演员身上都有一颗'暗钮'，启动它就会产生一股电光闪电与观众交流，如果没有它，即使演员再卖力，化学作用依旧不会出现。我的工作便是努力使服装诱发启动演员的'暗钮'。如果演员不能进入他的服装——角色的服装——观众注意的就会是服装而不是角色。"这段经验之谈，对设计艺术形象的服装是富有启发意义的。

第二节　时代风貌对服装的影响

时代风貌，指一定时期社会上普遍时行的风气、习惯所形成的衣着表象。这在服装中反映明显，是服装文化的重要组成部分，也是现代服装得以快速发展的又一因素，更是服装文化表征的具体化。

每个时代都有其占主导地位的思想、观念、意识，它可能是宗教的或政治的，也可能是重大国务活动或为影视娱乐艺术性的，可能是保守的或为激进的，等等，不管它是什么，来自何方，人们都可以从当时的服装中清晰地感受到它的存在和影响。可以说，人们的衣着状况，从某个方面折射出时代的精神风尚和时代特征，是社会现象的物化，是它的忠实反映。

在社会进程中，只要能够产生一定影响的事件，都可能在服装上留下印记，都可被归纳为某时代的风尚、风貌，它是历史依据政治、经济、文化等状况划分的社会各个发展阶段，而风尚、风貌就是指其精神生活的表征，即服装的时代性，它是社会的物质文化表现。这个话题包括的范围尽管很广泛，但还是能简化为社会性、文化性和时尚性三大特征。

一、服装时代性的三大特征

（一）社会性

着装以全社会为对象，此言其服用范围较广泛，形成穿着的社会主流。中华人民共和国诞生之初，列宁装的时行最具代表意义。中华民族战胜日本军国主义的侵略和解放战争的胜利结束，乃至中华人民共和国建设的展开，苏联所给予的帮助，使国人怀有深深的敬意和不尽的感激，政府间的密切交往，民间亦是往来不断，形成了一股颇具声势的“崇苏热”：对世界上第一个苏维埃社会主义国家，心向往之；对苏维埃的奠基者——列宁，由衷崇敬，及至列宁的穿着形式，也成了人们仿效的对象。于是，列宁装就变为人们追求时髦的象征，成了社会的时髦，进而演化为社会的时代风尚。同样，中山装、干部服等的穿着形成时尚，也是这种风气的产物，即社会意识之使然。从这个意义说，服装体现并左右了时代的文化品位，是某个时代的政治、经济、文化、科学等的精神代言人。

20 世纪 80 年代，西装的穿着在全国范围蓬勃兴起，从各级领导到乡村打工仔，都穿起了西服，形成了一股颇具规模的“西服热”。有的资料还说，连农民下地干活都有穿西服的，可见西服在国人心目中的时尚地位。这一现象在当时的中国的出现，颇为壮观。不要说国人自己诧异，就连外国人也不理解。这里，虽有国家领导人的带头穿着，但处改革开放之初，建设有中国特色社会主义刚拉开大幕的年代，更多是人们获得精神解放、放眼看世界、崇拜西方文化的一种表现形式。

（二）文化性

文化性指因某些文化元素促成某一穿着风格的广为时行。这里，不妨解析一下20世纪末中式服装消费的悄然升温，就不难发现时之文化精神和审美倾向，对流行成势之影响，亦能加深人们对衣着追求的理解，当然，就更能把握时之脉搏。当年，人们物质丰富，可情感淡薄，精神压抑孤独，虽处现代社会，却离传统文化越来越远。而中式服装的蜡染、扎染、绸缎等面料，所蕴涵的东方韵味和神奇，中国红、华夏结洋溢着炽热的色彩情感，傣族短衣窄袖、裹身筒裙的婀娜多姿、维吾尔族小背心与宽袖连衣裙搭配出的热情奔放，汉民族掐腰斜襟小袄和蓬松曳地百褶长裙塑造出的大方端正又娇小活泼等着装之元素，是对传统文化美好追忆之向往与实践，是人们求新求美心理物化的新寄托，是衣着趋同化下求同存异之意趣的产物，亦是中华衣装文化的创新之举。这种文化的创新运用，是服装设计之精髓，应切实强化研究和列入实际操作之程序。

（三）时尚性

时尚性指形成于某一时段、受社会广泛追捧、效仿的穿着风尚。这是服装市场一波又一波流行风潮最重要的文化因素，也是最集中体现时代风貌之所在，范围较广。诸如影视、体育、乐坛等的活动，因着传媒的力量，往往形成穿着上的又一浪潮。英国的莉莉·兰特丽，是个受人喜欢的漂亮演员，人们昵称她为“杰丝·莉莉”。由于她在演出时曾穿过一种运动衫和折叠式短裙，引起社会时尚人士的关注，以至各年龄段和不同体型的女性，皆纷纷仿效，其势铺天盖地，一直刮到了美国，成为了那个时代的风尚。

我国也有同样的经典事例。20 世纪八九十年代，有款针织面料极富弹性的上海叫踏脚裤的（其他城市称休闲裤），从小女生到菜场老大妈，从女工到干部，无职业、场合、身材、年龄、身份之别，衣橱里至少都备过一条。这是女同胞们首次以着装形式展示自身美感的集体行动。多年流行不衰，成了“婆婆妈妈”代名词，实在是一大奇迹。专业媒体甚至还刊发专文：“踏脚裤不要再踏了”，题目就直奔中心，显见社会已多厌烦。可就是这款老古董，2014 年秋冬又现申城时尚品牌专柜，成了新时髦，重新走红，并以高级的皮革面料和鲜艳的色彩出现，一扫以往“老土”之形，成为不少时尚人士的必备单品，并在网络上成了热卖商品。“今年若是没有一条踏脚裤，那就真的落伍了。”这虽是卖家的夸张话，倒也道出了踏脚裤受欢迎的程度。这应与近年来的“怀旧风”不无关系。其实，Prada 品牌 2007 秋冬发布，就推出过这个“老土”的裤型，并扩大到男模身上。

二、服装时代性的思维指向

（一）专业倡导

专业人士的职务行为，如市场活动有时对时代风貌的形成，更具推波助澜之效。如羊毛衫，是人们秋冬主要的、普通平常的衣着品种，可 20 世纪 50 年代，它却是邋遢风格的同义语，不为人所看好。但到了 90 年代初期，由讲究简约风格的设计师，尤其是 Prada 推出开襟羊毛衫系列之后，这类产品很快就回到了流行舞台。紧接着珍珠果酱（Pearl Jam）和超脱（Nirvana）这类新浪潮乐团的歌迷歌友们加入开襟羊毛衫的穿着队伍，很快使之成为最流行的商品，直至 20 世纪末。甚至有资料显示，当时的服装类杂志刊载的名人出席颁奖典礼或电影试映时，都穿着设计师马克·杰克伯斯（Marc Jacobs）或马修·威廉斯（Matthew Williams）所设计的色彩缤纷且风格奇幻的羊毛衫。更有甚者，代表英国消费指标的英国零售物价指数（Retail Price Index，RPI），亦把开襟羊毛衫列为受欢迎的商品。至此，开襟羊毛衫不仅成了畅销商品，而且还取得了相当的社会地位。因为，能够列入英国 RPI 的商品，是须有一定的需求水准，能够影响一般大众的消费趋势的，从而使羊毛衫具有了时尚的光环。

（二）情绪影响

指思想情绪方面的动态，也是造成时尚的动因。20 世纪 70 年代，男性服装流行蓝色牛仔裤、花格子衬衫、黑色高帮皮靴，女性以中性时装、露脐装、V 领毛衣、金光闪闪的珠片裙、松糕鞋为主。此为社会动荡和人心浮夸、精神风尚变化多端、狂躁不安的服装表征。至 20 世纪 80 年代，男男女女异想天开的超常装扮，如裤子膝盖处打洞和裤角拉边等现象的盛行，则是精神上的自我放纵和自由表现，即与前卫和非主流服装的相呼应。此为思想情绪躁动之所致。

至此可以说，服装体现时代文化，无论回首过去还是展望未来，都能体现出蕴含其中的时代故事。因为，每个时期的服装，是每个时期社会经济、文化、道德、伦理、习惯和传统等诸多因素的总和。

第三节　民族传统与服装

现代人对国际化显得特别热情，这是社会发展所致，理该如此。但对“民族”似乎冷落过多，少有提及，其实应有重视之必要。事实上，人们生活中的很多方面都和“民族”关系密切，表现为极强的传统性，谁想要摆脱几千年文明所积累而成的文化底蕴是不可能的。就服装而言，尽管人们对西方的时尚潮流，心向往之，观摩借鉴，经年不绝；尽管百花齐放、多元化，但它终究是时代精神的产物。否则，怎会抒发“立足本土”之感言？“本土”中就有“自己的”“民族的”含义，是服装文化发展之根基。

一、传统是民族的根基

传统，指历史延传下来的思想、文化、风俗、艺术、制度以及行为方式。对人们的社会行为有无形的影响和控制作用。传统是历史发展继承性的表现，在有阶级的社会里，传统具有阶级性和民族性。而“民族”一词，尽管现在并不大被提及，可人们还是会自然联想到民族性和民族化这两个概念。在当今的思维领域，两者互有涉及、交叉，然又是两个不同的概念。民族性，是民族特性，是各民族在若干历史时期所形成的不同于其他民族的文化精华，它是由自然条件、精神状态、经济水准、历史环境等因素的相互影响、相互作用而形成的民族的永久本能，即民族文化的全部。黑格尔在论述人类文化史时，也曾指出过，世界历史表现为，精神对于自身自由的意识的进化，每一步都彼此不同，都有各自既定的独特原则。这就成为精神的规定——一种特殊的民族精神，“并具体地表现了它的意识和意志的所有方面”，“一个民族的共同特征才渗透到它的宗教、政体、道德、法律、习俗，以及它的科学、艺术与技术中去”，而这些具体的个性理解为以一般的特性，是“从独特的民族原则派生出来的东西”。可以说，民族传统是一个民族、一个国家文化的全部。国内著名美学家李泽厚也有明确的表述：“民族性不是某些固定的外在形式、手法、形象，而是一种内在精神”。

至于民族化，那只是民族性的客观化，两者互为表里，关系密切。民族性是一种精神凝结，是具象的抽象概括，存在于该民族的一切之中；民族化则是民族性的具体表现，是共性的个性显现。这就须积极地对民族传统进行整理、发掘而使其发扬光大，促进社会繁荣。民族传统的重要性和表现形式，于此可知。

二、服装内核的民族性

世界上任何一个民族都拥有自己独特的服装文化。这种文化因其不同的文化背景、地理环境、生活习惯、宗教信仰而各呈其态，是各个民族的精神和风格的物质表现形式。在整个漫长的“积淀”过程中，这种精神和风格，便形成了服装的民族传统。

一个民族的服装，往往成为这个民族的历史标志、符号。我国民族众多，在数千年的变迁中创造了丰富绚丽的传统文化，服装亦因此各有特色，即以不同的服装语言符号系统，表达各自的民族特色。如汉族的阳刚、豁达，藏族的粗犷、豪放，蒙古族的剽悍、古朴，朝鲜族的含蓄、内秀等，以区别于其他民族的心理、气质、风俗习惯和审美意识在服装上的凝结，重在精神气质的显示。世界上其他民族也是如此。如同属东方文化的印度民族服装——纱丽，就以其造型简洁、优雅合体、艳美夺目，而被称为世界民族服装的奇葩。再如欧洲的古希腊、古罗马的悬垂性服装，也别具一格，以至多年来一再被改头换面而风行世界。其魅力就在于这类服装讲究比例、匀称、平衡、和谐等整体效果，以及自然下垂所形成的褶裥等形式，可因穿着者的体态、身姿和动态，呈现丰富多变的外观形态，充分显示了当时人静谧的哲学气质。对此，黑格尔极为赞赏，称这些“自由的褶纹正是艺术性之所在”。

必须指出，不论哪个民族，其服装的发展都不是一成不变的，它们总是随社会的发展而不断改变的，甚至同一个民族，因其内部文化基因、宗教信仰的分歧而分成形式多样的各种变体，如瑶族就有红瑶、白裤瑶、盘瑶、花瑶等，反映在服装上均有差异，这就是该民族的服装文化的物质表现。我们中华民族，在长期曲折而又艰难的发展历程中，形成了一个以汉民族为主体的多民族的共同体，共同创造了整个华夏民族的灿烂文化，服装仅是其中一个分支。中华文化是汉民族与其他民族在相互吸纳、互为交融的过程中长短互补的结晶，共同对我国服装文化做出了不可磨灭的贡献。诚如美国人类学家英菲所论：“可以肯定地说，在所有文化中，百分之九十以上的内容，最先都是以文化渗透的形式出现的。”

西方服装虽然以体形美为主要追求倾向，然而也是自成风格、融注民族文化的。巴黎的华丽高贵，自不必说。可美国人似乎并不被看好，因为他们一般不大讲究，男士多粗犷、不修边幅，女士也不着意修饰、很随意。可透过这表面现象，人们发掘出美国人的着装精神和传统。探索这一现象很有意义。研究表明：美国人也拥有真正显示阳刚之美的时装楷模，他们的衣着服饰与美国的精神气质相当协调，以至整个世界为之倾倒。美国的设计师们正是这种精神追求的创造者，他们不因循过往的潮流和时髦。特别是当英国博·布鲁梅尔创造的那种缺乏阳刚之气的服装风靡世界的时候，他们不屑一顾，自有主见。美国人眼中，男士应该个性强烈但不乖戾，我行我素却又合乎情理。他们的服装总是流露出某些独特风格或个人志趣，尽管他们可以凭衣着体现社会成功人士的矜持神情，但却绝不会受衣着的牵制。美国前总统约翰·肯尼迪 1962 年穿着羊毛套衫、便裤的装束，体现了美国人的个性，衣着要衬托内在的自我，表现出一种无拘无束和朴实无华的风格。因为该服所用面料极为普通，是妇孺皆知、老幼咸宜的像海洋沙砾般粗的羊毛和棉布，正因其粗糙，就越发衬托出着装人风格的粗豪犷达，似乎有股冲决一切的力量促使他奔向海洋。这里，服装所体现的是一种理想，是对僵化的等级制度或条条框框的摒弃。它所倡导的观念是凭着个人奋斗去提高自己的地位、取得成就。这种精神直至如今还在美国人的衣着生活中具有较强的诱惑力。因此，这看似随心所欲、并无章法的美国服装，其实正是这种民族传统的凝聚和延续。

看过法国巴黎和意大利奥运会的人，都会明白，他们的开闭幕式之所以吸引世界目光，除了异国风光，更多的是民族传统文化的魅力。大师伊夫·圣·洛朗的大型服装表演，之所以引起轰动，则是因为法兰西民族传统在 20 世纪 90 年代的再现。2008 年中国北京奥运会的盛况空前，引起了世界各国的浓厚兴趣，民族文化功不可没。所以，唯其是民族的，才是世界的，方能经久不衰，富有极强的生命力。

三、民族传统的新运用

民族传统是一个国家的精神核心之所在，虽说服装界的趋同性较强，也有学者认为服装中的民族性并没有议论的必要，都国际化、经济一体化了，世界都成了地球村。这是从商贸、信息、交流等角度而言的。可民族性还是存在的，具有民族性的东西，总是耐看的，经得起推敲。而服装设计界，民族元素还是被不时运用。2016年秋季世界时装周上演的一幕幕及2015年春夏流行发布频频亮相于T台的，那混合北非摩尔民族的游牧气质、阿拉伯帝国的异国风情、西班牙南部安达鲁西亚的热情明亮、仿似清真寺院建筑的几何剪裁细节等，都是世界各民族传统元素的构成。而具有5000年文明史的中国文化，同样是各国设计师很钟情的，他们都以自己的力作阐述了对东方文化的理解，皮尔·卡丹是最早将中国古典建筑艺术引入设计的外国著名设计师之一。

我国民族传统服装文化在全世界的亮相，当为2001年APEC会议的全家福——各国和地区领导人所穿之唐装华服，引发世人的纷纷青睐，惊讶之余，仿效者甚众，形成一股中国民族服装热。至2008年北京奥运会的举办，更掀高潮。青花、元瓷、中国红等，合着那礼仪服、运动服、技术官员服等，于世界各处频频闪现，有效地传播了具有中国传统特色的新时代的服装，让全世界都看到了中国服装的巨大变化。

这方面，素有服装灵魂之称的设计师们，鉴于责任和商机，他们开始积极行动起来，勤于探索，将民族传统之特色融入作品中，并于各时装周尽情展示，“民族魂”“大漠情”“紫禁城”“扇”“茶马古道”等内涵明确的主题设计，其表现形式更是丰富多彩，诸如纹样（青铜、汉砖），花卉（牡丹、荷花），文字，国画技法（泼墨），脸谱图案等，如雨后春笋般涌现；还有传统的飞龙、鲤鱼、吉祥的野鹤、流云、富贵花型等，这些中国式的图腾的融入设计，于各式衣装（时装、内衣）的设计上各展技能，装点人们的衣着生活，从而显示了传统文化在当今的创新力和生命力。所以，不少人开始意识到：“越是民族的越是世界的”。

但这还不够，还未达到市场的普遍和普及化，要有深入的研究，不能停留在表象上的模仿。要在充分理解传统的基础上，用现代设计语言重新诠释，不把传统文化符号作纯形式之“借鉴”，要研究“达意”和“绘形”即内涵与形式之关系，学会批判地继承：分清什么是中国传统文化中的主流，哪些符号能够代表中国传统文化，又传递了怎样的文化信息，明了真正体现中国传统精神本质之所在，从而更好地继承和发扬中华民族文化中的灵魂和精髓。著名作家邓友梅说，“中国传统服装，更有民族特色，舒适、潇洒，透着精神”，即充分显示了中国服装的文化底蕴。

所以，民族传统是值得重视的。因为她是设计的文化内核，是立足市场、与洋品牌同台竞技的根基。各国设计的民族内涵、核心，是长期积淀而成的，在设计界已形成各自的民族风格。如法国服装的高贵、意大利的优雅、英国的世所公认。其成就的取得，民族传统功不可没，它客观存在着。世界生活的多样性，注定了服装的多彩性。民族性在其中发挥着重要作用。

当然，世界的信息交流、相互交往的迅速、快捷，的确缩短了时间、拉近了距离、提高了效率，世界各民族间的交融，多元民族文化的融会，汇聚成超越本民族的新颖文化，学者称之为“大民族”。这在服装领域表现得较为明显、突出。再如范思哲，该品牌在我国的拓展，既坚持其一贯的奢华矜持风格，又汲取所在国的精彩文化，“中国元素将是未来我们设计的方向之一”，以适合当地的消费心理。这是一个交织着意大利和中国两国文化的“混血儿”，是一个“大民族”产品，更是国际化的民族性。其实，在国际化的当今，服装文化中的多国元素的凝聚，在许多大牌的倡导下，早已是不争的事实。面料、风格、设备、设计师、辅料等都来自世界各地。一个具有世界影响的品牌，应该是各民族文化的结晶，是国际化的民族性，更是国际化的“大民族”。可以明确地说，只要和艺术有关的创作，且是有作为的艺术家，就必然会遵循国际化的民族性，即“大民族”艺术之路。“艺术无国界”所概括的内容，也具有这个意思。

第四节　科技创新与服装的影响

科学技术的进步，为服装的发展提供了保障。这是现代服装的又一文化特征。每一次的科技进步，都对服装业具有巨大的助推力，或省时、省力、节能、保证质量，提高附加值，或为着装者增光添彩，或走向世界参与国际竞争，为国增光。科技与服装息息相关，主要体现在纺织材料、缝制设备这两大方面。

一、纺材创新

科学技术的日益快速发展，直接推动了服装面料的扩展和更新。20 世纪，纺织新材料的相继问世，使服装业发生了极大的变化。从 1904 年第一个人造纤维——粘胶纤维的诞生，到 1939 年美国杜邦公司发明的尼龙，之后德国开发的腈纶、英国涤纶等新颖纺材的问世，人们的衣着生活发生了巨大的变化：这些质地轻盈、柔软、流畅、悬垂等面料，极显服用性优势。这也促使设计师越来越趋向于以面料为主：面料决定裁剪、缝制和造型的审美的特征。以至从 20 世纪 80 年代起，服装设计便成了“面料运用”的智力竞赛，大有面料决定一切之势，谁握有面料，谁就赢得了市场。

至 20 世纪 90 年代，莱卡面料运用广泛，从贴身内衣到厚重的外衣、从运动装到时尚的套装等，既有绝妙的合体美，更展衣装的穿着美。而时之社会科学和人文主义思想，致力于美与健康强体的倡导，又使面料趋向新天然素材的开发，如甲壳素纤维、天然彩色丝、彩色棉等的相继研发成功，遂使人们绿色环保的审美意识得以实现。

进入 21 世纪，高新科技之于纺织业的改造，就产业而言，以新纤维、新技术的运用为主，如大豆蛋白纤维、牛奶蛋白纤维、竹浆纤维等新型纤维产业化；以及防紫外线、抗菌、阻燃等功能性纺织品的研发，以服务于消费者生活质量的改善。这后者即在于诸多新功能纤维的开发。专家研究认为，目前服装用纺织品（含家用纺织品）流行重点已转向导湿、透气功能；防水、防油、防污的三防功能；抗静电功能；阻燃功能、防熔滴功能；防紫外线透过功能（紫外线吸收功能）；红外线吸收功能、红外线辐射功能；保暖功能；凉爽功能；恒温调节功能；电磁波屏蔽功能；抑菌功能、抗菌功能；消炎功能；有害气体吸附功能；显色功能；可控变色功能；导光性能；反光或闪光功能；生物相容性功能等方面。

而智能服装迅速发展，也带动了高新技术纤维的开发和研制，使其成为今后纺织材料的又一拓展重点。

高新科技成果是纺织材料新品诞生的助推剂，而纺织高新成果也反过来辅佐高科技项目的研究成功。如“嫦娥”的顺利奔月、“神七”航天员的太空行走，就是显例，其中亦凝聚着纺织新材料的巨大贡献。

二、缝制设备

缝制设备是随着社会的进步而发展的，服装的发展繁盛得科技之惠。1870 年英国人托马斯·赛特发明了单针单线链式缝纫机，替代了延续千百年的手工操作，1851 年美国胜家公司开始销售缝纫机，扩大使用范围，惠及更多用户。1882 年又出现了穿梭缝纫机，1890 年托马斯和爱迪生发明了电动机驱动缝纫机，从而以速度和便捷开始了缝制设备的新纪元。之后，科技进步更为迅速，品种激增，多达 4000 种，除平缝、链缝、包缝等普通缝纫机外，更有众多新颖的专用缝纫机、多功能缝纫机以及装饰缝纫机等。可以说，服装机械品种繁多，功能和用途各异，整个行业前景灿烂。

特别是近年来，服装机械领域又研制出许多新型服装机械，显示出设计、裁剪电脑化，缝制高速化、专用化、多功能化，黏合、整烫机械高效自动化，包装、仓储机械立体化、自动化，洗涤、保养及整理机械多样化、环保与节能化等特征。这就适应了服装企业多品种、小批量、短周期、高质量等市场细化的要求，从而更好地服务消费者。

因此，缝制设备与服装是互有关联的行业。消费者对衣着时尚的追求，推动了服装业的发展，也对缝制设备提出了更高更新的要求；而研发新设备的功能和性能，又促进了服装生产效率和品质的提升。这是两大互为依存、互为发展的行业。

科学技术的日益发展，推进了面料的丰富多彩，为服装的丰富和充实开辟了一个全新的天地，并为人们的审美意识的更替提供了有力的物质保证。而服装设计师与医学家、工程技术人员的通力合作，有望造就一批具有特殊功能的保健服，从而为五光十色的服装世界又添新篇。2008 年“神七”宇航员出舱遨游太空的顺利进行，翟志刚所穿的宇航服，就起了重要的科技保障作用，这是其关键之所在。此举虽在特殊范围内，但是重要的，为将来中华儿女征服月球、开发宇宙空间，打开了极为重要的通路，此处服装是万万不可或缺的。所以，服装科技是人们迈向未来的基础和条件。

服装是文化的表征。社会形态不同，服装必然会两样。社会变革，服装也会随之更替。服装忠实而充分地记录了社会的发展进程。这是服装作为特殊载体的属性所决定的。它依据政治、经济、文化等状况划分社会发展的各个阶段，而风尚、风貌就是指其精神生活的表征，即服装的时代性，它是社会的物质文化的表现，具有社会性、文化性和时尚性三大特征，及其思维指向的影响力。服装的民族传统是服装设计的核心，即民族文化在现代社会重新焕发青春，民族传统在新时期的新运用。世界著名设计师大多从各国民族文化中获取灵感，丰富自己的设计，以打动服装界。这个新起的文化思潮，专家、学者概括为“大民族”，是国际化的民族性，这是个值得探讨的话题，更是实践前景广被看好的新理论。而科学技术的进步，纺织材料、缝制设备的更新，为服装业的发展提供了极大的保障。这是现代服装的又一文化特征。每一次科技新成果，都对服装业形成巨大的推动力，或环保节能、提高附加值，或功能出新、为着装者添彩，或参与国际竞争，为国增光。科技与服装息息相关。

第六章　社会状态对服装流行的影响

流行，现代社会使用频率较高一个词，是引领时尚的风向标。服装流行作为其中最显著、最活跃的方面，受社会发展进程、需求心理因素的制约、影响。认识和把握流行规律、流行趋势等这些关键要素，这是本章要阐述的内容。

第一节　服装流行

服装流行是一种复杂的社会现象，为美化生活不可或缺，是社会繁荣、物质丰富的象征。把握服装流行规律，预测未来流行趋势，为服装设计、丰富衣着生活提供科学的流行参数。

一、服装流行

流行，英语 Fashion，作时髦、时尚解释。它是一种在生活领域或文化领域占主导地位，但却转瞬即逝的特定审美文化现象。流行因存在时间短，引人注目，往往予人以新鲜感，为人们的生活增添乐趣、增添欢娱。因此，流行事物的不断问世，引导人们追求新的流行，享受新的流行美，扩大人们的审美情趣。它存在于生活的各个领域，如音乐、装潢、家具、餐饮、语言等，都有“流行”在起主导作用。服装也是如此。流行服装尽管历史上有之，但直到 20 世纪工业化制衣方式出现之后，流行才真正发挥其作用。在国际社会中，巴黎一直是流行的中心。而我国则以流行色协会的成立为标志(1982 年，国际流行色协会团体会员)，1983 年开始流行色的预测、预报工作，并出版专业杂志《流行色》，对企业的生产和人们的生活，发挥了多方面的积极作用。

服装作为流行最直接、最普遍、最鲜明的载体，它是某时期、某区域内，由多数人接受、认可并实践而风行一时的着装倾向，它是社会文化在人们心灵引起冲动所造成的市场反应，也是造成服装流行的社会原因。社会稳定与否、经济发达与否、思想活跃与否等因素，都会对服装的是否流行产生影响。而那些在社会上能引起轰动或受人关注的事件，也可以成为引发流行的契机。美国“水门事件”的爆炸性和令人关切，不仅是尼克松总统的下台，还在于那位秘书小姐的衣着形式，也成了公众热议的焦点，人们对她的服装也产生了浓厚的兴趣。这是重大的社会新闻也可以成为流行的动因。

20世纪50年代，中华人民共和国成立，进城的工农干部以穿中山装、列宁装为主，成了新政权的着装标志——职业装。受此影响，城乡百姓甚为喜爱，不少人引为己穿，几成风气。这是我国民众出于对新生活的热爱，借此装束来表达自己的喜悦之情。此为社会巨变之使然。而至20世纪八九十年代，我国的服装流行最可为代表，达到鼎盛。这表明造成服装流行的因素是多方面的。

二、流行特征

流行作为一种文化现象，是社会文明的产物，特别是现代社会，其流行更具时兴性、大众性、短暂性、周期性等特征。

（一）时兴性

所谓时兴，即在一定时间和范围内，由部分社会成员兴起的某种时尚倾向。就服装而言，是面料、款式、图案、色彩等以时尚为核心元素的时兴性，受社会普遍热捧，而掀起的穿着潮流。这种着装心态，也可称为“标新立异”，即不断否定、替代旧有的装束，以“新、奇、巧”为其追逐形式，并为之倾注极大热情。这是服装流行之所以能不断兴起的根本。

（二）大众性

这是流行服装的外部特征，它是指服装穿着的社会普及面，是某服装能否流行的决定要素，即要有相当多的人接受和参与，它是流行服装对人员数量的要求，否则，流行无法形成。

（三）短暂性

作为流行服装，其产生、发展，流行过程较短，有时间性，当行至盛期，就会出现衰退、走向低谷，直至消失。这是由于流行的时兴性所决定的。“风行一时”，可谓形象之说。

（四）周期性

当流行服装还处盛期时，受时尚快速变化之故，又一个新的流行正在酝酿之中。追逐流行的人们，对往日的流行失去了激情，把关注的目光投向了下一个流行，去寻找新的宠爱，从而推动新的流行的形成。这样的循环往复，就促进了流行的不断兴起、发生，使流行始终处于社会时尚的最前端。用“喜新厌旧”来揭示服装流行的周期性，是很恰当的。正是这种心理，才使服装业得以不断发展、永葆市场活力。

以演《不要和陌生人说话》而广为人知的冯远征，是 20 世纪 80 年代的青年，着装追求新奇，以两个人为心仪的对象：阿兰·德龙和高昌健。前者穿衣多把衣领翻折进脖子里，走在路上可精神着呢；后者是神态的模拟，看人往往眼睛是棱着的。这就是当年的青年偶像。

三、流行轨迹

研究表明，服装这个大千世界，尽管款式众多，千变万化，色彩缤纷，令人眼花缭乱，但也不是漫无边际、无章可循的，人们还是能从它们的变化上，辨出其演化之轨迹。归纳起来，大致有古典式、浪漫式、轻便式、民族式这四大体系。分述如下：

（一）古典式

这类服装源自英国。英国自工业革命后，产生了以奢华庄重著称的纯羊毛精粗纺毛织物，于是在继承传统服装的基础上发展而成了新款。因其保持了古希腊简洁、高雅的古典风格，故称古典式服装。如无领羊毛衫和裙子套装、香奈尔的套装、里外配套的针织运动衫和开襟羊毛衫的配套、20 世纪 30 年代流行的露背式礼服，对后世影响很大。

这种风格的服装，久盛不衰。至 20 世纪 70 年代，仍以其巨大的艺术魅力吸引了众多的消费者，使人们对这传统艺术愈发留恋和怀念，并被冠以“怀旧感”服装而不时在各国兴起。2007 年秋季，俄罗斯刮起的“苏联风”，即为一例。由俄罗斯最受欢迎的丹尼斯·席马契夫所设计的带有镰刀斧头图案的纽扣做装饰的大衣、铸造成像苏联硬币似的珠宝、用苏联时期的盾徽图案做装饰的衬衫以及带有总统普京肖像的 T 恤等，因其别致，很有创意，所以，很为市场看好。33 岁的席马契夫说：“30 多岁的人在看到这些象征性的图案时，能回想起他们儿时的幸福时光，如少年先锋队组织的野营活动。”一些观察家认为，席马契夫品牌的崛起从一个侧面反映出俄罗斯民族主义的复活。

其实，由这种怀旧所引发的复古风，这几年很盛行，往往还与奢华相连。2005 年巴黎、米兰等服装舞台上，高贵奢华的复古风潮席卷了整个男装秀场。那些法兰绒、软缎、鳄鱼皮等晚装礼服的素材，也被带到了日装中，而且暗红、赭红、土黄、鹅黄等沉稳内敛的暗色调也开始大行其道。款式上的长款风衣、短款夹克、单粒扣上衣、低领毛衣的出现，将男士经典的优雅升华到了极致。

（二）浪漫式

与古典式同时流行。浪漫式服装的问世主要受艺术思潮的影响：一是 19 世纪初期抽象、空想、虚构的浪漫主义文艺思潮，二是中国古典绘画所追求的那种神奇、梦幻式的意境，两者的结合就构成了浪漫式服装。而 20 世纪 70 年代西方石油危机的加剧，也促进人们对生活寄寓某种幻想和希冀，浪漫装的适时推出，就迎合了人们这种心理状态，浪漫装由此大行其道。由于它的色彩装饰强烈，具有优美、轻柔、新奇、华贵的审美特征，故西方人士称为“洛可可”式服装。但这已远非是当年的洛可可装了，无论是款式，还是面料的选择、色彩的配置，都是当今艺术水平和科技状态及审美能力的创造，都是对服用者的美化，强调服装对人体的装饰功能。如褶裥领女服、披肩式女服、露肩式礼服、波浪式褶边领礼服。这类服装对人体的装饰，简直达到了出奇制胜的地步。

（三）轻便式

20 世纪以来，骑马、网球、赛车等体育竞赛活动逐渐兴盛起来，尤其是近 30 年来，国际间的体育交往、竞赛日益频繁，遂使体育运动装大为引人注目，于是，轻便装就在此基础上得以问世，并迅速传播各地。它反映了新时代社会生活的节奏感和丰富性，因为这种着装形式自由奔放，便于人们抒发轻盈活泼的心理感受。因此，运动装中派生出体美身健和英气勃发的轻便装系列，是运动装向生活休闲装延伸转化的产物，使服装形式更为丰富。

轻便式服装对面料还是有所要求的，多以具有轻快感的织物为主，色彩明快，视觉形象鲜美，使之与服装和谐映衬。试看：那淡雅明度较高的鲜丽色泽和浓淡色搭配的流畅线条、块面几何形装饰，永远是醒目的既定标志，成了人们极为喜爱的着装形式。在整个服装的流行趋势中，轻便式的服装亦越来越受到人们重视。

（四）民族式

从不同国家、不同地区的风土人情和生活习俗中吸取灵感，是当今服装设计的又一主攻方向，成为 1975 年以来国际服装流行的新潮。如墨西哥的无袖斗篷、短夹克衫、土耳其式男女宽袍和蜡染披巾、阿尔及亚的裙裤、中国的袍装、日本的和服、印度的纱丽等都可以成为新款式的元素。这些服装均散发出强烈的民俗情调和浓郁的异国风情及自然朴素的审美格调，令人油然而生向往和怀念往古岁月的情思及追思大自然的悠悠之情。这是 20 世纪 70 年代以来国际服装流行的一大主题。常见的有阿拉伯男女罩衫、希腊女礼服、中国式对襟绣花套装、阿尔卑斯绣花连衣裙等。

近几年来，世界著名设计师和服装理论家都意识到民族服装在流行趋势中所扮演的角色之重要。因此，都加强了这方面的实践。圣•洛朗、高田贤三等做出了相当大的努力。一些研究机构的历年预报中，都对民族（或区域）式服装作了相应的强调，例如“夏威夷风光”“非洲风情”等，仅从标题就可见其浓郁的异域情调。而在人们的衣着中，也总有此类服装广布闹市街头。特别是亚洲、非洲和拉丁美洲等国家和地区的情调已越来越引起人们的重视，大家都希望在其中发掘出能打动市场的款式或设计构思。美国服装设计师玛丽•麦克法丹（Mary McFadden）就是其中很勤勉的一位，她说：“我始终把非洲看作是我的家乡，在那儿我生活得很自在，感到自己成了那里的一部分。非洲原始艺术太了不起了，它们是如此的纯洁。”她的作品借鉴了原始和自然之美。非洲的生活经历在她作品中留下了不可磨灭的印记，洋溢着浓郁的古风气息。

当然，还有其他方式概括的。如以服装外部轮廓造型进行划分的，有长方形、三角形（或梯形）和椭圆形等，有着重设计主题（内涵）的，有从观赏角度概括的，等等。其实，在现实的流行世界中，它们总是交错、交替出现，以一为主、占优势地位，其他为辅，充当配角。这样，随流行趋势的变化而各自轮换位置，形成流行周期。随着生活水平的不断提高，随着各国间交往的频繁、深入和信息传播的迅速，服装流行的速度也更为加快。进入 20 世纪以来，服装流行的周期越来越短。这在女裙上表现得尤为明显。

需说明的是，20 世纪 60 年代（也有说 1966 年）迷你裙一经问世，就在以后的岁月里，一再翻新上演，成为女性们的绝对宠爱。

进入 20 世纪 80 年代，简便、舒适的长袖针织连衣裙又唱主调。尽管款式多样，如论领式就有一字领、荡领、小企领等名目，然仍以简洁、干净、利索为造型特点，因此，也深受女性的欢迎。

据此可知，裙装流行周期已大为缩短，几乎是一年一变，裙子的长度变化，就勾画出了裙子流行周期的曲线图。

这表明，生活水平与服装流行成正比：生活水平高，流行周期就快而短；生活水平低下，流行周期就慢而长。且裙之长短，还反映出社会经济运行的顺利与否。裙摆趋长，即是经济“寒潮”到来的迹象，预示经济发展遭遇困难。研究这一现象，将有助于把握流行规律，并有效地指导服装设计，从而更好地引导消费新潮流。

第二节　社会状态与服装流行

第四章在叙述服装审美的心理导向时，曾谈到流行心理的因素，但只是从偏重穿着这个角度来发掘心理导向，即心理导向与服装审美（穿着）的关系，其中确具有流行的因素。不过，这还不是流行的全部内容。所谓服装的流行，实质上是在某种社会环境下，消费者个性的汇集和综合。本着这一点，我们还有必要对流行心理进行较深层次的社会化探讨。综合服装流行的现实发现，但凡能打动人们心理的流行因素，大体可归纳为重大事件、影视作品、体育赛事、明星装扮等。下面略作介绍。

一、重大事件

一般来说，社会政治和重大事件，因其具有轰动性，所以对服装流行有直接影响。域外之中东纷争不断，多有争斗爆发，所以和平就显得特别重要，民众期盼殷殷。其中以色列和巴勒斯坦经过多年的谈判，1993 年 9 月 13 日，以巴终于签署了和平协议，拉宾和阿拉法特历史性的握手，深得有识之士和广大百姓的欢迎。就是到了 1998 年，世界小姐大赛在日本举行时，以色列参赛选手还以两人历史性握手为图案背景的衫裙的亮相，以作纪念，可见民间对和平的祈盼和向往之情。

服装色彩也会受此影响。1988 年，菲律宾服装市场上曾盛行黄颜色，其原因就是阿基诺夫人以黄色作为哀悼丈夫之灵，并象征自己的主张和崇尚之色，从而使大量追随者对黄颜色产生偏爱。

更有趣的是，某些重要人物的愤急之语，也会成为流行的催生剂。委内瑞拉前总统乌戈·查韦斯经常语出惊人，西班牙国王胡安·卡洛斯一世也被其激怒过，而后者一句怒呵 “闭嘴”的反击，竟在不到 10 日内催生了西班牙数百万美元的商机。西班牙市场上充斥着带有这句怒吼的手机铃声（后声音经过处理）、印有“闭嘴”字样的杯子、T 恤衫，就连视频网站 You Tube 上也出现了 700 段相关视频。这是令他怎么也没想到的。其中有家经营 T 恤衫的小公司，由于这个商机而改变了形象。该公司以往一年仅售 800 件 T 恤衫，但此次一周内，该公司就接到 1000 多份要求购买印有“闭嘴”字样 T 恤衫的订单。

APEC 会议在中国举办后所拍之“全家福”，“华服”“唐装”的热销，更是在中国土地发生的大事。那年类似的服装在各地迅速流行，是个很典型的例子。

2009 纽约春夏时装周亮点闪烁，设计师们纷纷开始有新的突破，不管是老将还是新人，都不遗余力地推出新的看点。从各新老设计师推出的系列来看，高级成衣的色彩也许受到 2008 北京奥运会的影响，除了春夏大热的经典色彩如白、卡其色、蓝色以外，T 台上到处洋溢着欢快喜庆的中国红，以及不同色度的红色系。

设计师们将中国红运用得灵活而娴熟，ANNA SUI 的发布会 T 台背景板甚至全是用大面积的中国红。纽约各设计师品牌的新系列中有整套的中国红风格，也有将红色作为穿插配搭色，从而使 2009 纽约春夏时装周带出史无前例的活力美感。

凡此种种，可见重大事件对新款服装推出的影响力。

二、影视作品

自国门打开，外部世界的精神文化也和物质文化一起向我们涌来，使我们这个封闭多年的国度一下子从板滞、沉闷的环境中复苏过来，人们瞪着惊奇的眼光注视着外来的一切文化。其中作为艺术的电影、电视应该是影响最直接的，而服装也借此得到了发展。事实告诉人们，20 世纪 80 年代，每部影视剧的推出，几乎都会掀起一股不小的影视人物服饰热。从日本的电视剧《姿三四郎》《排球女将》到美国的《一滴血》，就有不少脱胎于其主人公的服装相继问世。如“高子衫”“光普衫”“兰波衫”等。这类服装广受市场的欢迎，主要在于人们关注剧中人物的命运。如《姿三四郎》中的高子小姐，她那曲折坎坷的经历，令观众心悬，故而爱及其装。她身穿长式连衫裙，带有古典意味，上窄下宽，然肩部略有小饰，且领边较宽，开口略深，这充分显示了高子的心气较高，虽位处平民，却自有不凡的风度。如此的外在穿着，自会被青年所“借用”。

服装的功能得到了充分的肯定。这是指影片中主人公服装的功能为社会所认可，并依式仿制，成了人们所喜欢的衣装形式。美国电影《一滴血》中的兰波是越南战争的幸存者，作为特种部队的一名士兵，身怀绝技，往往绝处逢生，化险为夷，有着惊人的毅力，绝大多数观众对他都怀有深深的敬意，佩服他的过人之勇。出于对这位孤胆英雄的崇敬而触发的设计灵感，使“兰波衫”得以问世。除受崇敬的美学驱使外，该服的不同袋饰，正是大英雄绝处逢生的工具。正是这一点促进了设计师和市场研究者联合导演了兰波服装的出台。从审美心理来说，此服的问世，调剂了人们的视觉观感，对照那种板滞的服装袋式结构，更觉兰波衫袋式造型的别致，特别是臂袋的开设，更令人称奇叫绝。因为传统的服装袋式从无此例，因此视觉形象的新鲜度马上提高。同时，当时国际上正流行多袋结构，故而《一滴血》的放映就为我国服装局部结构的改革提供了形象资料。这就是影视媒介对服装的潜移默化的影响。在我国的品牌服装新品中，也时有此种多袋式的问世。

近年来的偶像剧《苹果园》及韩剧里的角色，透露出青春的活力，选秀舞台上的你型我秀，他们的穿着不同世俗，有另类张扬的，也有刻意精致的，令人目眩，影响了当时社会的穿着风气。而牛仔服的风行世界，百余部电影的功绩，是不容忽视的，更是有目共睹的。这在现代服装史上是相当罕见的。

还有《绯闻女孩》的播映，所掀起的紧窄短裙的风潮，连 25 岁到 34 岁的人们也深受感染。《绯闻女孩》改编自赛希利·范齐格萨的同名小说系列。剧中主人公就读的康士坦茨私立学校，是以作者本人 1988 年毕业的南丁格尔·班佛女校为原型的。小说从 2002 年开始陆续出版，用一种浮夸的方式描写了新生代的堕落，并将许多青少年问题悄悄融入其中。同时，小说还敏感地抓住了最高端的时尚趋势，书中刻满了“有人将 iPod 接上赛雷娜的立体声音响，北极猴子的新专辑顿时弥漫在空气中”这样赤裸裸的时代印记。

影视作品对服装流行的推动，是有目共睹的。以 2006 年为例，影片《加勒比海盗》中充满浪漫主义色彩的波西米亚服装，一度为人们所热捧；《头文字D》使休闲赛车手服又成市场新宠；《史密斯行动》则掀经典黑色小礼服的魅力风潮。之后，影片《购物狂》《谍中谍III》《达·芬奇密码》中的服装很快涌上街头；而影片《艺妓回忆录》《加勒比海盗II》中奢华、浪漫主义的服饰风格，也成为服装界的宠儿。

的确，影视作品对服装流行的影响力，是显而易见的。然而仅此恐怕还不够。2008 年 1 月 29 日，风靡 20 世纪 80 年代的日本电视剧《排球女将》中小鹿纯子的扮演者荒木由美子，做客上海《星梦奇缘 30 年》，是首位外籍明星。当问到日剧在中国为何成功时，她未作正面回答，却说：

“《排球女将》带来的精神动力，曾让一个因车祸而骨折的日本小男孩再次站立起来。现在的电视剧主角都很漂亮，故事也充满感情，但是我想电视剧和演员长盛不衰的影响力，应该源自那些超越漂亮的东西。”这样理解也是很有道理的。

三、体育赛事

由于体育赛事的频繁、影响的全球性及健康热的不断升温，人们对体育健儿的着装产生了浓厚的兴趣，并引发了一股强大的体育服的穿着潮流，以至催生了新风格服装的问世。这是因为：

第一，体育竞赛激起了人们强烈的民族意识和爱国热情，即健身强国的意识随着体育赛事的发展而不断高涨。比如某次体育竞技活动的会徽或标记，往往成为人们欣赏追逐的最佳目标。1984 年 7 月 29 日，我国运动员许海峰在洛杉矶奥运会上举枪夺魁，以 566 环的成绩夺得射击自选手枪男子 50 米手枪 60 发慢射金牌，正是这枚金牌打破了中国奥运会金牌“零”的纪录，从此载入中国奥运史册。消息传出，国人振奋、雀跃，都以穿着带有该标记的服装为荣耀。

第二，在于体育运动服本身的特点。这类服装造型简洁利落，少有辅助性装饰；色彩组合简单醒目，能给人以精神、年轻、矫健等感觉，因此，它的服用对象早早超出体坛健儿的范围。

第三，适合各层次的穿着对象的需要，且不受场合、环境的约束，故颇受社会各方人士的普遍欢迎，并且不断向着外衣化、时装化的方向发展，至今已开发为运动休闲装，可见运动服文化的扩张力度。所以，每逢重大的体育活动，必然会在服装上留下鲜明的印记。1990 年第十一届亚运会期间，带有亚运标志的服装到处可见。随着 2008 北京奥运会的召开，其运动服影响之力度，带有“福娃”图案的服装、装饰，是人们所喜爱的。

另外，有些运动服还直接被“移用”为常用装。如“网球衫”竟成了夏季的“热门货”，曾风行的滑雪衫、太空衫、击剑衫等，原本都是运动服（分别是登山服、击剑服），其镶条、嵌线、拼色等工艺手段，被普通服装所看重，以至着装更为新颖别致，琳琅满目。这不仅极大地丰富了百姓的衣着生活，而且还使整个的服装款式、面料、色彩及饰物等，都发生了重大突破。所以，一些著名的运动员退役后仍全力投身体育产业。如球星乔丹和体操王子李宁等体育界的名人，离开赛场后所从事的体育服装服饰业，之所以相当有市场，道理也源于此。

四、明星装扮

某款服装因穿着对象的社会地位高且影响广泛而引起的穿着轰动，俗称名人效应。1961 年 1 月 20 日，是美国服装史值得纪念的日子，而对杰奎琳·肯尼迪来说更是终身难忘的。这一天，她作为美国历史上最年轻的第一夫人，参加她丈夫约翰·肯尼迪总统就职典礼所穿的服装就引发了美国服装流行的一次大轰动。当她足登高筒女靴、身着配有深褐色衣领和皮手套的朱色羊毛外衣，雍容华贵地出现在白宫检阅台时，顿时光彩照人。特别是那顶朱色圆筒形女帽，尤其受美国女士的喜爱，模仿者趋之若鹜，一时形成潮流，从而也奠定了杰奎琳在服装界的地位。此后很长一段时期她始终处于美国女装的领导地位，而她的玉照也一直占据着欧美女性杂志的封面，可见她的影响之大。

无独有偶。20 年后，那位人称“害羞的黛”，即英国王妃黛安娜也在大洋彼岸刮起了一股服装流行的浪潮。那是 1981 年初春，刚与王子查尔斯订婚的黛安娜公开露面于歌德斯密斯娱乐厅时所穿的服装就引起了极大的轰动。那是一件性感的黑色塔夫绸袒胸晚礼服，显示她作为新一代王室成员不拘传统的思想意识。而在英国服装史上更为精彩的一幕是她与查尔斯王子在伦敦圣保罗教堂举行婚礼时的着装：她所穿的象牙色礼服，质地轻薄，是英国本土出产的丝绸，上面镶着珍珠和金属小圆片，领口四周饰有起褶的花边，并有蝴蝶结配饰，突出视觉重心。这时的黛安娜光华四射，简直成了童话中美丽的公主，连当局也不得不取消了不准报道礼服式样的禁令，让大家都来分享这举世瞩目的礼服的光彩。于是，通过新闻的传播，黛安娜这身奇妙的礼服迅速传往世界各地，一些服装公司看准了这款礼服在人们心理上所引起的强烈震动，立即全部开动起来，夜以继日地进行赶制，以便第二天就能与顾客见面，从而满足人们强烈的好奇心。

再有，全球时尚界关注的奥斯卡颁奖盛典，著名奖项得主之礼服，亦有专门克隆者，以满足社会相关人士的仰慕之情。这些人物在服装流行中为何有如此大的作用呢？原因大致有四点：

第一，名人的所作所为极易引人注目，也极易成为他人模仿的对象，这就是服装心理学——注意这一原则在实际生活中的具体运用。如 1985 年戈尔巴乔夫任苏共总书记首次出访法国时，富有经营意识且相当机敏的巴黎时装杂志打通关节，让总统夫人赖莎担任黑色羊毛衫的模特，通过摄影宣传，使这一款式的服装极为畅销。这是因为巴黎服装设计师、经营者熟知苏共领导人的夫人是不轻易在公众场合下露面的。所以，这次赖莎随夫出访其意义也就非同小可了，故格外引人注目。这就是把握审美心理的设计和经营。

第二，名人财力雄厚，可以不断更换服装，始终处于领先地位。如杰奎琳，在作为白宫女主人时，每年用于购置衣物的款项就达 4 万美元，而黛安娜仅 1983 年的服装费就超过 5 万英镑。强大的经济实力使她们能够不断更换新衣，而时刻都能主宰潮流。

第三，名人大多具有高雅的审美能力，穿着富有极强的个性。如美国著名影星伊丽莎白·泰勒和简·方达都能以独特的服饰来突出自己异于他人的穿着风格，使人们不论在何种场合光凭服装就能把她们分辨出来。这种个性鲜明的服装，具有很强的吸引力和感染力，加上 20 世纪 60 年代新闻传播新形式电视的兴起和使用的不断普及，这就为世界各地民众的模仿提供了极为便利的条件，而加速了名人的服装流行。

第四，名人的服装虽高雅，但也具较强的实用性，好似家常服装，使人有亲切感，因而具有较广的社会适应性，进而引起社会流行。

第三节　心理形态与服装流行

一、心理中介

在生活中，人们对事物的好恶、赞美与贬斥等，除了事物本身的客观因素之外，人们的心理因素往往占据了一个很重要的位置。人们对服装的选择也是如此，即受心理活动的支配：服装的流行、服装的生产、服装的销售等，都和人们的心理关系密切。这就是感知、想象、情感、理解等心理要素，它们是构成审美经验的理性导入和中介。

（一）感知

感知包括简单的感觉和复杂的知觉。先看感觉。人们在生活中必定会与周围世界发生感性的和自然的直接联系，如观看、倾听、品尝和触摸物品，由这种渠道得到的印象，就是感觉，是构成理解、想象和情感等心理活动的基础。然仅此是不够的。经验告诉我们，人们对某个色彩、某块面料进行感受时，会毫不费力甚至不假思索就可以体会到某种愉快的感受。这种感觉不是来自对象的色彩、质地所组成的形式及由其表达的意味和思想，而是来自单个的色彩和质地本身的感觉。这虽是属于生理上的，但它却是审美经验的基础和出发点。美学家桑塔耶纳指出："假如希腊巴特隆神庙不是大理石的，皇冠不是金的，星星不发光，大海无声息，那还有什么美呢？"

这就是初级生理感受的重要作用。不过，也有不少学者持否定意见。他们把生理感受和联想的关系搞颠倒了。就色彩而论，许多人都认为色彩的冷暖是由人的联想产生的。其实，它是直接的生理和心理活动所造成的。这已为许多心理学家的很多实验所证实。这对我们认识感觉在心理上的作用和地位是有帮助的。首先，服装给人的初级生理感觉是视觉的形象。如服装的造型、各种线条（曲直、圆弧等），体积（大、小等），色彩（冷暖、明暗、对比、色相等）和图案等，这些感受都是依据视觉来完成的。可见服装感受中的视觉作用很重要。此外，还有赖于手的触摸，即手感的厚薄、柔软、滑爽、粗糙等，及其穿着时的体感（也称触觉）与舒适状况，这是组成感觉服装的主要部分：视觉和触觉的结合就是服装感知的阶段。这时的感觉还只是停留在对服装个别特征的感受，是局部的印象，若要前进一步，求得对服装进行整体把握，那就必须进入另一个审美的阶段，即复杂的知觉。

所谓知觉就是对事物各个不同特征即局部组成的整体形象的把握，并依此对其所蕴含的情感表现做出合乎对象的判定。在感觉阶段，我们对服装认知只是就单个的色彩、线条、体积的感觉，可以说是局部的、个别的特征的反映，这是人们的生活经验共识。进入知觉阶段，把这些局部的、个别的现象经过综合而得出的判断（即何种服装）。应该说明的是，此处所说知觉是个别的总和，并非简单地相加、凑合。知觉的综合与造房子不一样，它不是建筑材料的被动垒积，而是主动地对各种感觉要素进行解释和理解。即是对同一对象，也会得出不同的知觉感受，因为每个人的期望并不一样。同时，知觉的完成，看似在瞬间完成，其实，它是人们的想象、情感和理解等因素的凝结。只有透过服装组合形式达到对其情感表现性的认识，才是服装审美知觉。如见圣•洛朗的“蒙德里安式服装”，就会体会到线条艺术的无限抽象性，等等。这种知觉的显露才是审美性的。它告诉人们，区别审美知觉与一般科学知识，关键在于是否萌发出主观感受，是否有个人情感的流露，即是否做出个人对对象的美的判断。

服装的审美感觉和知觉在服装审美中占有很重要的地位。人们对服装的感受大多从局部即审美的简单形式——感觉开始。如色块的构成、花型的大小及俗说近看颜色远看花等，就是审美感觉的具体运用。再如，服装设计师往往也注重细节（或局部）的刻画和强调，以吸引别人的注意，就可以使整个服装生辉。这就是从感觉到知觉的转移。意大利国际服装大师阿玛尼就是这样，对每一个细节都不轻易放过，他会几个小时专心致志地上一个领子、缝一只袖子。他之所以如此认真，那是由于他深知这种局部的细节在审美（感知）中的重要。

（二）想象

想象是服装审美的第二个重要步骤。它大体包括知觉想象和创造性想象。所谓知觉想象是一般审美活动中出现的情形，即不能脱离眼前具体的对象。所谓创造性想象是艺术家进行创作时所运用的一种较高层次的想象，它是对记忆中存储的种种信息经回忆而重新创造的想象，即可以脱离眼前的事物进行再创性想象。

人们的经验中还有这样的时候，往往因一件小事的触动而引起众多的想象，并在此基础上生发出全新的形象，这就是创造性想象。创造性想象的基础或特征，就是丰富的积累，艺术史的发展已充分证明了这一点。服装也是如此，这在服装设计中是普遍存在的。大师们能从平凡的生活现象中萌发较大的设计构思，从而为服装设计打开新的天地。

但是，光凭生活积累，大脑存储的信息再多、再丰富，也是难以进行全新的、有影响的创造的，其关键还必须有情感的中介作为动力。新创造的作品的前途、成败得失与情感本身的构成即艺术家本身的情感模式有很大的关系。同一生活素材，在不同的艺术家手中会有不同的理解，进而产生各种作品，其原因之一就是情感的因素左右着作品的倾向，从而为想象进入审美世界而插上翅膀。

（三）情感

服装审美的情感因素是整个审美过程中最为活跃的因素，它广泛地渗透到审美心理的各部分，并互为交织，充满着浓厚的情感色彩，是诱发其心理因素的动力，也是其运动形式的最终表现方式。

人们在与社会、自然的接触中，就形成了对客观事物的各种观感，并表现出各种不同的态度。这些不同的观感和评价，若取肯定的态度，就会产生满意、喜悦、舒畅等内心体验；反之，就会生出反感、悲哀、忧愤等内心体验，这就是人们所说的情感，它具有主观性和生理性。前者是指个人的评价，而后者因内部生理因素的某些变化往往导致外部的表现和形体动作的变化。如生活中常见的惊慌失措、手舞足蹈等现象，就是这种主体内心生理的变化伴随的情感发生。这也是审美情感所具有的愉悦性的基础。

这表明，情感是一种动力性的因素，它是推动审美发展的重要因素。故历来受到美学家和艺术家的重视。“登山则情满于山，观海则意溢于海”的名言就是对情感作用的形象概括。西方经验派美学家鲍桑葵和桑塔耶纳把这种审美情感称为“第三性质”。所谓第一性质是对象的大小数量、厚薄等客观物质性质，第二性质是对象的色彩如红绿、声音、味觉等。而第三性质，即情感性质。我们见红色的火焰就产生愉快的情感，而见灰暗的天空，则情感阴郁沉闷。这些情感完全是人们（即主体）根据过去的经验而进行的联想，其实，离开人们的情感作用，自然界中的山石虫鱼等一切物质都是“死”的。

于此可知，情感是构成艺术的重要因素，没有情感便没有艺术。服装作为介于艺术与技术交叉的一门学科，是如何体现情感的呢？大家知道，在人们传统的意识中，婚娶年节服装崭新整齐，色彩鲜艳，见此情形，人们马上会产生一种喜气洋洋的审美情感；若见披麻戴孝或穿黑色丧服者，则悲哀痛悼之情油然而生。这里，需指出的是，个人情感经验在服装欣赏中是很重要的。欣赏者可以同艺术家一起，爱其所爱，憎其所憎；也可以同作品中的主人公一起，哀其所哀，乐其所乐，甚至达到如痴如醉的程度。德国大诗人歌德自传体爱情小说《少年维特之烦恼》这本书出版后，当时竟有人身着“维特装”，怀揣《少年维特之烦恼》这本书，像维特那样去自杀。当《安娜·卡列尼娜》在我国广泛传播时，有些入迷者也模仿安娜的穿戴。究其原因，是读者喜爱、崇拜的心理在起作用：有的哀其命薄，有的心灵相融，故而“由此及彼”的情感就产生了。然认识到这一点，只是表象的“爱屋及乌”式的理解，还应作深层次的理论探索。

必须看到，人们在观察服装时所萌发的某种情感，是服装穿在人体之后的感情凝结，是主体的人与客体服装结合后的主观内心反映。对此，美学界有多种看法。第一种为移情说，以德国心理学家、美学家立普斯（Theadore Lipps，1851—1914）为代表，他认为："审美的欣赏并非对于一个对象的欣赏，而是对于一个自我的欣赏。它是一种位于人自己身上的直接的价值感觉，而不是一种涉及对象的感受。"这种看法虽然同我们关于"美感是人对自身本质力量的直观"的论述颇为相似，其实是有本质区别的。因为，立普斯的移情夸大了主体意识的作用，否定了客观对象的存在。错把主题"自我"观念或意象当成美感的根源，颠倒了美与美感的关系。人们的实践表明，人们观赏服装是不能脱离服装而进行审美的"内心活动"的，否则，舍去服装的客观存在，服装审美活动也就失去了基础。但按立普斯的观点，一款服装的美不是它自身，而在于欣赏者的"自我"；服装款式的新颖、质地飘逸不是客观存在，而是观赏者"自我"物化的结果，即"自我"把这种"飘逸"的情感"移到"服装上去的。这显然与人们的欣赏实践不相符合。

第二种是客观性质说。这种说法正好与"移情说"相反，它否定主观的联想或移情，以音乐为例，认为"一首音乐可以有悲哀和绝望等情感特征，但欣赏音乐的我绝不是绝望的和悲哀的，决不能把我的情绪与音乐本身的情感性质等同起来……"此处强调客观事物的外在结构，是值得肯定的，但有一个致命的弱点，即客观事物的情感表现是可以离开某个具体的观赏者而存在，但它不能离开时代和社会。正如我们观赏的服装是具有社会性一样，服装价值的真正实现是不能脱离人和社会的。所以，这种观点也不能自圆其说。

较为完善的是第三种，是美国美学家阿恩海姆所代表的"格式塔艺术心理学"，他在解释外部世界和内部世界的力的本质时指出："一颗贝壳或是一片树叶的形状，是产生这些自然事物的那些内在的力的外在表现。当一棵树的形状呈现在我们面前时，它就把生长这棵树的全部生长力的活动展现在我们眼前了。大海的波浪，星球的球形轮廓，人体的复杂轮廓线，这一切都反映了那些创造这些形状的力的活动。"用这种观点解释服装审美的情感就比较合理，它综合了移情说的主观作用和客观事物性质说的优点，主客兼顾，以大脑力场为中介，把内外两个世界沟通起来。这就是服装审美情感研究的重心所在，也是服装审美情感的特点，即服装一定要在与人体的结合中才能产生审美情感。

客观事物和艺术形式之所以具有人的情感、性质，主要是客观事物的力（物理的）和内在主观的力（心理的）在形式结构上有"同行同构"或"异质同构"，它们在本质上都是力的结构，当这些结构在大脑力场中达到契合和融和时，客观事物与人类情感之间的界限就模糊或消失，这就使客观事物具有了人的情感性质。理解了这一点，对人们正确把握服装审美情感是很有帮助的。

（四）理解

理解也叫思维，是指对客观事物的理性思考和认识，但这种理性的认识不同于理论上的概念、判断、推理等思维形式，它与感觉、知觉、想象等心理要素一样，都是源自感性认识基础上对客观事物的反映，即审美的本质，是审美活动中不可缺少的一种心理要素。黑格尔把这心理过程称为“充满敏感的观照。”他说：“‘敏感’一方面涉及存在的直接的外在的方面，另一方面也涉及存在的内在本质。充满敏感的观照并不把这方面分别开来，而是把对立的方面包括在一个方面里，在感性直接观照里同时了解到本质和概念。”这里，黑格尔一方面肯定了审美心理过程理解这一要素的地位，另一方面还揭示了审美理解寓于感性直观的思维特点，即始终不脱离形象性。王朝闻指出：“审美活动中的思维，正如其他心理因素一样，为什么属于审美活动的重要原因，在于它始终不脱离感性具体性的形象，始终伴随着与形象密切相关的情感活动。没有特定形象，引不起特定情感的波动，那就只能说是一般的思维活动而不属于形象思维的审美活动。”同时，这时的思维充满多义性，无明显的阶段性。因此，审美理解是对事物本质的认识，是一种区别于感官快适的精神的愉悦和理智的满足，即一种艺术活动。正如苏珊·朗格所说：“艺术，就是将‘情感生活’投射成空间的、时间的或诗歌的结构，这些结构就是情感的形式，就是将情感系统地呈现出来供人认识的形象。艺术的本性就是将情感形象地展示出来供我们理解。”

那么，如何通过“感性直接观照”达到对事物本质的理解呢？这主要是从对象的形式中融合着的意味的直观性把握。钱钟书在《谈艺录》中说：“理之在诗，如水中盐、花中蜜，体匿性存，无痕有味，现相无相，立说无说”。这里，意味之于形式，即如盐溶解于水，虽不露痕迹，但盐味尚在。就服装审美理解而论，排除服装的物质材料，就其构成的形式进行讨论，是可以有多方面的理解的。从对服装风格进行分类就可得到多种理解。如以地域特征概括就有波斯风格、墨西哥风格、中国风格等；再以艺术特征概括就有哥特风格、巴洛克风格、洛可可风格、超现实主义风格、波普艺术风格等。还可从文化群体、人的气质、服装造型等方面加以探讨。这各种不同的风格都可以引起不同的思考，从而对某种服装真正达到审美的理解。比如说，超现实主义在服装界就很时髦，人们常常可以在一些大师的设计中见到它的形象。这种艺术思潮，在服装界为什么如此有市场呢？大家知道，随着物质文化生活水平的不断提高，人们对服装的审美需求也逐步提高，都期待新的构思和新的手法的不断问世。超现实主义进行非理性的艺术创造正适合了这种心理状态。所以，那种趣味性、幽默性和新鲜感的服装在社会上就备受重视。至此，人们就可以理解超现实主义服装了。

此外，服装造型的形式要素、色彩、装饰等，也是服装审美“理解”所必需的过程。

以上所述各心理要素的活动规律及其审美作用，纯粹是为了行文的方便。其实，在审美过程中，各要素之间是相互配合进行的。如人们对一款服装进行观照评价时，大多是感觉、知觉、想象、情感和理解等因素共同进行的，而不是分层次、分阶段的，它们是相互渗透、相互作用的综合结果。因为当审美主体集中于审美对象时，内在诸要素就进行积极的调整和组合，当与外界对象达到契合时，审美情绪也就发生了。人们对服装的审美也是如此。有时有感于服装的局部（图案），有时从整体着眼（造型），然后发表对服装的观感，这其中四要素或前或后，或多次作用，才使观感升华为理性的精神活动，决定对其的感觉：肯定或否定。这里，四要素的谁前谁后，难以分辨，也没有必要一一搞清。总之，它们之间互相依赖，互为基础，共同担当起审美的重任。这是确定无疑的。

二、从众心理

现代人之着装，大多会找有关人士进行咨询探讨一番，诸如下季或眼下衣装时行之状况、搭配上有何要领，等等，借此为自身的装扮提前做些“功课”，以紧跟时尚发展之趋势。此种心态，人们往往称为“随大流”。从服装流行的角度说，就是从众心理。

作为社会成员的每个人，其言行必然受法规的制约，就连生活中衣着那样的日常小事，虽无一定之规，更没法律条文限制，可身处某个环境，其穿戴与之相抵触、相背离时，他必定会遭致责难、冷眼，而从精神到心理感到一种看不见的无形压力，即个人背离了群体的规范，遭到群体压力。这是指群体成员共同的穿着指归和衣着态度，它虽由个人态度构成，但却制约着群体的衣着倾向；它虽不具有成文法的权威，可是从心理上对个体进行掌控，使你不得不放弃原本的着装态度，而服从群体大多数人的共同行为。这就是服装的从众心理。究其原因，这是在社会时尚、群体氛围、环境暗示、舆论倾向等因素的作用下，个体心目中实际存在、或头脑中假设存在、群体压力所导致。

穿衣戴帽各有所好，这个“好”字，就是着装个人的爱好、喜好，是情感的自然流露，这就是“服饰感情”，并由此发展为“群体服饰感情”。它是维系服装从众的重要因素：以情感为纽带。因为每个人的着装主张并不相同，是在群体压力下，才趋向一致的。

服装从众行为，在生活中很普遍，也是造成服装流行的重大心理推动力。改革开放之初，我国城乡各地到处时兴穿西装，显示了国人对西方服饰文化的推崇，而女性的黄裙子、红裙子等，一波又一波地轮番上场，显示了她们对美的追求、渴望的那种本能。所以，很好地把握人们的从众心理，会有助于造成服装流行的崭新潮流。一款脱胎于唐代的小襦衣，从 2005 年秋一经问世，受从众心理的驱使，迅速受宠于市场，从梭织、针织、皮革等不同材质的相继跟进，极大地丰富了服装市场，更成功地点缀、衬托了女性的装饰之美。

三、消费心理

企业推出的服装，要想得到社会的承认，产生较好的市场效应，实现预期，就必须注意研究服装的消费心理。因为人们的着装心理是多种多样的，可以因人因地而异，也可以因职业因年龄而异，还可以因修养因民族而异，以及不同的文化背景等，这些都可以在服装消费者的心理上留下深刻的印记。如童装，要顾及儿童的生理及心理因素，色彩多运用鲜明的纯色调，或甜美的柔和色。而青年人最为活跃，极易受外界的影响，他们往往是服装改革的先驱，是服装流行的重要启动力量。老年人因年龄的关系大多不太以时尚为追慕的对象，而较为留恋传统型的服装，不愿为此承担风险，但求实用。随着社会开放度的扩大和深入，各年龄组的服装消费心理也随时间的推移而发生变化。这种变化，反映了社会的进步，文明程度的提高，主要是消费者本人修养的提高，并体现在以下几点上。

（一）个性特征

服装消费市场的不断变化，固然有客观的市场规律在起着调节作用，但这是以消费者本人的主观因素为指归的。这就需要研究消费者个人的心理特征。首先应摸准消费者的审美脉搏。

服装是日常社会生活的必需品，更是蕴涵文化的个性反映，所以，个性在衣着生活中占有很重要的地位。个性（personality），也称“人格”，源自古希腊文 persona（面具），指戴着面具表演戏剧中不同角色的典型人物。这是心理学中一个重要的概念，各家立论相当多，限于篇幅，这里不详举。大体而言，个性（人格）是指个体在社会环境中形成的、不同于他人的身心质素（心理特征）的总和，诸如兴趣、态度、动机、能力、性格、气质等，具有整合性、倾向性、稳定性。

世界第六届“金纺轮”时装设计大奖的获得者雷末・克拉森在颁奖仪式上，不无感慨地说：“现在的妇女懂得太多了，她们对设计师的要求太高了。许多人认为时装设计师是整天听着轻音乐，喝着香槟酒，摆弄着模特儿的人，这其实是种偏见。说实话，以后我们恐怕连睡觉也要梦着时装了。”的确，随着消费者审美水平的普遍提高，人们变得越来越挑剔了：一方面，现代消费者一般都受过良好的教育，社会经验丰富，精于打扮，他们的审美能力和服装美学知识绝不会比艺术院校的学生差。另一方面，当今的服装艺术，越来越被看作是社会现象而并非是某些个别天才的独创；随着服装的愈益平民化，就使得更多的人加入这个行列亲自实践服装的创造和欣赏，讲究个性的体现。

其次，研究消费者个性的心理特征。在了解消费者个性的前提下，对其心理特征进行分析，无疑是对消费行为有着重大的、直接的、十分现实的意义。心理学指出，个性心理特征是在长期的社会（生活）实践中逐步形成的，每个人都是作为个体而存在的，一切心理过程也总是在具体的个性中进行的，它既具有一般心理过程，又带有各自鲜明的个性。这表明，每一个人的心理都各不相同。世界上两个个性特征完全相同的人是没有的。这就是每个人的能力、性格、气质截然不同的原因。能力、性格、气质是构成人的社会消费的主要个体因素，是一切的消费行为所不能或缺的，是相互联系的有机整体。能力是指一个人的智力、知识和技能，即每个人完成某项任务所必需，并直接影响效率的、表现在认识客观事物方面的心理特征。对服装消费者来说，他们对服装的识别能力、挑选能力、评价能力、鉴赏能力等，直接影响他们的消费行为，即决定购买与否。

而性格是一个人对现实的较为稳定的态度和与之相应的习惯化了的行为方式。它原是希腊语，是“特色”“记号”“特征”的意思，是构成个性的重要方面，是一个人的个性中具有核心意义的个性心理特征。性格特征在消费行为中具有重要的作用，表现多种多样。这是服装设计中千万不能忽视的。有些服装之所以在市场上大为走俏，除了其他的因素外，性格上的吻合也是一个极为重要的条件。而这些与人的气质有相当大的关联。

所谓气质就是日常生活中所说的“脾气”“性情”，是一种存在于人身上天生的、相当稳定的独特的个性心理特点，它是人的高级神经活动在人的行为上的表现。根据俄国著名生理学家巴甫洛夫的研究，发现人类可以分为四种不同的神经类型。兴奋型、活泼型、安静型和抑制型，而这四种基本的高级神经活动类型所体现的心理特点，就相当于四种气质表现：胆汁质类型、多血质类型、黏液质类型和抑郁质类型。

胆汁质类型的人，情绪易于激动，脾气暴躁，经常像暴风雨似地暴发，但很快就平息。这类人的神经兴奋和抑制力量都相当强，但兴奋往往大于抑制。性格表现为热情、开朗、刚强、直率、果断，通常称作“急性子”就是这些人。

多血质类型的人，容易动感情，兴奋和抑制力量都很强，两者交替灵活，并有明显的外部特征（如言谈、举止），但情感体验不深刻、不稳定，也极易变化。他们处事机灵，活泼好动，适应力强，善于交际，说话与行动都很敏捷。通常称“活泼”指的就是这种类型的人。

黏液质类型的人，神经兴奋和抑制力量都强而平衡，但两者交替不灵活。这些人沉着冷静，不动声色，外部表情不明显。他们虑事周密、有条理，从不紊乱，但灵活不够，不喜交往，沉默寡言，行动迟缓，遇事冷静、稳重，缺乏生气，极易守旧。通常说“慢性子”指的就是这种人。

抑郁质类型的人，神经兴奋和抑制力量都较弱。这些人感情深厚，不易与人交往，爱一个人独处；难于适应新环境、新事物，很少活力，情绪脆弱，多愁善感；性格温柔恬静，优柔寡断。通常称作“孤独”指的就是这类人。

以上是对四种气质所作的概括说明，旨在明确在整个心理活动中，所染上的个人独特的色彩，这种独特的个性色彩形成了不同的消费行为。对服装来说，就是如何依据这四种类型做好设计工作。研究表明大致有如下六种消费行为：

习惯型。以黏液质和抑郁质的人居多。这类消费者对某一商品（如服装）十分熟悉、信任，注意力稳定，形成消费习惯。

理智型。以黏液质的人居多。这类消费者对商品多爱挑剔，比较、考虑较多，以自己的个性主导消费行为，不易为他人左右。

经济型。以抑郁质和多血质型的人居多。以价廉物美的商品为消费对象，在我国是个较大的消费群体。如何向这些人提供时新的服装，是一个很值得研究的课题，特别是现阶段，更有发掘它潜在能量的必要。

冲动型。以胆汁质的人居多。这类人的消费行为喜欢从个人的兴趣出发，目标往往集中在新产品的“新”上，对商品的效用、性能并不在乎。这是服装流行的推动者和中坚力量。

情感型。以多血质的人居多。这类消费者的想象力和联想力特别丰富，审美感觉较为灵敏，他们对商品的造型、色彩乃至命名都极感兴趣。

年轻型。各种气质的人都有。这是一个新起的消费层次。这股消费大军在服装潮流中举足轻重。他们在人生的自我陶醉和恋爱的两个时期，最注意装束打扮，不考虑舒适和需要，一味追求时髦，以满足个人的欲望，意在强化个性和个人的外观魅力。

所以，服装设计师和生产者就必须充分了解年轻人这一着装的个性心理特点，尽一切可能去迎合和满足青年这一时期的需要。

（二）需求特征

“推动人去从事活动的一切，都要通过人的头脑，甚至吃喝也是由于通过头脑感觉到的饥渴引起的，并且是由于同样通过头脑感觉到的饱足而停止。”

这就是说，需求是人类从事一切活动的基本动力，它通常以愿望、意向的形式表现出来。然而，众多的消费者的愿望和意向是并不一致的，千差万别，且有层次高低之分。这就是服装消费的层次性。1954 年，美国心理学家马斯洛（A. H. Maslow)对人们的需要进行研究后提出五个层次，这是一个由低向高发展的阶梯层级。

这个层次需求图说明了一个基本道理，即人们的需求总是从低向高发展的，并且是相互依赖和相互重叠的。当高层次的需求得到满足之后，低层次的需求还将继续存在，它仍然是人们消费的存在形式，向更高层次的追求也永远不会停止。这一消费层次与上文所述四种气质下的六种消费行为的主要精神是相通的。下面就服装简略叙述一下这五个层次的消费状态。

大家知道，服装最基本的功能就是满足人们的御寒保暖、免遭伤害，这就是马斯洛需求层次中的生理需求和安全需求。当人们在进行交往时，不管范围的大小，都希望得到别人的重视，从外表说，即借服装的衬托以显示自己的与众不同，以引起对方的注意。这就是交际需求。当借服装表示自己的社会地位和自我表示并希冀得到别人的尊重时，服装的自尊需求就发挥了作用。然而，当这四个层次都获得了一定程度的满足后，消费者的需求欲望就会催促他去追求更高一个层次的需求，以实现最大限度地发挥服装的功用。马斯洛继续指出：“如果一个人要从根本上愉快的话，音乐家必须搞音乐，艺术家必须搞画册，诗人必须作诗。一个人能够成为他必须成为的人。”这就是自我实现需求。其实，五个层次的需求，前两项是基本需求，后三项为发展需求和自我实现需求。诚如恩格斯所说，人们必须首先有了吃、穿、住，然后才能从事政治、哲学、宗教、科学、艺术等活动，其道理是一样的。我国民间俗语“衣食足而知荣辱”，是对需求层次论的具体形象的高度概括。“衣食”乃基本需求，“知荣辱”为发展以后的需求。这分别阐述了马斯洛的前两项和后三项。

研究需求层次对组织生产、指导消费，颇为有益。如服装的消费就尽可能做到有的放矢，即有针对性激发消费、活跃市场。

人们的消费需求特征除上述层次性之外，还具有无限性。因为人们的需求是没有止境的，一种需求得到了满足，另一种新的需求欲望就会紧跟而来。况且，人们的需求总是遵循由少到多，由单一功能到多功能、由老式到新颖、由粗陋到精细、由低级到高级这么一个模式。人们对服装的需求也是如此。过去的“一衣多季”，而如今的“一季多衣”，就是这种无限性的具体实例。

在拥有套装者中，主要用于社交或消闲时穿着（占 58%），至于在特别场合或上班时穿着而购买套装的人，只分别占被访者的 24%和 18%。尤其是那些追逐时髦的消费者，他们需求的无限性更为典型。如今往往存在这种情况，今年流行的服装，到明年就成为落伍者，甚至是上半年时兴的，到下半年就被淘汰了。文化程度越是高（含生活水平），人们对服装的需求就越具无限性。再者，服装质地的提高也反映了它的无限性。仅以面料分析，大家可以看到，面料起则以棉平纹布为主，后转为卡其、华达呢为主；尔后由棉布转向化纤，再由化纤转向呢绒、绸缎，如今的新品面料更是层出不穷。这些都是服装消费需求无限性的有机因素，即服装质地的提高促进需求的无限发展。

时至今日，我国消费者对服装购买的兴趣，已越来越浓厚。尽管喜欢打折，但更看重质量，关于性价比，有 86%的人愿意为高质量支付更高的费用，明显高于全球 67%的平均值。且舒适和时尚已成为消费的两大趋势，着重于流行服装的购买，人数达 36%，远高于全球的 26%。调查还表明，服装中的牛仔品类高居榜首，可见人们对牛仔服的穿着热情。

为了进一步指导市场，对消费动机还有研究的必要。从心理学一般原理的角度分析，消费动机还与求实动机、求美动机、好胜动机等消费心理因素相关联。

求实动机。这是以服装的实际功能为消费目的的，它的核心是“实用”“实惠”。这类消费者在选购服装时，特别注重实用性，即它的内在质量、效能、穿着方便，而不讲究服装的外观是否时新。这类人在城市不多，但求实动机的消费在广大的农村却颇有市场。这是由于经济收入还不太富裕的缘故，因此，求实动机的消费是不应被遗忘的有潜力的市场。

求美动机。这是以服装的欣赏性为消费动机的，它的核心是讲究装饰和打扮，重在美感。这些人大多以中青年男女和娱乐圈、文化界人士为主，他们特别注重服装的款式、色彩和面料，也很重视服装的档次及其名气、风格，使之更好地发挥美化人体的作用，并不重视服装本身的使用价值，而是从中得到美的享受，重视服装美学价值的评估，其消费行为之比例已明显高于服装的实用功能。

好胜动力。这是以服装作为争赢斗胜为主要消费动机的，它的核心是“处处都想胜过别人”。若有人穿一款新装，他也不甘落后，马上一袭加身。其实，这是一种癖好心理动机，为的是超过别人以炫耀自己。因为背离衣着和外表的规范最初一定因其稀奇而引人瞩目。英国著名美学家贡布里希说：如果一种显耀竞赛在发展，“那么在其他竞赛者面前的选择，显然是要么把这种特别的行动作为一种无效的怪癖而予以忽视，听凭它去；要么竭力仿效它并且盖过它。一旦加入角逐，如果要保持人们的注意，就必须占有王牌来胜过那种对规范的特别背离。”这正切中了好胜动机者的心理。

这样分类是为了醒目起见，也是为了研究的方便。其实，生活中消费者的心理动机不是单一的、绝对的、固定不变的，它们往往是相互转化的。如青年女性在挑选服装时，一般以求美动机为上，要求服装款式时新，但是，如果价格过高且本人经济状态又不太宽裕，那么，她只能转而求其实（价廉）。此时，占上风的是求实心理动机。这也是挑选服装的大多数消费者的普遍心理，由求美开始转而以求其实而结束，这是一般的消费者的心理过程。同时，每一个消费者个人在不同的场合所担任的消费角色也是不一样的，极易产生消费差异。以男士为例，若以教师形象出现，那他的消费动机注重服装的端庄大方，有为人师表的含义；若给妻子买服装时，那他的消费动机则以时新为尚，带有装扮的成分；若给孩子置衣，那他的消费动机则以活泼为主，有喜爱之情。这就是服装消费者（推而广之，即一切消费者）角色多重性所出现的消费差异。

不过，若再仔细推敲，若从年龄、性别这个角度进行分类，我们还可以分为女性、男性、少年儿童、青年、中年、老年等消费层次，这都是服装设计者和经营者所着力考虑的，以适应最广大的消费者需要。此外，在研究服装消费者的心理特征时，还不应该忽视社会、文化、经济、政治等因素对消费者需求的影响。而社会的发展，百姓生活水平的提高，特别是物质的丰富，也不同程度地改变了人们的消费心理。以往的物资短缺、匮乏，造成了购物重实用，讲质地；进入市场经济后，货品的充沛，致使人们追求“体验感、真诚感”，讲究购物过程的实际感受，他们愿意花钱，而把时间节省出来，这是现代人所缺乏的，也是与以往截然不同的消费群体，故被称新消费者。这些人注重个人风格，独立自主，“他们愿意参与，也具有消费相关问题的知识，在日渐增多的小众又分裂的市场中，他们已经扮演相当重要的角色。”其购物已不再把焦点放在“需求”（need）上，而是注重自己“想要”（want）买什么，注意的是（目的是）能让自己生活更快乐、更富足、更有价值的机会和经验。

这里，已涉及流行的形式问题，即类型和规律。服装世界缤纷万象，流行更像万花筒，稍不留神，新的花样就在眼前，似有不好把握之感。同事物发展都有规律一样，服装流行虽纷繁一片，可也是有规律可循的。研究发现，它经酝酿、萌发、兴起、高潮、衰退这一过程，可发现它具有偶发型、象征型、引导型（从其形成途径和流行态势概括）以及稳定性、一过性、交杂性（从其演变结果和流行周期考察）。简单而言，亦可概括为自上而下、由下而上、点面扩散等几大类型。

（三）新消费观

这里，有必要对受社会环境宽松而兴起的一个全新的消费层次再作叙述。这是有别上述普通传统消费的另一颇具市场影响力的新消费群体。他们穿小紧身衣、厚松糕鞋，显腰肢露肚脐，染彩发修长甲。谓之争奇斗妍、鬼魅多变，亦不为过；姿容也略显矫饰造作；语言上更以“cool、High”为领衔词，诸如“酷毙了”“帅呆了”“靓哥”“辣妹”“鲜活某某”等挂嘴边。所以，这些显山露水的表达形式，在许多人眼中简直是“另类”，也称“新新人类”“新生代”，这在以往是不敢想象的。这是一个需要风格、趣味多变的消费群体，热情、奔放是他们的性格特征，着装风格讲趣味、偏中性、重情调、爱卡通、间或有些民族风情的表达。由于他们的生活态度和消费心理表现得比常人更自我、更轻松、更洒脱，对服装品牌有更强烈的意识感和判断力，在追逐的过程中既有团体的认同倾向，又有个性的挥洒张扬。尽管他们消费方式游移不定，但它的潜在市场是巨大的。“不在乎天长地久，只在乎曾经拥有”道出了他们对情感生活的消费态度，因此，不能不重视这个迅速成长、不断壮大的群体的消费心理。因为，他们已是社会不可忽视的群体，流行歌曲唱着他们心声，迪厅里有他们的怦然心跳，现代绘画表现着他们的身影，小说艺术中诉说着他们的情感和欲望，等等。这是精神思想的解放、观念意识的开朗营造的对人性的理解与尊重，是社会进步的表现，是文化丰富所造成的生动活泼的局面，更是由坚实的经济基础所导致的。

第四节　服装流行趋势

一、门类品种功能多

21 世纪，是个社会高速发展的时代，高新技术成果大量运用于服装领域，使“无缝西装”“黏合衬衫”等可望面世，给时装以全新的面貌。服装的功能更加人性化，而各种新颖面料的不断问世，更是加速了功能性服装的研发，人类的服装穿着，将会变得更舒适、更便捷、更适用。有研究甚至说，若干年后，人们在穿着方面，一衣竟有多种功能，能食用、防蚊、可发电，还有永久性防水、防火、防污、防腐蚀等特种功能的服装，可满足人们各种不同用途的需要，给人类的生活带来更大的便利。这简直是太神奇了。

这是功能面料的开发为人们的穿着带来的福音。尽管价格不菲，可购买者颇多。欧洲的百货店中的功能面料的服装售价，常常是普通棉衫的两倍多。中国也是如此，含有莫代尔、大豆纤维等新型面料的内衣，其售价常常是普通内衣的几倍。通过提高面料的科技含量和时尚元素，赋予产品更高的附加值和更强的竞争力，这已成为全球纺织服装企业的共识。

二、设计整体个性化

服装设计更加注重人体的整体性，讲究全身的对称与和谐，如上衣与裤子的协调，之外，还需考虑与其他服饰的匹配，诸如鞋、帽、裙、衬衣、领带、包袋等的相配，并且还应把发型、脸型、体型、皮肤、头发颜色等，也纳入设计范围之内，从而使设计之服装更加合身，更具整套的服装美，并更趋个性化，在款式、用料、色彩、配件等方面加以体现，唯以多品种、小批量、高质量，才能与其相适应。

三、专用设备集成化

服装设备功能集成化，一个操作工可同时操作几台设备。钉扣、锁眼、缝领、包边带缝合、熨烫等组合性设备，已在德国成为现实。操作工只要在一只送料装置上放上裁好的衣片，组合机就能自动完成送料、定位、缝制、折叠等动作。电脑控制技术进一步向纵深发展：三维立体设计，能把服装效果图转换成样板图；还能模仿面料的质地、织法、悬垂度实现电脑三维模拟表演等，使之完美逼真。有好些国家还加快了机器人研制，以期无人操作的服装生产系统的早日实现。

四、电子商务一体化

服装电子商务在互联网上广泛应用，使之与生产企业相沟通，与消费相结合。所需服装信息一旦从网上发出，服装品牌、服装设计、服装面料、服装企业等一系列电子商务活动就会即时开展，企业即可按订单快速组织生产。这种以消费者为导向的新时装产业结构，极大地缩短了原料、成本、货币的转换时间，使商品和原料的规划同步进行，降低了生产成本和产品价格。这就为全球性的服装集团的产生打下基础。

五、设计内涵重文化

进入 21 世纪，社会事件对服装文化的影响力，超越了以往的任何时代。于是，人们对文化具有更为迫切的需求。21 世纪是文化的世纪，特别是世界范围的反战、反恐怖情绪的高涨，使戎装风格的服装大为时兴；再有世界范围各种疫病的传播，使人们陷入深深的恐惧之中。渴望回归、渴望平静，是世人所热烈向往的，从而导致服装风格的休闲化和复古回归化。这就要求服装设计师在创新中孕育不同的文化意味。再者，人们普遍认为，网络是现代的，而民族文化是后现代的，服装的文化内涵更要继承民族传统，寻觅中华民族传统文化之魂，即中华民族精神的传承发扬光大。据此，服装设计中复古、怀旧风情可望重新回归。

流行是一种文化现象，是社会文明的产物，在现代社会，其更具时兴性、大众性、短暂性、周期性等特征。服装流行，实质上是在某种社会环境下，消费者个性的汇集和综合。引发流行的因素可归纳为重大事件、影视作品、体育赛事、明星装扮等。人们对服装的好恶、赞美与贬斥等，除了事物本身的客观因素之外，人们的心理因素往往占据了很重要的位置。在从众的群体作用下，还和人们的心理关系密切，即通过感知、想象、情感、理解等心理要素，共同构成审美经验的理性导入和中介。服装消费市场的不断变化，就需要研究消费者个人的心理特征，及根据马斯洛（A．H．Maslow）的需要五个层次由低向高发展的阶梯层级。而对“新新人类”“新生代”也应该特别予以重视，这是个需要风格、趣味多变的消费群体，潜在市场巨大。21 世纪是个文化的世纪。高新技术成果被大量运用于服装领域，服装设计更注重人体的整体性，服装设备功能更趋集成化，服装电子商务应用广泛，文化的影响力超越了以往的任何时代。

第七章 服装在印象中的体现

通常人们多有这样的经验，初次求职面试时，总要对自己进行一番修饰：男装得体，女装时尚，以外观传达信息，增加成功率。而处于觅偶交友时期的男女，双方总会注重衣着打扮，以悦目之装容博取对方的信任与好感。出席重要会议，多会着正装前往，以显重视。这些所体现的外在观感和印象，多以个人为主，间或有团体（企业装）和国家的，如中共十三大后政治局常委的全体西服亮相，就向外部世界传出“中国决心改革开放”这样的重要信息。这就是服装的外观印象魅力之所在。本章就此讨论第一印象的形成，人际交往中的服装功能和印象魅力的整饰。

第一节 第一印象

人们在平时的交往中，总会碰到不熟悉的陌生人，而对其作出评判的依据，就是该人的外部资料。这样所得的信息就称为“第一印象”。

一、“第一印象”的形成

（一）“第一印象”

人与人之间的交往，产生感觉或印象，属现代社会之必然。人们在交往时，除了听言、观行之外，衣着装扮也是很重要的外观符号（文学、影视等作品中多有见之），它是人们进行印象认知判断的综合依据之一。例如，新兵入伍，新生到校，去新单位就职，所碰到的人皆是陌生的，毫不认识。这里的言行是因素之一，然外表因素是最初有效的印象认知的依据。服装就是外表判断的形象客体，是了解一个人不可或缺的。俗话说，只要看上某人一眼，就能知其职业、性格等信息之大概，即民间的“相貌识人”。有人曾做过实验，某幼儿园衣着入时且长相漂亮的孩子，往往会受老师的宠爱；反之，多受冷落。这也是以貌取人的一种形式。

研究表明，一个简单的眼神视觉行为，仅30秒，就能判断某个陌生人的性别、年龄、民族、职业、社会地位，并可推论出他的气质、人际关系、为人态度等特质。为什么能如此快地做出印象判断呢？

两个素不相识的人，第一次相遇就其性别、身材、妆容、年龄等因素，而调动自身经验积累之库存信息所形成的印象，称第一印象。在众多信息中，性别、年龄、着装这些关键信息，起着判断的重要作用，即对初识者作出职业、性格、地位的判断，这就是第一印象的形成。

（二）印象判断信息源

作为心理现象，服装之于印象判断是很关键的信息源，这是每个正常人都有过的经验，并有过不同程度的实践，都得到服装载体所透露的某些信息所“暗示”与“提醒”，即服装是认知人的第一印象的重要载体。熟悉世界金融的人，见身穿红色背带、在 Le Cirque 餐厅用餐，后改穿马球衫、在硅谷沙山街风险资本公司玩桌球的人，便知这些人是20世纪八九十年代华尔街的实力派经纪人；现如今，每逢周一早晨，以白衬衫、细条纹西服的装束，出现在位于公园大道的黑石集团（Blackstone Group）公司总部的华尔街的新贵们，人们便知这些人具有哈佛商学院教育的背景。这是衣着外观所传出的信息。在当今变动的都市化的社会里，人与人之间的频繁接触自然是短暂的，虽然不受个人情感影响，但“最初印象往往是形成的唯一印象，而只为了实用的目的，服饰成为包括一个人在内的感知领域的不可分割的紧密部分，服饰不仅提供有关自我、角色和地位的线索，而且还有助于设定感知一个人的场景”。服装在第一印象中形成的重要作用，由此可见。

（三）服装印象效应

据上述所言，可称之为服装印象效应。它的形成是有其自身特点的。这就是必须受服装群体业已形成的穿着习惯、定势及流行因素之时尚文化的影响。当与他人初次相遇，就其相貌特征、衣着服饰的有限信息，依据自己所学之积累（自身装扮经验、媒体传播等），对初认识者作出定量特点的判断，即从衣着时尚与否推论该人对潮流之态度，对流行掌握之程度，对服装文化理解之程度，进而推知其性格、特征、爱好、兴趣等，所以说服装是印象形成的“介绍信”，怕也还在理。

因此，服装在第一印象中的作用是不能忽视的，其地位之显要，上文已有所述及。选择适合自己的服装，是应斟酌的。因为它是个人信息的重要载体，万不可因穿之不当，或不利生活，或影响工作。这对现代生活文化的竞争，尤显重要。

当然，第一印象的形成，也不是一成不变的，它会在日后的继续交往之中，会有所修正，有所完善的。

二、印象形成的信息整合

（一）印象信息整合

印象的形成，主要是认知主体对认知对象及其所处的环境所作的认识判断。认知主体就是印象的形成者，他往往根据自己的活动、经验、人生观、价值观、爱好及大脑认知系统的信息储备，对被认知者作出印象判断：由外部特征的仪表、神态、相貌这些非语言表情，进而调动自身的生活积累，开展认识判断，这就是信息整合。特别是作为仪表重要组成部分的服装，往往是最吸引人注目之所在，衣冠楚楚，西装革履，往往多受礼遇，办事也容易些。不过，上当受骗者，也因此时有发生。这表明“以貌取人”，也不尽可靠。尽管人们对此颇多微词，但仍然还是经不住装扮的“诱惑”，屡戒屡犯。

因为，爱美之心，人之天性。人们的一切活动，全是为了创造美。所以，在长期的社会实践中，人们创造了美的服装文化，形成了群体性的约定俗成的穿衣戴帽之规则。因此，人们非常乐意与衣冠整齐、穿戴得体的人交往，其依据这些信息而整合出的印象得分，也就相应高；相反，衣装不合俗规，于群不合，往往多遭排斥，印象得分不仅相当低，而且还会划归另类，甚至还会斥为“异端”，也有个性化的称呼为“新新人类”。

（二）整合模式化

说到信息整合，还须涉及刻板印象和光环效应，这在其他教材中阐述颇多。刻板印象，是人们头脑中对某类事和人形成的较为固定的看法，先入为主，不易改变，受传统意识较深。服装穿着不求中规中矩，起码应该是符合规范的。如 20 世纪 80 年代，面对穿喇叭裤，手提四喇叭音响，留长发的青年，不少人见之，不仅不认可他们的穿戴形式，而且还由表及里对他们的人品提出质疑，认为这不是好人、正经人的装束。有的甚至还告诫子女，万勿与之交往，以免受影响被带坏，所谓“近墨者黑”是也。

与之对应的是光环效应。此说易于理解。“一俊遮百丑”，夸大了的社会印象和盲目的心理崇拜。其产生的根由：即什么都好，反之亦然。生活经验：“A 的特性会含有 B 的特性”，所以见某人具有 A 的特性，往往会推断他必有 B 的特性。这是明显的个人主观判断，它在第一印象的形成中有较大引导作用。“情人眼里出西施”，是这种逻辑推理的结果。

第二节 服装在交往中的功能体现

社会上的每个人，都会有相应的联系，或业务拓展，或求职就业，或购物消费，其中的种种行为，即称为人际交往。在彼此认知的前提下，还会产生某种情感性的倾向：或爱慕喜欢，或厌恶排斥，心理学称为“人际吸引”，它是认知的深化。而随时间的推移，交往的频繁，人际的沟通就发生了，它是第一印象的深化，也是“人际沟通”的具体表现。在彼此吸引、沟通的过程中，双方皆为主体，服装作为外在的形式符号的作用，是颇为关键的。

一、服装的符号性

（一）符号学

符号学在英语中有两个意义相同的名词：semiology 和 semiotics，词义相同。区别在于前者由索绪尔创造，欧洲人喜欢用；后者为英语区域所喜欢，是对英国人皮尔斯的尊敬。皮尔斯符号学认为，凡符号都由三种要素构成，即媒介关联物、对象关联物和解释关联物。每个符号都具有三位的关联要素。自然中的石块没有意义，但被打磨成石斧而作为工具时，该石块就被标示出特定的含义——石斧、石镞，此时的石斧、石镞就构成了符号。据此可以看出，符号是意义与对象世界之间的结构关系，并据此融合为统一的符号系统，在一定的环境中发挥解释作用。

符号学最早由西方学者阿兰·丘林首先创用。他根据计算机语言符号的原理，设计出一种称为“丘林机”的语言符号系统。

符号学所发现的是，支配社会实践的规律，或者如人们所喜欢说的，影响任何社会实践的主要强制力在于它具有指示能力。任何语言行为都是通过手势、姿势、服饰、发饰、香味、口音、社会背景等“语言”来完成信息传达的，甚至还利用语言的实际含义来达到多种目的。

服装穿戴是人际交往的符号，也是一种语言，且都是有个性的语言，通过这些个性化的装束，给人以第一印象；再辅以语言，姿（肢）体等其他符号，就可以对一个人作出初步判断，并以此进行交流、互动。这方面研究成果显著的是执教于美国芝加哥大学的米德（Mead），一位社会心理学家，还有他弟子布鲁默（Blumer），都是符号互动理论的构建者和积极推广者。布鲁默的学生考夫曼（也是以服装为研究专题的社会学家）在研究中指出，在社会互动中，人们会采取各种策略把自己呈现于他人面前，“就某方面而论，服装是可以促使个体符合社会角色的戏服”。这种见解很形象，很容易理解。

（二）服装符号及含义

了解心理学的人都知道美国曾做过一个著名的“监狱试验”，由招募来的智能和品质并无差别的学生，分别装扮“看守”和“囚犯”。时间为期两周。随着实验的进行，双方的神态和行为发生了巨变：“看守”以粗野的言行威胁、侮辱“囚犯”，且多具强迫和攻击性；而“囚犯”迫于压力，变得越来越服从，唯唯诺诺，且伴有愤怒、精神抑郁等心理疾病的征兆。这同龄的青年学子，何以发生如此巨大的变化呢？实验主持者吃惊之余，不得不中止进行了 6 天的试验，提前释放“犯人”。这里，两组人所穿的服装，起到了界定双方身份的作用。前者土黄色制服（即“布袋衣”），戴反光墨镜，手持警棍和手铐等权力象征物；而后者犯人所穿则为囚衣、囚帽，且前胸后背印有识别之号码（名姓被剥夺）。

这扮相与日常传媒警囚形象有关，即处于支配和被支配的地位，大脑中早已形成印象定势，是这两组学生装扮的“无声语言”的媒介作用，促其心态、行为等发生了巨变。这表明，整个过程的关键，是服装所具有的标示作用和象征意义，即此时的服装已成了某种符号。这就是美国社会心理学家米德的“符号相互作用论”（也译作“符号互动”，symbolic interaction）人际互动机制。他论道，人类的相互作用是为文化意义所规定的，而许多文化意义是具有象征性的。旗杆飘着块带颜色的布，那是国家的象征，军服肩章上的杠和星的数量，是军功和军中地位的象征；新娘身着的白色婚纱，是纯洁的象征。据此米德归纳道，人类的相互作用就是以有意义的象征符号为基础的行为过程。

符号相互作用论有三层意思。第一，人们根据赋予客观对象的既定意义，来开始相互之间的交往；第二，人们所赋予对象（事物）的既定意义是社会相互作用的产物，及所赋予之意义必受社会环境、空间的制约；第三，任何条件（环境）下，人们必会经历一场内心的自我解释过程，“和自己对话”，意在为这个环境确定一个意义，明确采取行动的方法。如正在行驶的汽车，司机见警察以手势发出停车信号。由于司机在社会互动和经验的指导下，已明白交警手势的含义，所以，必会做出相应的反应，包括行动的和心理的。在这特定环境下，警察制服的标签性传导于手势的强制性符号的相互作用。可以说，一切有意义的物质形式都是符号。符号在生活中到处存在，并在人们的工作中发挥积极的作用。

（三）符号的共通性

符号相互作用论还表明，当采取某种行动时，必须使自己的行为与同一社会环境中的其他人的保持一致，即了解同一社会环境中人的所作所为的象征意义。如姑娘精心打扮，并未获得期待中男友的赞赏，此即未能体察同一环境中人之行为的象征意义，互动未能达到一致，使其效果大打折扣。

人际交往的双方，若需沟通达到理想预期之效果，须有一套统一或大体相近的符号。这约定俗成的符号，可以是语言的，也可是非语言的，用来代表任何事物的社会客体。这符号的统一性和意义体系，保证交往双方的顺利沟通，不致因无法译码而发生沟通障碍。

外观的意义植根于社会情境之中，人们对其的理解也必须依此进行。当然，社会由相互关联且又分为多种多样的群体所构成，是个庞大的服装群体，每个人都处在一个服装群体中。所以，每每有社会行为发生，这不仅是个人的、个人之间的，更是群体之间的。这表明，服装群体行为，也是以服装为符号参与群体的行为。

二、外观魅力和服装

（一）服装外观魅力

在人际交往中，服装的外观具有吸引人的诱发因素。有些推广资料就据此设计了出色的作品，供人欣赏，以达到引导销售的目的。服装作为人体的外部装饰，与个人的相貌、体态共同为认知对象的构成要素。交往中，因其作为视觉的第一感知要素，所以，也可称之为首因效应。它是人际吸引中的诱发因素，以至形成令人羡慕的外观魅力，即服装的魅力。

经验表明，人们对某个人的喜好，与其外表魅力关系密切，服装及服饰等的装扮效果，给予外表魅力的影响是非常直观的，值得我们重视。这就是服装的魅力性和服装的类似性。前者是指个人着装形象对他人所产生的吸引程度，它可分为服装美的吸引力（与人的魅力性关系较大）、流行时尚吸引力和性的吸引力这三个方面；后者服装的类似性，则指交往者彼此装束的相似或相近程度，身处这样的环境，双方都可有种平和的亲切感，可改善、增进人际吸引的效果。如价值观念和态度、信念、感情与己相似的人，如穿着爱好相同，都喜欢赶时髦，就极易互相吸引。生活中，人们对相貌美、气质雅的人，常可引起基本的亲和之情，并往往能激起亲近之欲望。这就是俗称的“给予（报酬）——善意效果”。

（二）魅力心理机制

心理学家认为，人际关系的结构，包含着认知、情感和行为三个互相联系与相互制约的成分，其中以情感相悦和价值观相似为核心。

情感相悦。交往双方都通过服装认知对方，赞赏彼此的衣着打扮，尔后有进一步的接触、交往。由于双方了解的增多，遂产生了好感，并相互接纳。反之，交往不舒畅，要想发展到相悦那是不可能的。这里所说，服装是认知他人的物质载体，也是联系感情的纽带。

接近因素。人与人之间，时空距离越接近，互相交往的机会就越多。如服装企业的服装设计师与服装打板师，由于工作的缘故，交往的机会就多，容易形成共同的认识、共同的观念和共同的信念。在这种时空距离中，很容易了解对方，因此互相间的关系也就密切。当然，也就容易互相吸引。

首因效应。从心理学角度看，可包含自然的、装饰的、行为的这三大诱发因素。自然的诱发因素，主要指从服装的自然属性，即服装穿在身上的功能佳、适体性，通常总见有人穿什么都合适，好像真的是什么“天生丽质”、像“水仙似的”美，其实，是与所穿之服装分不开的。因为有嫩白色之装的衬托，加上人与服装的结合而出现的佳丽之效果。再质美之人，也需善于打扮，没有服装的适当配合，其美也是不完整的。

（三）魅力视觉外观

俗话说：“好鞍配好马，宝剑赠英雄”，说的是配饰的重要性：一是恰当，二是自然，三是简洁。服装装饰之要义，在于画龙点睛，为着装者添彩。这是视觉观察的结果。美国小说《飘》写郝思嘉时，说她“长得并不美，可是极富魅力，男人见了她，往往要着迷”，而且她的打扮也并不艳丽，“身上穿着新制的绿色花布春衫，从弹簧箍上撑出波浪纹的长裙，配着脚上一双也是绿色的低跟鞋”。可接下来的描写，就显出美之出色之所在：“穿着那窄窄的春衫，显得十分合身。里面紧紧绷着一件小马甲，使得她胸部特别隆起”，这后面的文字正是装饰打扮最出彩的地方，诱发了关注者之审美目光。

就视觉能力而言，人们对进入视线的认知对象，首先是服装的颜色和廓形，尔后才是着装者的相貌。英国社会学者说过，所有的聪明人，总是先看人的服装，然后再通过服装看到人的内心。美国有位研究服装史的学者还指出：“一个人在穿衣服和装扮自己时，就像在填一张调查表，写上了自己的性别、年龄、民族、宗教信仰、职业、社会地位、经济条件、婚姻状况、为人是否忠诚可靠，他在家中地位以及心理状况等。”由此可见，服装穿着可透露出一个人多方面的信息。其实，就服装对人作出评判，并非是成年人所独具，而是从儿童起就已萌芽了，有实验为证。对一群10岁左右的小姑娘们提问：用什么方法创造出世界上最美的姑娘？结果，大多数10岁左右的应试者认为，应从服装入手："穿漂亮的衣服""带美丽的戒指""给她买漂亮的运动衣"。"由于人体外观的服饰显得如此重要，因此，我们会得出这样的印象，即儿童认为一个人美丽与否，是根据这个人的服装，而不是人体天生的外表。"这证明，人们自幼便是以服装为媒介来评价人。这也是人们为何追求服装美的原因：增强人际交往和印象形成。至此，人际沟通中的服装大致归纳为：第一印象及人际关系的传达、情感的表达和自我表现这四大功能。

第三节　服装表现中的印象魅力

影片《穿普拉达的女王》的开头，一女子起床洗漱完，很认真仔细地挑选自己的穿戴，换了一款又一款。为何如此挑剔？因为，一会将去面试，所以，她必须耐心、有见识地装扮自己，以期给面试官留下良好印象，从而达到求职的目的。这就是通过服装表现自己，装饰自己。

一、自我表现的印象整饰

事实上，人们在交往和沟通中，往往通过服装的符号作用，去有意识地引导，或控制他人对自己所形成良好、独特印象的过程，称印象整饰，即印象管理、印象控制，也就是利用服装建立自我形象，传递自我。

（一）整饰的必要性

某国外男大学生为了显示自己的能力，借服装来表现自己。据他自己所说，从来没有这样搭配过衣服，"宽大的牛仔裤加上我很喜欢的牛津衬衫，然后再加一件毛线衣。"他认为"这样看起来一定很棒"，目的是"想留给某些人深刻的印象"，借服装显示自己的能力。

一位女大学生则说："我想如果我穿上裙子和高跟鞋，尽管我的个性没变，别人也一定会对我另眼相看的。"这里以服装、服饰增加自己身材的高挑和挺拔，意在引起他人的关注。这些是通过服装服饰的整饰，是着装者外观的符号管理，变成一种自我呈现（self-presentation）工具，即个体在社会上向他人展现自己的过程，也可称为自我展示。其实，自我展示在商业社会，也是种自我促销的行为，在满足自我形象时，可能更多的是向社会寻求某种机会，以实现自我呈现的目的。

（二）自我形象

自我呈现的形式是个体外观的形象管理，以求达到自我形象的满足，并进入自我构建（self-construction）阶段，即他人对自己外观的反应，以及个体自我呈现的双重评估。

人们大多会有这样的经历，凡节假日的儿童商场，都一片热闹，尤以“六一儿童节”最具代表性，这里的儿童玩具、服饰新品等，都极大地吸引着孩子们，男孩见卡通形象、科技兵器等爱不释手，不据为己有决不罢手；而女孩对裙衫、头饰等服饰品，极有兴趣，不时在自己身上比试着，更有的长久地停留于该柜台前，面对满架漂亮的衣饰，进入了想象的空间领域。这些好看的头饰、配饰、衣裙等衣饰，是她所十分喜欢的，该如何穿戴打装自己呢？这可能就是该女孩所进行的自我构建或自我促销。如果构建的话，她会借助女性化的文化知识，并想象他人对其所选衣饰的反应，来考验、测试自己的自我呈现的评估标准。但如果该女孩在进行自我促销，她的大脑中可能会想象几个特定的社会角色。如果该女孩在意女性化的特质外观，如芭比娃娃那样的美丽可爱，那么她在幼儿园里可能大受欢迎，像小公主、小天使般的大受欢迎。

（三）自我整饰

穿戴装扮，实际上就是一个人自身的包装，整理装饰，以达到某种场合能够左右他人印象的形成，即通过自身的装饰，达到预期的目的。这种装饰的沟通作用，是人之本能，是自然发生的。任何有关自身的装饰，从发型、服装、妆容及所携之包袋等，无不是自己个人信息的透露。诸如崇尚名牌，追逐时尚，崇尚品位等穿着形式的人，都会熟练如运用服装（含装饰）这个非语言沟通符号，熟练地展现自身衣装之魅力。

这方面社会公众人物堪称表率。国际著名模特辛迪·克劳馥对服装的理解和表现，无疑是最为出色的。无论什么场合，辛迪的服装总是给人协调、和谐的感觉，就像她的人一样完美，她的服装总是千变万化，每次都给人以惊喜。这与她的精心装扮密不可分：什么样的服装表现什么样的个性，什么场合宜穿何种服装，她都有过严格的考究。辛迪的万千风情，不仅来自她自身的魅力，更与化妆、服装的搭配紧密关联，从而她在世人的印象中总是保持相当完美的形象。印象整饰的重要作用，于此可见。

二、印象整饰的适应性

生活中的每个人，都希望自己的穿着与别人不一样，大多希望以自己的风采来博得他人的重视。越来越多的公务员的竞聘会上，好多应聘者除精心于试题的准备、推敲外，对装束还有过细心的挑选、琢磨，以赢得考官对其外观魅力的好感，从而提高应聘的成功率。这种左右他人印象的形象整饰过程，其实每个人都曾经历过。

（一）印象整饰适应性

印象魅力，为印象认知这一现象的另一方面，是适应社会的一种策略需要，即要给他人以独特的外观印象。在实际的操作中，会换位转换成他人的角度，去思考自身装束的认可度、魅力，即着装主体往往会站到对方的角度来审视自己的穿戴。

当然，印象整饰要适合自己，不能不顾自身情况胡乱地往身上穿，有的更因不识衣着所发信息而尴尬。20世纪80年代，文化衫流行，男女分别穿着印有“NO USEHOOKS”“KISS ME”的衣衫，这样走在大街上，小姑娘岂不是要弄出点什么误会，或者难堪。所以，印象整饰的适应性就显得很重要。

（二）自我印象历程

人们以服装传递自我时，会产生多种效应，赞成认可的，否定反对的，模棱两可的等。若评论非好的情况占多数的话，则应考虑可能有挑战出现。学者们的研究指出，自我理解的存在，它可分成个别独立的二元实体，是主我与客我的合一。主我是自我中主动的部分，可随时以冲动的形式展开行动；客我则把融合他人概念的社会意识（如社会规范、团体价值观等）提供给主我，主事协助控制。两者经内在协调、交互作用后，使外观印象与社会情景趋于平衡。每个逛街购衣者，主我与客我便会展开对话。当看到某款服装时，主我会产生反应（感到这就是他需要的衣装风格），当继续打量该衣甚或试穿时，客我便会就该衣表现自我的评估（他人会怎么看，该在什么场合穿着），这是大多数人购衣可能会碰到的经历，这里只是作了细致、深入的、层次性解析而已。这样的置装设想女大学生应比一般女性所花的时间要多得多，即时间用在主客我之间的心理对话上了。

所以，有些人就一直很在意别人如何看待自己。如果别人说打扮得很好，自己就会觉得很不错，有种满足感。这种基于周围环境评判的心态，则是对穿衣人所产生的反应或诠释。这种对他人评论的重视，意在与社会风尚的一致，即社会适应性，也就是学者们一再强调的“自我是一种历程”的人。

人们初次交往所形成的印象，大多依服装作出判断。服装就是外表判断的形象客体，是了解一个人不可或缺的。俗话说，只要看上某人一眼，就能知其职业、性格等信息之大概。印象判断之于服装是很关键的信息源，这是每个正常人都有过的经验，都为服装载体透露的某些信息所“暗示”或“提醒”，即服装是认知人的第一印象的重要载体。认知主体往往根据自己的经历、经验、人生观、价值观、爱好及大脑认知系统的信息储备，对被认知者作出印象判断的过程，叫信息整合。它需涉及刻板印象和光环效应。服装之所以在印象的形成中具有识别作用，那是它的符号性的标志功能所决定的。符号，是人们共同赋予客观对象的既定意义，是人们据以相互交往的基础。皮尔斯符号学认为，凡符号都是由三种要素构成的，即媒介关联物、对象关联物和解释关联物。每个符号都具有三位的关联要素。从心理学角度看，人际交往中的服装外观吸引人的三大诱发因素，包含自然的、装饰的、行为的，也可归纳为首因效应。当然，人们印象魅力的形成，是需要经过整饰的，即自我整饰的过程，以引起他人的关注，并与社会环境相适应。

第八章　服装行为中的个性和角色

20 世纪八九十年代有一幅漫画，画的是一孩童追着一留长发、衣着稍艳的成人喊着：“阿姨，手帕掉了！”待回头却令人吃了一惊，原来是位有胡子的先生。画作本意讽刺着装的不男不女。可换个角度看，这也不失富有个性的装扮：追求女性扮样的心理表现。其实，前述“服装的自我表现”，已涉及服装与个性的问题。每个人都是独立的个体，个性各不相同。因心理特征和生活环境、社会角色、教育程度的差异，其穿着行为、着装功效亦各有差别。本章就从这些内容开始讨论。

第一节　服装行为及其个性

个性，心理学的重要概念，也称人格，其词 Personality，与古希腊文 Persona 有渊源关系，意为面具，指舞台上演员戴此饰演、刻画剧中人物心理的种种典型，以不同的面具扮演各具典型性的人物。心理学家据此把个体在人生舞台上扮演角色所形成的心理活动的总和，称为个性。

关于个性，心理学界向来说法颇多，各持己见，自成一说。有执着的学者曾从历史、宗教、哲学、法律、社会学、心理学等角度，广为搜集，就什么是个性、人格，竟汇集了 50 种说法（阿尔波特），真可谓洋洋大观，让人莫衷一是了。有情境反应的总和（普林斯概括），有多种模式整合个性化（麦考迪归纳），有个体遗传和环境所决定的实际和潜在行为的总和，即英国心理学家艾森克的二维论，还有生活方式说和人心理特征的同一说（莱尔德和谢米尔），等等。引述这些，意在表明个性（人格）既包含心理学方面，还涉及社会学，是个内容很宽泛的概念，是个很值得研究的领域。

虽然在工作、学习与生活中，人们常用、常听“个性”这个词，但多着眼于人格；就是评价某人的着装具有个性，那也是有别于心理学的。

通常认为，个性是个体在环境作用下，所形成的一种身心组织结构，带有倾向性、稳定性、整体性，不同于他人的独特心理特征的综合，包括动机、兴趣、态度、气质、性格、能力以及体形、生理等方面。

一、个性与自我概念的服装

自我，指个体对自己身心状态的认知，自我存在的觉察，包括生理状况、心理特征以及与他人的关系；一个正常的人所应具备的对自己的一个较为稳定的看法，称为自我概念。不过，自我概念受社会各方面的影响，或在与他人的比较中确立，或从别人的评价中获得，所以，自我概念是个性社会化的结果。任何概念的形成，均与社会环境关系密切，即离不开社会的影响。对流行服装的赞同与否，很大程度上受社会舆论的导向；自我概念的形成，是个逐步发展的过程，是个性社会化的产物，包括生理自我、社会自我、心理自我这样三个阶段。

生理自我。指个体对天赋的特征的认定，自身体形、体质和生理特征的认定，包括脸形、“外貌”、性别、肤色等的认定。生理状况的基本认定，就构成了个体生理自我的服装内涵，即以生理自我为个性服装的基础。这一点是不能忽略、忽视或视而不见的。生理自我是前提，否则，个性与服装行为将难以展开。如儿童生理上的性别区分，就为日后衣着倾向打上烙印。女童所穿之衣裙色彩之鲜艳、男童所穿总带些帅气的衣裤……这些形式，直至成年后，这一服装认定之倾向行为，还是会很顽强地表现出来。

社会自我。指个体受社会文化的影响，它是通过社会各个环节而对个体释放影响，通过家庭、学校的学习，摆脱“模仿”“仿效”的阶段，特别是大型娱乐活动，极易造成偶像崇拜。这在服装上是极为明显的，以与群体角色的衣装相吻合，这是一种自我认定的标志物，以期被社会接纳、被社会认同的心理状态。

心理自我。心理自我从青春期到成年的这段时期形成。此时，个体生理变化明显，想象力丰富，加速了个体的思维的发展，特别是逻辑思维能力的发展，使个体的自我意识呈现出主观化的倾向，而个人价值体系亦于此形成，并以此观察、评价外部世界，带有明显而强烈的主观色彩。由此，对自己的人格特征也有了进一步的认识，借此实际环境，注意强调自己人格特征的重要性，以适应社会，提高自己的社会地位。至此，个体已成为社会的独立的一员，以自己的认识在社会上发挥作用。就服装而言，更是以自己的判断，对服装的选择、取舍的独立进行，即自我意识的表示。这表明，个体对自己的服装之生理自我、社会自我、心理自我已有了一个全面的觉察、认知，并理性地视之为一个整体。

这是服装自我的综合体现，从而形成独特、有别于他人的服装自我，即个性的服装自我。

现实中，人们总是想以自身的优势来显示自己，以提高自己的群体影响和社会地位，其中，发挥主导作用的当属自我概念。生活中，不是常听有人说，出席聚会、庆典等活动，所穿衣装的自我感觉不怎么好，并未能很好地表现自己，总觉有些不尽如己意。为什么呢？这就是此前所设定的自我概念，在现场并未生发出的心理感受（以前着此装扮，自我感觉还是相当良好的）。

其实，每个人的自我概念，从儿童到青年，已初步形成，只是在以后的岁月中，随着认知范围的扩大和新知识的吸纳，对自己的评价，特别是情感体验的深入，趋于稳定的自我认识还会发生变化，乃至不断完善。

这种个体的意识，总会时时、事事表现出来以显示自身的价值，尽管有场合、程度的不同和区别。这里，服装就是具有较高的自我表现的特质，这关乎个体的自我概念。个体以服装为媒介载体，向外界传递其自我概念，以实现自我表现的心态；并从外界的回应中，强化自我。这表明，当着装与自我概念吻合时，其获得的良好体验，就能强化自我概念。

二、个性在服装上的显现

一个人的思想、品德、气质、情操、志趣等内在个性意识，必然会就穿着打扮等外观形态得以表现。因为每个人的个性并不是抽象的，其情感和心理特征，都会借服装而明确显示，且都带有较强的个人特色。这就是个性在服装上的显现。

服装作为人们生活的重要基础装备，是个性表现的最好形式，也是表现个性倾向内容的体现。据此可以说，服装是表现个性的形式和内容的统一体。这里分别予以阐述。先说内容。个性显示于服装，它是个体自觉的、或下意识的本能反映。受个体性格之驱使，必然会通过服装这个最简便、易操作的方式表现出来，是由内而外的精神力之驱动，“诚于衷而形于外”。人们平时服装选购的喜好、审美倾向、衣着目的等方面，都是构成个性的重要内容。其外在形态表现为穿着、打扮，是其内心世界的一种迹象，一种表述。若依古希腊著名医学家希波克拉底的体液学说亦可推论，多血质的人的衣装变化，常先于黏液质的人；抑郁质的人比胆汁质的人更重于细节。这就是服装的个性表现的内容，也称“服装个性”。它是指个体对服装的需求、兴趣、价值观及其与之相关的气质、性格、体态等内容的总和，并受审美倾向、社会地位、消费动机、生理条件等限制。素有“日本超级设计师”美称的高田健藏也认为：“雅致首先是一个习惯问题，一种精神状态，近乎一种‘自然’的性格特征。一个雅致的妇女是在尝试了各种风格之后，懂得找到自己风格的妇女。一个会打扮的妇女不介意自己身上穿的服装值多少钱，而是讲究怎样通过服装把自己的个性表现出来，而不是相反。”

至于个性借服装为形式表现，则应如此理解。服装的材质可为个性的体现，喜欢何种面料、质地、风格等，皆与个性相关。同时，个性虽具有先天性，改变不易，如个体性格的内向（倾）、外向（倾），多为遗传，并在衣着上多有反映，几成定势。但由于某些原因而使穿着风格一反往常的，这种情况生活中也并不少见。

需要说明的是，个性在服装上的显现，并非纯为展示个性而不变，还要受制于社会大环境，即服从集团、团体的制约，也就是受职业角色的制约，对个性进行重新“包装”。这使人想起了东瀛之邦。凡到过日本的都见过这一现象，日本人好似都归属于某一团体，个体只是这些团体的一分子，个性似乎无从发现。如银行职员，所穿多为蓝色西装；如是行业成员，则穿着鲜艳的的确良衬衫；间或还有文身相炫耀。而初到日本的外国人，感觉日本商人好像都一个样：深色西服、黑皮鞋、黑头发、个子不高、大小相同的领带，以及领侧之公司别针；跑到学校，学生们都穿着相同的校服；逛百货商场，相同的更多，每个店员穿得一样，打躬作揖地迎候，连语调也整齐划一地说道：“欢迎光临！”想必到过日本的人都有此同感。这么说，日本就不讲个性、或没有个性了？当然不是。看看日本商店那些别具特色的商品，就明白了。服装配件选择的自由度非常大，就是传统之和服，不仅款式众多，而且穿着方式也同样有很多选择。

其实，日本人对个性的培养，从小就开始了。家长在教育孩子时，着重于培养具有创造性并且能够独立的个体。言教之外，还在于行动上的落实。他们鼓励孩子以日记或周记的形式，把自己的特殊经历记录下来，以便进行归纳，使之条理化、规律化，引导孩子树立独立的人格。可见日本是一个相当重视个性的国家。只是他们在个性显现和集体服从两方面，处理得游刃有余，运用得高度灵活。

再分析美国前总统克林顿夫人希拉里的着装，也可为之佐证。希拉里似乎一直“不会穿衣服”，多年前她还被美国《人物》杂志“授予”“年度最差着装奖”。可 2007 年 11 月在民主党夺回国会控制权的庆功大会上，希拉里一袭鲜艳的黄色上衣，给人留下深刻印象。色彩研究学者认为，黄色是内藏野心的颜色。希拉里在选战关键场合着此色服装出场，是颇具用心的，是她参选总统内心世界的最好证明。而当被委任为国务卿出访亚洲时，其首度亮相所穿黑色之风衣，是国家领导人这一新角色之“包装”，是国务活动家新身份心理体验之外化。这黑是沉稳、力度的象征。

菲律宾总统阿罗约天生娇小俏丽，再加上重视穿衣打扮，给个人魅力加分不少。很多人可能还记得，2001年上海APEC会议上，阿罗约身着大红色的中国旗袍，站在众元首政要中，显得格外精致动人。2004年1月，阿罗约在总统府国宴厅宴请华文媒体主要负责人时，再次穿上了那件红色旗袍，可谓含意深远。

三、个性与服装行为

据前述可知，个性是个体心理特征的独特的综合体现。既如此，个性通过服装得以外显，而服装则又受个性制约。服装行为与个性，相辅相成。个性虽居主导地位，然个性之彰显，必取最易得、最显见之载体——服装，两者互为表里。

（一）个性对服装行为的制约

服装受个人心理因素影响较大。个性不同，着装行为必会两样。所以，个性决定服装行为，可视为现代社会着装的基本规律。民间常说，什么样的人，穿什么样的衣，通俗显现，所指就是个性。这与“个性的着装动机”相关，大致有以下表现：

1．求新

追时髦求新奇，重在吸引别人的观感，起引人注目之效果。或称标新立异，是心理偏好的外化。这些人往往是流行和时尚的忠实拥趸和追逐者。这是创新的市场希望。他们的情感追求和情感表现，推动了市场的创新发展。

2．尚名

崇尚名牌，是现代社会的普遍现象，尤为城镇民众最为热心。他们以名牌为地位、身份的显示，是个人形象的“名片”。

3．好胜

衣着多攀比，好显派、摆阔，以期借此摆脱过往受人轻视之经历。此种装扮意在炫耀。

4．崇实

重在服装的自然属性和使用价值，即穿着的实惠性，人称经济学个性。

5．审美

个体的美学修养，造就衣着的讲究品位。

以上所列五种着装个性形式，意在叙述的便利和醒目，而在实践衣着行为中，多有交叉关联，并在交融中实现个性的外显。这是应该注意的。

若崇尚阳刚，多选轮廓鲜明、线条清晰的，可对猎装情有独钟；若喜欢柔美之人，可偏爱裙装；追求空灵的人，多借重神秘感的色彩以体现；爱好明艳鲜丽的，那就在高纯度、高明度的红、黄等色彩上用心，也是突显其个性的主要方面。

（二）服装行为对个性的影响

所谓服装行为，是指个体个性的一种表现形式，它对个性的产生、形成具有某些教化作用。这可从幼童的衣装得到印证。幼童无主动选择服装的意识和能力，其穿着均来自成年人，他们在接受这些物质服装的同时，还收下了这些人的服装个性，即这些装扮者对服装的理解、审美倾向、着装动机等精神性的熏陶，且是无形的、潜移默化的，并引导了外界的评价。如称打扮娇柔、文静的女孩为“小公主”“小明星”，扮相强健、活泼的男孩为“像个小运动员”“小兵”等，这其中所寄托的是成年人的期望。服装则成了某些愿望信息暗示之载体，加之周围人的时时提醒：行动与服装的相称。长此以往，即对幼童的性格发生了作用。生活中也不乏这种现象，某家庭因喜欢女孩，可偏生了个男孩，于是，便以女孩的衣装来打扮他，时间一久，这个男孩就倾向女性化了。道理就在这里。

美国时尚杂志《名利场》在公布 2015“国际最佳着装”名单时，特派记者柯林斯说：“这个名单不仅是告诉人们这些名人花了多少钱，更要显示出什么是优雅、时尚和个性化。”这对理解个性与服装行为之间的关系，还是颇有启示的。

所以，个性化的着装风格，一直以来是很有市场的。已故美国总统第一夫人杰奎琳·肯尼迪的打扮，之所以在 2015 季重放异彩，关键是那性感颓废的西方色彩、水手装束、非洲猎装、迷彩军服、摇滚歌星装束等的纷纷被看好，娃娃装、插肩袖或窄腕宽袖上衣、阔脚裤和长款半身裙在都市的大为走俏，关键都是些极具个性化的着装表现，因而赢得市场热销。

当然，个性是个很复杂的心理现象，并非上述所能全面概括的，这就决定了服装行为的可变性；而个性的复杂性，又与环境的适合性、地域的差别性相关联，更导致了现代服装的丰富性。所以说，服装行为既是个很复杂的个性行为，又与社会环境密切相关。

第二节　角色的社会化

“角色”一词，本为戏剧舞台用语，指演员扮演的剧中人物之形象；即剧中人物。《罗马假日》中的公主由奥黛丽·赫本所扮演，其中的公主就是电影艺术中的角色。如今社会学、心理学也借用了此词的概念。社会亦如舞台，每个人都在其中扮演着自己的角色。社会是由多方面构成的大集团，因而角色也是多种多样的，着装也就丰富多彩，那是为了体现角色的需要。

一、角色的社会特点

角色是生活在社会这个庞大的团体、机构之中的一员。每个人都是构成社会的成员之一，这就是社会角色。

（一）社会化

所谓社会化，指通过各种知识化技能的学习、训练，个体社会意识、社会文化形成和发展角色扮演能力的过程，即将一个“自然人”（或“生物人”），经过学习、培养、锻炼转化为能够适应社会规范、服务社会机构、履行某个角色行为的“社会人”的过程。该过程是逐步内省式的，是与社会环境相互作用才能实现的，更是整个社会文化赖以积累和延续的基础。西方著名社会心理学家 E. 弗洛姆（Fromm）指出，“社会化诱导社会的成员去做那些要使社会正常延续就必须做的事”，它是“使社会和文化得以延续的手段”。此说道出了社会化的两大任务：一为个体明了了社会（含团体、机构）对其的期待及行为规范之所在，二为个体实现社会期待的条件，并以行为规范自觉约束自己。由于社会是不断发展、不断进步的，所以，社会化是终身的，中途任何的停顿，都会遭致社会的“惩罚”：或角色游离、或被边缘化、或履行角色受阻，等等。角色的社会化是个终身的过程。从儿童、少年、青年、成年这四个时期，也即不同年龄段角色的着装，都是各有特点的。就是在成年期，也还是需加强自身社会化的进程。因为社会环境的诱惑性很强，要持续不断地学习社会文化和行为规范。在社会的变化中，充实、完善已有价值观和审美观，进而履行好自己的社会角色。

这表明，社会环境是影响个体社会化的重要因素。每个人都活动于社会环境中。不同的社会环境对个体的社会化和着装行为，将会出现差异。这就是环境因素的潜移默化的作用。虽然人们常说血型、遗传等家庭因素，会影响其人格特征的向背。但因爱好、兴趣、年龄、地位等大体相同或相近，所形成的非正式群体，更会对社会化产生重要影响。如印度电影《拉兹》中的拉兹，是富豪与女佣之私生子，从传统意义说，其血统高贵，然其被逐出家门，经常混迹于社会下层的丐儿、罪犯等人中，其最后竟也成了他们中的一员，神偷成了他的社会角色。这个角色的转变，是生活环境之使然，从而辛辣地讽刺了富豪当初所说“小偷的儿子总是小偷”！

（二）社会角色的转换

生活中，每个人的社会角色总会有所改变的，很少有人会不变角色的。比如说，某人师范院校毕业，执掌教鞭理所当然；经济大潮袭来投身商海小有成就；后又因策划推广出色，而转为经营媒体网络。每个新角色的确定，着装会有相应的变化，以使新角色得以确立。服装有助推作用。试想，穿着牛仔服的交通警察，执勤于闹市通衢，会有人服从他的指挥吗？答案显然是否定的。这样的着装形象不可能为角色增添社会影响力，即不具备强制性。不过，人们的社会生活并不是单一不变的。当交警出游于风景名胜时，人们就不会因其牛仔服而去质疑他。女教师以性感之行头出席时尚晚会，定会大受欢迎。因为彼此的社会角色已发生变化，真正的角色已暂时潜隐，而突显的是眼前游客、女宾的身份。在北京的奥运会上，坐在观众席上的都是观众，美国总统布什也在其中，是观众而不是总统，拿着相机抓拍精彩之场景，俨然是位热心的体育迷。这就是林顿在《人的研究》中所提出的人的社会角色的显隐理论。

其实，每个人不会只有一种社会角色。56岁时体重108千克的英国皇家检察署顶尖律师克利福德·阿里森在休假时应征兼职裸体模特，引起轩然大波。可他竟说："本人是律师，但是并不愿意将自己局限于一种社会角色。本人拥有一头天然的卷发、迷人的嗓音和良好的表演风度，愿意尝试表演、模特、配音等各种工作，不想错过任何机会。"这告诉人们，大律师是他的社会角色，可他还能客串演员的角色，服务社会，从而使生活更精彩丰富。当然，受环境制约，或场合需要而发生社会角色的改变，也是时有发生的。

（三）社会角色变化的特点

社会角色变化有三个特点：一是有较详备的策划，二是特定场合的交际需要，三是区别于舞台荧屏形象。后者虽同是以服装改变形象而转换角色，但此处仅是作欣赏之对象。虽然服装有助于角色形象的塑造，不过，这是经过艺术化了的，更不同于化装舞会。因为，此时他的社会角色，并未因此而发生改变。这与侦察员、特工、卧底之原本角色一样，即仍然扮演着其所承担的社会角色。这里的服装仅暂时充当了社会角色改变的道具，是为加强其完成社会角色服务的，即服装社会角色的服务功能。

美国著名小说家马克·吐温有篇《王子与贫儿》的文章，说的就是服装改变社会角色的重要作用。王子穿上破衣烂衫、游走街头时，人们待他如乞丐，而乞丐穿上时髦装束如貂皮大衣，出入禁宫，无人阻拦不说，更受礼遇。于是，人们由此化装而引申到拟装。前者已略有说明，自然知晓，即化装"改变自我"；后者则是指社会角色的暂时地转换为他人，不是原来的自己。如《智取威虎山》

中打入匪巢威虎山的侦察英雄杨子荣，能较快地通过考验取得信任，其外观的匪气十足帮了大忙：装束“匪”，言谈“匪”，神态亦“匪”。这种改变之拟装，实际上就是角色把自己“变成别人”。

二、角色的类型

个体与社会构成的关系，谓之社会角色，而人的一生可以扮演多种角色，且由于社会生活的多元丰富性，有时处同一社会环境，会同时扮演不同的角色。为此把握不同角色的特点，进行科学的归类，将有助于生活、工作效益的提高。

（一）先赋性角色

是指由先天因素和社会约定不需要个体的努力，其社会角色就已确定，可有两种情况，一为生理性的先天因素，由遗传、年龄、性别、婚姻、血缘等先天因素形成的社会角色。如性别角色以及由父子关系所产生的父亲角色和儿子角色。个体从来到人间，其民族、种族、家庭出身等特征，即被终身赋予。而服装则相当明晰地担纲了性别角色的特征作用。女孩喜穿艳而丽的，要漂亮，男孩需穿阳刚率性的帅气，体现强和力。但随着社会的发展，男女装的性别差异在某一时段，也会出现互为倾斜的现象，即无性别（亦称中性）服装。长发为女子专属，可现在的男子长发飘飘，时有所见；颜色较鲜艳的衣装，多为年轻女性，尔后多行于中年妇女，以国外欧洲为主。近几年来，中老年男性之装，也较为普遍地以淡彩粉色系居多，从大都市向二、三线市县扩散蔓延。但不论穿着怎么变，相互兼容，可性别仍未变（此处排除手术变性）。另一为社会约定。这种社会角色的确定以世袭居多，是封建社会的产物。这种继承先人爵位荫庇制在我国已被废除，欧洲还存在着。如英国皇室，生男为王子，女则为公主；亚洲的日本也是如此。皇室的社会角色仍然存在。这种角色的划分，也称归属性，以皇室贵族血脉为社会角色之指归。

（二）自致性角色

此与上述正相反，上述该个体无须做任何努力，就可获得社会认可之角色。此处则必须通过自身的选择和努力，才能取得的社会角色。如获得处长工作的社会角色，是由工作业绩并经层层考核（笔试和面试），方可得到。教授职称的被评定，除外语合格，还有论文、著作、带教研究生等个人综合能力和素质的结果。

以上两种类型的划分，由美国蒂博和凯利合著的《群体社会心理学》一书提出。

（三）活跃性和潜隐性

这两种归类是根据个体的角色表现的显隐特色。由美国文化人类学家林顿1936年所著《人的研究》一书所概括且最先使用。他认为，每个社会成员，其人生经历中，尽管要扮演多个角色形象，但在某个时段内，只能扮演一个角色，而这个角色就是活跃的，而其他角色则暂不表现出来，处潜隐状态。这是两个相对的角色，并且会依个体所处的场合、环境而发生转换。每个人就是在角色的转换中，发展了自己，丰富了生活。而每次角色的转换，服装总是在不同程度上发挥着作用。

（四）正式角色和非正式角色

这是根据社会对角色的期望和角色对期望执行情况来划分的。凡是对角色的着装行为方式有明确规范要求，而不能由个人爱好随意穿着，即装扮有一定的规定，不能有随意性，这就是正式角色。如法官、警察、军人等在自己的岗位上履行职责的社会角色时，必须穿着与角色相适应的服装，是法纪所需，显示的是公平、公正，是国家形象的代表，是国家秩序、权力的象征，有助于角色扮演，强化角色行为。医生在岗位上必穿白大褂，那是卫生所需，也是医生社会角色形象的象征。此外，还有相当一部分的社会角色，社会并没有对其装扮行为做出强制性的规定，个体可以就自己的社会地位和社会期望，由自己根据需要来选择，即着装可以自行其是。这种情况占现代社会生活着装的大多数，即自由选择自己的着装形式。此即为非正式社会角色。

三、角色行为模式

角色行为模式是个体所处社会地位和心理特征及主观能力的综合表现。角色理论研究，就是对角色行为模式形成过程的研究。

（一）角色准备

个体在履职前的角色行为的准备，主要是通过学习的方式，使之从思想、心理、能力等方面，做好履职之准备。诸如所履角色的权利义务及其角色行为的规定性（或约定性）和形象特征。简言之，就是对角色观念和角色技能的准备，为了使所履之职能有更好的效率。学习自然必要，而且必须认真地学。同时，还应加强角色技能的学习，“工欲善其事，必先利其器”，这里的技能就是“器”。“器”者，工具也。没有工具，或所使唤之器具已落伍（不被社会认可之器），于职务角色的履行，也是很不利的。所以，必须把技能这个基础夯实，这是现代社会对角色的基本要求。只有与时俱进，才能有较好的角色行为。

（二）角色期待

指社会群体对某特定角色行为模式的期盼和希望。角色期待有助于角色行为的形成和发展。因为人们多是在别人的期待中工作，希望自己的角色行为能在社会相关群体引起注意，产生期待效果，使个体和角色行为收到预期效果。社会的各个领域都存在角色期待，从某种意义上说，角色期待的程度越高，该领域的社会影响和经济效益就越大，越能集聚人气。服装活动的颁奖典礼，人们对服装设计师的着装形象，有着较多的期待。因为他们是时尚潮流的创造者，他们自身的装容仪态，往往反映了他们对时尚的把握程度，及其着装艺术的修养。而明星们的着装更是人们所期待的，每届奥斯卡颁奖晚会，众星们的着装更是人们所十分关注的，相关媒体还不时爆出其中内幕新闻，揭晓时更不吝版面，予以评说。其最佳着装的样式，很快风靡市场，大受追捧。社会上更有以此为职业的，专门复制明星们的服装，以满足人们的期盼之心。艾伦·斯瓦兹就是其中之一，他每年都克隆奥斯卡最佳女主角得奖之礼服，往往是颁奖揭晓的第二天，他的克隆装就能行销市场。这“工作效率”是何等之快！这种异于常态的衣装行为，人称期待效应，也即“皮克马利翁效应”。皮克马利翁为希腊神话中的一位雕刻家，他以象牙精心雕刻了一个美丽的姑娘，由于他对雕像所倾注的心血和感情，最后竟使上帝为之感动，遂赋予雕像美女以生命。因此，角色期待是很重要的一个环节，充分挖掘和发挥它的作用，将会对服装设计和市场，产生较好的促进作用。

（三）角色扮演

人际间的交往，之所以能够进行就在于角色扮演。因为人们所使用的交往符号，是能够被识别和理解的；而处此环境的角色，还能预知对方的反应。这种预知的能力，往往称为“心灵”，并就此发展为“自我”。这是角色扮演成功与否的关键。该“自我”担负着对角色期望认识的传递，及其角色扮演方式和形成，以至在互为影响中形成自我形象，即“角色意识”。正是在这过程中，服装作为一种人们熟知的符号，为个体角色的获得，起了不小的作用。

当然，每个人所承担的社会角色，不会是单一的，他同时会兼有几个角色，且相互联系，相互依存，相互补充，不能孤立存在，这种个体角色的多样性，可称之为“角色集”，即多种角色集于一身。因为角色在社会总是处于互为联系、依存之中。研究表明，角色集分为两种：一为前述个体的多角色性，个体内部关系的区分；另一为人们相互间角色关系的强调。人们之所以能识别对象所属社会生活的某个层面、或从事何种职业，那是其人所扮角色之穿戴，透露出个中信息。这表明，人们对不同社会角色的个体，有种预期的着装模式，换言之，着装模式是角色的物质符号，是了解、假设、改变角色的外部标志。这就是说，服装在改变角色形象方面具有特殊功能。台湾地区美女主持吴佩慈（ACE）擅长化妆和打扮，其衣着有“百变女王”之称。如见其一头长直的黑发，明黄色修身风衣，淡淡倚靠在那里，眼神中投射出拒人千里之外的神秘，那即是性感冷艳之角色；而换身价格不菲的俄罗斯紫貂皮大衣、下着黑色曳地长裙，手挽一只金色鸵鸟皮手袋、一脸笑意，那则为高贵优雅之角色。

服装在整个现代社会的发展过程中，不论其功能如何特殊，总是社会的产物，是科研的成果，相信在今后的岁月还会有更多这类服装问世的。但服装的基本功能是不会变的，那就是服装的社会角色。莎士比亚说得好：“所有的男女都是演员，他们有各自的进口与出口，一个人在一生中扮演许多角色。”这许多角色是少不了服装这个外在形式因素的，并且互有影响，同时，自己的穿着也在潜移默化地影响着别人。这就告诉人们：服装角色功能就是一种传递信息的特殊语言，每个人都想学会应用这种语言，使各自的工作、学习、生活更充实、更丰富，这就是服装与角色的对位问题，即穿着适合自己角色的服装。

第三节　角色着装功效

社会上的每个人，就身份而言，往往同时扮演几种角色，并非一种；而且据传统来说，还可有正面和反面角色之别。某种条件下，因处理不妥、或难以尽善，角色还会发生冲突，且这种冲突尚有角色内和角色间的区分。这就是角色的多元性。

一、角色着装多元性

（一）角色丛

由于角色的社会地位而生发出多重身份，在交往的互动中，其着装形态会因时间、地点、环境的不同而发生改变。这种角色行为的多样性，也称作“角色丛”，即在互动的社会群体中，与之相联的所有角色的集合体。这里说的角色丛，“其意思指处在某一特定社会的人们相互之间所形成的各种角色关系的总和。因此……社会的某一个别地位所包含的不是一个角色而是一系列相互关联的角色，这使居于这个社会地位的人同其他各种不同的人联系起来。”校园里胸佩红底白字、白底红字校徽的人，分别扮演了教学人员（含行政管理）、学生这两个角色。这里，角色扮演的不同，其着装形态也各有差异，从而构成多种多样的角色关系，即为院校的角色丛。

（二）角色冲突

社会生活中的个体都有各自特定的角色丛，在与之关联的角色中，都会有相应的角色期待，且因彼此间的期望而产生矛盾，以至不同角色间产生冲突。所谓角色间冲突，是指个体因时间、精力、客观环境等条件的限制，难以同时满足这些角色的期望。现代企业、公司的好多女性，因其出色的岗位角色的表演，被提拔为总经理，是单位负责人、部门主管，这时，其社会角色是位职业经理人，对企业负有一定的责任；而对家庭而言，该女性还是位母亲、妻子，且有双亲在堂。这企业之外的角色，都会不同程度对她有所期待，这势必造成无法同时实现自己的角色而产生矛盾、引发冲突。

现实中，确因多重角色而一时难以妥善处理，角色冲突不可避免，普遍表现为家庭角色与社会角色的冲突。有一句顺口溜说得较为形象：“娘子在单位是老总，回家要‘消肿’，莫把老公当员工。”这意思很明白，太太下班到家还未从企业负责人这个角色中完全退出，仍然如在单位那样，“指挥”起了老公，这自然要引起老公的不满，从而引出如上述诙谐之怨语。与此相反，某职业女性回家后，即换下严谨、雅致之行头，代之以随意、柔和的装束，麻利地操持起家务，好一个家庭主妇形象，与居家之亲情、闲适的氛围相吻合。此种着装行为的前后不同，是为适合角色的环境，以更好地履行角色之职责，从而缩短与角色间的距离感，即以装束创造角色价值。

（三）角色着装效应

个体常以着装为媒介弱化与角色间的距离，以期营造协调感和亲近感，俗称“人靠衣装”，学术谓之实现角色着装效应，使自己在人生舞台上增光添彩。这种与角色身份、地位相适应的着装功能，有的著述定名为正面角色，即忠诚角色，反之，称为非正式角色，也叫隐蔽角色。这后者具有欺骗性，此种情形在生活中，也是常有之事。为了扮演某一特定的社会角色需将自己的正式角色隐蔽、隐藏起来，以迷惑他人，以服装的角色效应实现之，使其具有欺骗性。“二战”时期，敌我双方的特工所常用之招数，即以着装改变形象，完成新角色的扮演，以取得对方的信任，而使所负之责得以顺利进行。这个装扮过程是须精心准备的。其中德国一著名间谍，突破重重关隘要塞，终于深入英军重要军事基地，但因其衣扣缝制形式不同，终致身份暴露而被擒。英军纽扣缝线穿过四小扣眼成平行线，而该间谍所缝之扣线，则为交叉十字形，以致露出了马脚。可见，这样的装扮必须是十分仔细的，不能有丝毫的疏漏。

二、角色着装原则

（一）TPO 原则

现代社会的快速发展，使人们的着装同时进入到一个新的领域。这源于时尚文化的广为普及，且民众了解、接受日渐增多，从而使着装日趋新潮化、时尚化。时间（Time）、地点（Place）、场合（Occasion）即 TPO 三大原则，也为人们所普遍认同，往往身体力行，穿着、装束多讲究个人角色，与场合、环境的吻合，不致有失身份。正式场合，着装必然规范。中外皆然。日本小泉内阁防卫大臣是位时尚女性，但她就职时却是职业化装束，引起舆论的注意。政府官员是如此，商企成功人士、教授学者，也概莫能外。就是平民大众，参加宴会、庆典等，其着装亦会斟酌有加，以免遭人耻笑。它显示了角色着装的个人素养。我国 30 年来的服装文化的发展，于此很显著。所以，TPO 着装原则，已成为角色人等的普遍行为准则。这是全民衣着文化水平提高的表现。

（二）宽泛随性

开放的社会，还给着装带来更为宽松的环境。穿衣是个人的事，是生活、经济、文化、修养等的综合反映，随角色个体随意自由穿戴，是心境放开平和的反映，是轻松和谐社会的个人集中反映。因此，在着装原则的大前提下，人们的着装越来越具随心、随意性，可谓随心所欲，并非刻板不变。特别是年轻一代，他们的着装颇多为心情所驱使，衣装的短露肥长、错位配置，亦称“混搭”，是个人性格之使然：穿出各自的情态。如过臀长衣外配短衫，似不合常态，可近年颇为流行。往年是短裤穿在长裤外，而今在外的却换成短裙了。更有人看不甚明白：裙与裤分属两类，竟合为一体，真成裙裤了。然却是穿着文化个性之显露，穿出层次、错落感。当然，这是社会开放宽容心态所催化的。也可以这么理解，“混搭”随性，也是对固有穿着方式的一种拓宽、延展，是人们穿着样式丰富的新尝试。

（三）角色模糊

这是指男女着装的相互兼容，体现个性的又一方式。生活中的男子装扮女性化和女性衣饰阳刚化，是为追求某种时尚，翻出衣饰穿着之新效果，为充分展示其个性服务。此为角色识别模糊现象。而有的著述则称之为“男女互化”。“互化”论者认为，是社会发展使两性角色在职能和内涵上接近并趋同。因为男女都同工了，社会地位平等，承担相同社会责任，即两性的社会职业几乎接近；家庭分工不再严格，彼此都可以替代对方；传统性别偏见已经消失，特别在大城市和知识界，很少有重男轻女现象发生。这样，“做女人要美丽，做男人要成功”的所谓忠告，可就有性别歧视之嫌疑了。以此来看，两性的角色模糊、“互化”，那是时代的发展、科学的进步，是多学科交叉、边缘学科等理论推动的物化，是服装角色多样性的具体化，更是服装功能多元化的重叠。再就生活阅历而论，刚毅之士不乏温柔之心，柔弱女子尚显男士之阳刚。心理学家还有更多相同的研究结论：“男女兼性”。这表明，男女之心理，本身也不是完全对立、水火不容的。

著名心理学家荣格更明确指出，男女都具有双性特征。当然，不管角色装扮怎么变化，男女性别角色这个生理本质，是不会改变的。

近几年，角色着装也随社会发展而不断变化，款式变化之大，有目共睹。色彩变化，更是显而易见。女装的多姿多彩，自是常事常理，可男装也有此种迹象。传统意识表明，男子成年后，着装以沉稳为多，以显其稳重之情态，特别是那些年过50的男士，衣装之色更以深色为主，间或米、灰辅之，鲜艳之色绝难见到。可如今，中年男子，粉艳之色，淡彩之装，见之普遍。道理何在？

心态年轻！就此缩短与年轻人的距离，也即角色着装功能不断发展和内涵扩充之所致，是服装文化在新时代条件下的新面貌。

三、定制服的角色风采

（一）定制服之缘起

定制服是高端时尚享受的必然。成衣款式虽多，但毕竟是批量生产，真正合体称心的还是较为难觅。有时尽管看得满意，可穿上身终觉某些地方不合适，就是连试几件也找不到一款，心中难免懊丧。再者，就是花了精力总算觅到一件，但走到街上，还有撞衫之虞。这是穿衣讲究之人的困惑。于是，定制服装就此应运而生。

定制服是个性化的需要。美国消费者协会主席艾拉马塔沙说：“我们现在正从过去大众化的消费进入个性化消费时代，大众化消费的时代即将结束。”定制服就是满足个性化消费的需要，而标准化、流水机械作业生产的服装，正是牺牲了服装的个性。同时，它还是市场细分达到极限时的产物，把每个顾客当作一个细分市场，充分了解其特殊需求，以需定产。顾客参与设计定制，既能享受适合自己的产品，又有参与设计的成就感，更无库存之忧。目前，服装定制业似有进一步扩大之势。美国的IC3D（交互客户服务公司）和Levi’s两公司，应用得较为成功。

定制服是社会发展的需要。明星、名人、杰出人士、社会各界有影响有地位之人，多以定制服为自身装备，以显示自己的与众不同。最为显著的要算奥斯卡颁奖典礼，获奖呼声高者，大多有备而来，集中体现的就是服装的定制。

有些影星更是聘有专业的设计师。我国都市型城市也有如此的倾向，如北京、上海所举行的时尚性的盛大典礼，获奖者的服装多来自定制机构。而步入婚姻殿堂的男女双方，对人生这一重大之事，往往非常重视，定制礼服就是具体方案之一。

社会祥和、生活稳定，衣装多求品位，以满足审美上档次的情结。这是定制服得以兴起、发展的社会基础。改革开放以来，我国民众的生活水平得到了极大提高，而城镇化率加速达 40%多，这将极大地刺激服装消费转向对品牌和时尚的追求，恩格尔系数（即居民家庭食品消费支出占家庭消费总支出的比重）显示，农村居民为 43%，城镇为 35.8%，消费结构升级趋势非常明显。以青壮年为主体的年龄结构决定了我国进入消费快速增长期。所以，人们标榜生活品质高档化，衣装是体现之最好形式：财富、品位、身份、审美于一体，是持久随时炫耀的好方式。因此，定制，成了新时尚。

（二）定制服更立体

批量成衣生产，考虑的是操作的便利和成本的可控制性，省工省时是必然考虑，大力提高机械化程度，尽量标准化，这样，速度是提高了，效益也实现了，但每一个人的个性、服装的舒适性难免被牺牲。尽管现代纺织机械科技水准已相当高，可高档服装制作，还是需手工工艺。人们虽不一定要追随巴黎高级时装的工时数，可权威人士指出，手工工艺所占的比例，往往决定了一套服装的高档程度。越是高级的服装，所用的手工越多。

面料的实际情况，也需手工操作。现在高档面料往往是高支、混纺，造成面料特性复杂，唯有手工才能进行细致调理，才能服帖。手工的根本追求，就是让服装更立体。机械制作只能对面料进行平面处理，服装定型手段虽很发达，经过多道技术处理，套在衣架模特是有型有款的，或帅气、或漂亮，但毕竟是机械产物，穿起来还是不及手工缝制的精湛。

据了解，每套定制西服大致需要经过 165 个独立的精细工序，由技艺高超的裁缝师缝制而成。有的仅一件上装，就需要组合超过 200 块布料方能成型，其内部结构还可采用特殊前襟装置，常穿常新，与穿着者体形成契合美。定制完全可以按个人风格、特征进行选择，如腰线、胸部轮廓、肩线、兜袋亦由自己决定，平、斜，开叉部位，驳头尖、平，都是从个性出发，还经多次试装的修正、完善，直至满意为止，即穿着具有更立体、更合体的优势。

（三）衣配人更舒适

优秀的手工定制服装，挂在衣架上不一定显眼好看，但穿上身一定会很舒适，这是机械生产所难以企及的。服装造型是讲线条结构的，可这线条由许多弯曲和弧度构成的。弯曲、弧度线条的处理，机械力是无法妥帖的，只能由手工承担；其微妙处唯手工方能以精道、自然而臻善。裁剪如此，缝制亦如此。行家们常说，上装之胸衬一定要立体，这样穿时才不致走形。达此效果，胸衬需手工裁剪缝制成型。因为，其中变化精细处，机械无能为力。再者，上装的下摆，手工的精细处理会形成一定的凹陷感，能立体地迎合人的身体。这样，穿着时既不易变形，更增加舒适感。

讲究穿着的人多有体会，往往说衣服的舒适感，很难用语言表述，但穿过舒适的衣服之后，你再换件普通的衣装，马上就会觉察出差别。所以，服装款式是重要前提，而舒适更在其先。追求高品质生活的人，服装的舒适性是最重要的，款式易得，舒适颇难成就。

再从服装生产过程来说，有个人配衣、衣配人的问题。成衣属人配衣，穿着合身是碰上了，是运气好，是体形较为标准；定制则是衣配人，每个环节都在配合着人、适合着人。因为每个人的身体状态都是独一无二的，这是本质的区别。当然，要使衣配人，成本自然要高；定制虽不是每个人都需要的，但确是每个人都在向往、追求的，总有一天会需要的。这是社会发展导致生活的必然，既如此，就得做好享受的准备。

当然，量体定做的服装，价格不菲，但为追求那份独特的感受，还是有人愿意的。一款定制服，面料高档不是唯一，仅是基础而已，关键在于手工技艺，包括优秀的工艺手段、裁制缝合、试穿整理等这整套的程序，方能成其为合身的可穿之装。据此可以说，手工定制服是技术和艺术的综合，而就穿着而言，它更是一件艺术品。所以说定制服装是奢侈的，似乎没什么不可，它达到了穿着最终目的——舒适，服装的舒适就是合身应心，穿着起来没有异己感。

事实上，现阶段经济不确定的情况下，定制业务的开展，也是拓展市场的一个好方法，既有新业务，更有市场面的扩展，借以扩大、占领新消费领域。据知，国内有影响的企业已在具体运作了。他们把定制店业务开进了商务楼。报喜鸟集团就先后在北京、上海、深圳等地的写字楼，已开出 5 家“bono taijor 社区定制店”，这既比经营于闹市高额费用省去 50%，还赢得了可观客流，更是对楼宇经济的参与和贡献。这是拓展定制业的又一新领域，值得研究和实践。

服装穿着的个性化，已成为社会的普遍现象，加强对“个性、角色和服装”的研究，很有必要。个性，是个体在环境作用下所形成的一种身心组织结构，带有倾向性、稳定性、整体性、独特性等不同于他人的综合性心理特征，包括动机、兴趣、态度、气质、性格、能力以及体形、生理等方面。在此基础上，就个性与自我概念的服装展开，一个正常人所应具备的对自己的一个较为稳定的看法，称之自我概念。它是一个逐步发展的过程，是个性社会化的产物，包括生理自我、社会自我、心理自我这样三个阶段。

当然，一个人的思想、品德、气质、情操、志趣等内在个性意识，必然会就穿着打扮等外观形态得以表现。因为每个人的个性并不是抽象的，其情感和心理特征，都会借服装而明确显示，且都带有较强的个人自身的特色，这就是个性在服装上的显现。同时，个性与服装行为存在着互为影响的关系，个性对服装行为有制约关系，受个人心理因素影响较大，个性不同，着装行为必会两样。所以，个性决定服装行为，可视为现代社会着装的基本规律，具有求新、尚名、好胜、崇实、审美等着装动机。而服装行为对个性同样会产生影响。

不过，每个人的个性必须在社会的范围内，反之，任何个性都不会被社会所接受。这就是个体在社会中所承担的角色，即角色的社会化。角色的社会化指通过各种知识化技能的学习、训练，个体社会意识、社会文化形成和发展角色扮演能力的过程，即将一个“自然人”（或“生物人”），经过学习、培养、锻炼转化为能够适应社会规范、服务社会机构、履行某个角色行为的“社会人”的过程。要想顺利、成功履行社会角色，就必须处理好角色扮演与服装的关系。因为服装是人际交往中，彼此都能识别和解读的符号，所以就需扮演好自己的角色。这就是研究角色扮演、角色着装功效的重要意义。

第九章　服装发展的品牌化

8亿件衬衫出口的利润，只能换回一架空客A380飞机。国外旅游或出差公干，给国内朋友捎带礼品，请千万看清楚产地，否则可能买回的礼品是“made in China”。还有资料显示，全球每三件出口服装，其中一件就来自中国。这就是“中国制造”“繁荣”了全世界。但是在欧美国家，人们很难找到一件中国品牌的服装。在品牌上我国处于劣势，并处国际分工中的低端，赚取不多的血汗加工费。鉴于此，本章就品牌形成、发展，品牌与市场（护照），世界品牌的文化经营及中国品牌的创新之路等进行展开，明白中国品牌的发展与经济强国之关系。

第一节　品牌的形成和发展

生活提高了，人们的衣着自然也讲究了许多。平时常听同事“你这衣服是什么牌子的”的询问，可见，人们对服装的牌子开始重视起来。商店里更可见顾客对着吊牌在仔细琢磨的情景。

一、品牌概念

人们口头常说的“牌子”，其学名为“品牌”，是眼下不少人熟知的一个名词。那么，什么是品牌呢？美国市场营销协会（AMA）是这样定义的：“一个名称、名词、符号、象征，设计及其组合，用以识别一个或一群出售者的产品或劳务，使之与其他竞争者相区别。”这表明，品牌是个内涵较广的概念，简单说，包括名称和标志（识）两部分。

品牌名称是货品的制造商或经销商为了使自己生产或出售的商品或劳务易于识别，并与竞争者生产或销售的商品或劳务区别开来，而给自己的货品或劳务所起的名称。这名称以一个字或几个字母组成，若是外文，也可以是几个字母组成的没有任何意义的文字，但能够用口语来发音，例如著名的时装品牌 Christian Dior，其所在的公司则是劳务的名称。

品牌标志（识）是指品牌中可以被认识、识别，但不再是直接语言称呼的部分。品牌标志往往是某种符号、象征、图案或其他特殊的设计。迪奥时装以 CD 字母组合作为品牌标志。

品牌名称和品牌标志经向政府有关部门（商标局）注册登记之后，获得专利权，受到法律保护就称为注册商标。它存在于市场活动的联系和关系之中，名曰“无形资产”，属于知识产权的范畴。实际商标是一个法律名词，是经过注册登记受到法律保护的品牌或品牌的一部分。

其实，品牌这个名词也是近一二十年才逐渐被人们所认识的。当年，人们只以牌子相称，尤其在北京、上海这样一些商业文化和商业氛围浓厚的大都市，人们是很讲牌子的，且很看重地区的文化特征。自 20 世纪 80 年代以后，欧美商品和营销理论的导入，“品牌”之概念才慢慢在国人中广为传播，并深入到生活领域的各个方面，且发挥着越来越大的导向作用。

邓永成所著《中国营销理论与实际》一书指出，品牌概念的提出最早为西德尼·莱维，时在 1955 年。另有学者还对“品牌”一词进行考证，得出属于古斯堪的纳维亚语“布兰多”，意思是“燃烧”。它曾经、现在依然是牲畜所有者用来标识他们动物的工具。这样的结论虽出乎现代大众的预料之外，然其标志作用还是很明显的。之后，各种界定法亦相继问世，影响较广的有：

约翰·菲利普·琼斯（J. P. Jones，1999，广告专家）认为：品牌，是能为顾客提供值得购买的有功能利益及附加值的产品。

哈金森和柯金（Hankison and Cowking，1993）从视觉印象和效果、可感知性、市场定位、附加值、形象和个性化“这六个方面进行定义”。

菲利普·科特勒（美国学者，营销之父）在《营销管理》（第 10 版）中把品牌概括为，是销售者向购买者长期提供的一组特定的特点、利益和服务，它有“属性、利益、价值、文化、个性和使用者”六个层次。

国内学者对此也有颇多建言，有认为品牌是包括商标在内的，一系列传递产品特征、利益、顾客所接受的价值观、文化特征、顾客所喜欢的个性等设计和活动的总和，它包括公司形象识别系统与整体化营销传播活动；还有的表述较为特殊，说品牌是企业与顾客之间的关系型契约，品牌不仅包含物品之间的交换关系，而且还包括其他社会关系，如企业和顾客之间的情感关系。此说较为别致，是把品牌置于整个社会环境之中，企业之所以创品牌，就是为了与顾客维持稳定、长期的交易关系，是放眼未来的；视顾客为合作伙伴，是一种相互依赖的关系。所以，品牌的核心含义，应该是关系性契约。此种见解新颖，认为品牌是契约，涉及关系双方，把顾客同作主体之一，应该说是颇有创见性的，体现了品牌定义研究的发展，这是值得重视的。

上述各种说法，尽管所取的方式、视角、对象、内涵多有不同，更有大相径庭者，但有两点却相当一致。其一，发声读音的称谓，即品牌名称是可以让人读和听的；其二，作为图案的标志和象征意义的特点。两者均以简洁、明了的方式，让世人便于识记的一种符号系统。品牌定义的符号系统，是任何界定法均不能避免的。无论是研究品牌，还是市场营销，都是很有作用的：即引导品牌迅速走俏市场、深入消费者心理，为企业带来效益。

另有从品牌组成的角度进行讨论的，即品牌=品位+品质。所谓品牌品位，是指品牌塑造过程中，对目标消费群体多种生活信息的分析、提炼而成的独特文化和人文情感。此为引发消费的感性基石，具有拟人化、情感化的特点，是以形象思维加以落实的，在感性体验中，产生对品牌的依赖感，并据此上升为对品牌价值观的认同。至于品牌品质则较为简单明了，以数据、证书、说明等理性化的资料，显示其产品的“质量可靠、信誉第一、购买放心”。此类品牌个性鲜明、文化独特。在市场竞争中，两者分别代表了“消费引领型”和“产品引领型”。

至此可以说，品牌是消费者对企业产品的认知与体验，即品牌和消费者是一种互相充实、互相完善的关系，特别是对消费者的研究，应特别重视。因为我国社会的消费倾向是多文化、个性化的，且整个艺术、文化、社会等各个领域都在走向大众化、普及化，所以，强调消费群体的培养，就是为品牌的成长积蓄市场力量。

二、品牌发展

品牌和商标的概念，随社会的发展而日益受到市场和消费者的关注。人们的购物行为受媒体的导向作用，往往先问牌子，已成为购买商品的主要因素或先决条件。品牌的市场状况，往往左右了人们消费的成功率，这就是所谓的名牌效应。

名牌，是指达到一定市场知名度的品牌或商标，因质量、款式获誉市场，为广大消费者认同，遂使消费效率大增，牌子因而有名。因其是好的、优秀的产品，创出牌子，市场因牌子认识产品。这样，产品开发与名牌效应便步入良性循环的发展阶段。

这里，名牌的内涵很丰富。它不仅是优秀的代表，更是生产者、经营者创新性劳作的智慧结晶，是他们对消费者需求的精益求精的体现，以及千方百计的满足。同时，名牌还是企业实现经济效益的源泉和重要支柱，是企业形象和信誉的代表。实践证明，名牌产品可以使企业快速成长，亦更利于企业产品的研发和推广。不过，要想使产品成为名牌，那是有许多条件的，产品的质量自不必说，市场占有率、知名度、美誉度等方面，都会有相应的要求。

名牌从某种意义上讲，是种广告用语。就市场来看，各种名牌很多，有自封的，有在一定范围内评选的，有产生于各种渠道的，诸如消费者最喜欢的名牌、参展获优胜品牌、市场销售排名前三，等等。尽管名牌类别较多，但最终的裁判，还是由市场说话，即销势好，百姓喜欢，消费者认可的产品。评审也好，自封也罢，最后的裁决权在市场，没市场效益，什么都白搭。作为著名名牌的驰名商标与名牌在概念上有较大的区别。驰名商标一定是名牌，但名牌不一定是驰名商标。驰名商标是规范化的法律用语，各国法律基本都有专门规定。驰名商标是依照《保护工业产权巴黎公约》的规定，依照职权或利害关系人请求，商标注册国或是使用国商标主管机关依照法律程序认定的。

驰名商标在法律上可受到较多的特殊保护。比如，驰名商标即使在国外不注册，也能得到该国的保护。一般商标只是在同类商品上不能与之相同或相似，而驰名商标即使跨种、跨类也不能与之相同或相似。我国已经开始了驰名商标的评审工作，虽在第一批公布的 14 个驰名商标中，没有一个服装牌号，但如今已是屡屡可见，说明品牌建设在我国的发展还是很快的。

三、品牌在我国的建设

品牌之说，在我国古代早已有之，但现代意义上的品牌概念，还只是开放以后的事，仅二三十年时间。回顾这极短的岁月，我国的品牌却经历了启蒙、创牌和发展这三个阶段。

20 世纪 80 年代，人们对品牌的认识和理解，仅停留在媒体广告，提高企业名气的层面，谓之启蒙阶段。

到 90 年代中期，品牌意识进入产品层面，是作为一种信用、承诺来理解的。这是个热火朝天的创牌时期，各地品牌战略的实施，是政府介入品牌建设、对企业创牌进行政策扶持的结果。

到 21 世纪，品牌已成为消费者体验品牌价值的最终形式，消费者成了品牌价值的权威发言人，成为产品品质、信誉、品位的代名词，成了独立于产品之上的某种精神代表，即消费者所心仪、仰慕的对象。从此，我国走上了名牌发展之路，如七匹狼、波司登、恒源祥等。而阿玛尼、迪奥、香奈尔等国际品牌，就是高端消费者选择的目标品牌。其商标的估价相当高，以至达到“名牌无价”的地步。

名牌之所以“无价”，和它的价值基础关系密切。因为名牌的价值，代表了一个可观的市场份额、消费倾向的认同及巨大的品质诱惑力，从而促使市场供应关系迅速向名牌集聚。所以，21 世纪的市场，集中于品牌的竞争，以品牌实现产品价值。

而步入现代商业社会，形象竞争更成了焦点，遂使名牌内涵更富有新意。品牌、企业（CI）、商铺等方面的形象，成了产品竞争的前沿地带和最直接、最容易检验的关键要素。所以，名牌价值的形成，不是单纯的价格、质量的竞争，价高质优不等于名牌，名牌是在企业综合实力的竞争过程中实现的。

四、品牌特性

（一）品牌实力标志

企业创建、塑造品牌形象所达到的最高境界，就是登上名牌的宝座，是国家综合实力的体现。衡量一个国家经济发展程度可以有许多标志，常见的有国家统计指数、城市建设速度和市场繁荣程度，而更深层次的反映则是名牌的拥有量，必须做名牌大国，做品牌强国，只有名牌才能跻身世界，才能在世界经济事务中有话语权。所以，品牌是衡量国家实力的标志。

我国要兴旺发达，只有创立一批国际名牌，才能置身于世界品牌强国之林。而名牌的创立，则必须先对品牌的属性和内涵作一了解，以在创名牌的征途中，步伐迈得更扎实。人们知道，品牌是一个企业商誉的载体，是企业的文化、形象、市场知名度的高度凝结。企业品牌塑造的成功，是企业参与市场竞争取得成功的主要标志，也是企业创建名牌的成功，当然，更是企业的成功。

（二）品牌四大属性

综合成功企业塑造、创建名牌的经验可知，名牌具有公认性、可信性、地域性和时间性这四个属性。前两个属性因赋予了资产性价值，而衍生出名牌的价值性。这是由于名牌因其公认性和可信性，而处于市场竞争的优势地位，从而获得可观的超额利润。同时，企业在创名牌时所付出的人力、物力、财力和智力等资本价值，已熔铸为名牌形象的无形资产，其所带来的效益远远高于先期投入，此即为前述之名牌效应。这是经营品牌、塑造名牌的真谛之所在。

而名牌的地域性和时限性，则是对名牌价值性的限制。和世间任何事物都有局限性一样，名牌也是如此。其知名度也必然为时空所限，任何超越时空的名牌是不存在的，这就影响了名牌价值的进一步扩散和实现。为使名牌价值最大化和持久化，就必须对名牌进行扩大影响的投入，即增加名牌知名度宣传推广的投入，以使名牌知名度永处旺盛期，为企业带来源源不断的社会效益和经济效益。

五、品牌定位

（一）定位理论确立

创始于 20 世纪 70 年代的美国，当时强调以广告形式，将产品定位于潜在顾客的心中，而不改变产品本身。至 20 世纪 80 年代，世界著名市场营销专家菲利普·科特勒将定位理论系统化。他认为：定位就是树立企业形象，设计有价值的产品的行为，以便使细分市场的顾客了解和理解企业与竞争者的差异。可见，定位是目标市场选择后的结果。它直接影响产品策略、价值策略、分销策略和促销策略的选择。所以，定位已成为现代营销活动的基石，是产品进入市场的突破口。

（二）定位三大组合

在现今的市场环境下，服装企业的竞争，已跃升为品牌打造的竞争，即使本企业的货品能为适合的消费群体所接受和宠爱，并成为忠实客户。这就是品牌服装的魅力。而质量、定位、经营决策和市场扩展，同为品牌服装的构成要素。就市场地位而言，品牌定位应是第一位的，它包括市场、价格、风格三部分。有的著述甚至还称其为品牌服装的“灵魂”。

市场定位。即在如潮的消费人群中，确定自己产品的服务对象，划出特定的消费人群。这是讲究衣着品位的结果，也促使服装新品不断问世。这样，消费对象明确，更突显服务对象的鲜明。产品的服务功能和产品开发方向明确，更易获得稳定的消费人群。也有以服装大类形成定位的，如法国“鳄鱼先生”的网球衫、“POLO”棒球衫、“路易·威登”箱包、台湾“丽婴房”婴幼儿装。还有以年龄结构来弥补市场空缺的，如以中年女性体型发胖为定位依据的，从而在市场独树一帜。

价格定位。价格是商品社会吸引消费的重要杠杆。合适的价格对拉动市场消费的作用的确不可小觑。不过，对名牌而言，价位越是趋高，就越能引起消费者的好奇心，以推动因猎奇而产生的消费观。但名牌并不等于高价位。货真价实，是价格定位的基本法则，而不是越贵越好。重要的是切合基本消费者的承受能力，与既定的消费群体的实际经济能力相吻合。

风格定位。服装的风格往往传递着一种生活方式和生活态度。如见 ESPRIT 就感春风拂面，觉青春之活力，此乃服装风格之使然，以满足消费者轻松欢快的心理需求。ESPRIT 的广告词指出：ESPRIT 的顾客是喜欢运动，充满活力、善于交际的女性。她们在异性面前充满自信，并乐于享受男女差异的乐趣，而不仅仅是异性追逐的目标，青春对于她们是一种精神而绝非年龄。此处可以看出，服装风格与穿着者的心理具有潜在的启迪作用，服装风格与心理吻合，使服装充当穿着的心理桥梁。

（三）定位与设计师

需注意的是，据国外著名品牌分析，服装品牌的风格定位，大多与设计师有关。设计师的个人自我风格往往会不自觉流露在自己的作品中，在得到品牌企业的认可后，就成为企业服装品牌的风格，或以企业品牌命名，或以设计师命名。后者以设计师的作品风格的感觉力来确定产品风格。与其声誉名望奠定名牌产品的地位，从而树立起服装品牌在行业中的领先地位。这种以设计师为品牌风格定位的运作法，国内不多见。虽有设计师品牌的问世，但市场影响、市场份额（占有率），离预测还有很大距离。这也是打造品牌、创出名牌、走向世界所要着力突破之所在。只有设计师的作品在市场有了相当的影响，其品牌才能有真正的国际地位。远的不论，近邻日本服装的声震巴黎乃至世界，就是由于战后到六七十年代，诞生了一批名动服坛的著名设计师，如君岛一郎、森英惠、三宅一生、高田贤三等，为日本服装界乃至日本国赢得了很高的荣誉。这成功的经验，不得不研究，吸取、借鉴其成功之经验，为我国的服装品牌的腾飞，做好基础准备。

当然，在创品牌的过程中，也存在不尽如人意之处，那就是名牌的被仿冒、被剥样，有的更在品牌读音、图形上，以谐音、相似等方式傍名牌，以获取一己之利，而严重损害了品牌的市场美誉度，以致败坏了市场，如华伦天奴品牌，其前后缀不知道被追加了多少，从而使品牌蒙受巨大损害。这在于加大市场监管的力度。

品牌建设是个系统工程，并非单项定位所能囊括，还得有企业经营决策和市场扩展规模等的通力配合，方得保品牌的持续发展。不过，还应正视我国品牌发展的诸多不足，如商务部所指出的那样，与发达国家相比还存在巨大差距，只有在努力缩短、弥合差距中，打造我们自己的品牌。

六、品牌家族

（一）分类

根据国际著名品牌发展的实际情况及我国品牌的现状，“品牌家族”大致可分为：

（1）以家庭、血源为纽带，经过较长的市场演变而形成的品牌族群（范思哲）。

（2）以产品延伸形成的品牌组合（香奈尔）。

（3）企业在发展过程中，品牌队伍不断扩大，形成了一个品牌团体（波司登）。

（4）品牌产品品种的扩大，延及服装的多个大类（恒源祥）。

（二）奢侈品

商品经济发展和国际交往的频繁，使诞生于国外的“奢侈品”在中国市场迅速扩展，成了富有阶层、追逐高品质生活的人们所向往的一种商品。

1. 含义

“奢侈品”是个舶来词，中国文化中无“奢侈品”之说，且“奢侈”之定义，明显属贬义。说文解字称，“奢”由“大”和“者”构成，“者”有结果之意，表明结果比实际需要大了，即产生过分的含义；而“侈”字由“人”和“多”构成，意谓人所用之物过多。经此寻根溯源，“奢侈”一词的含义可为“挥霍浪费财物，过分追求享受”。这是改革开放前每个国人的共识。

欧洲对“奢侈品 Luxury”解释为“极强的繁殖力”，其概念源自拉丁词“Luxus”，后引申为“超乎寻常的创造力”，西方近代以后用于描述“在各种商品生产和使用过程中，超出必要程度的费用支出及生活方式的某些方面”，更多地则用来描述那些耗费时力、精雕细琢、完美无瑕的“精制品”。东西方文化的差异，于此可见。

然而，随着世界进入“后奢侈时代”，社会各界从各自不同的视角，开展对“奢侈品”的研究，而形成了各自独特的理解。

经济学家：“奢侈品”是价值与品质最高的产品。奢侈品是无形价值与有形价值比值最高的产品。

商品学家：价格高并不意味着就是“奢侈品”。“奢侈品”的高价性也绝非是生产与使用过高过多的物质成本的积累与堆砌，而是在其背后有一个完美体系支撑和百年文化传承。

商家：用卖 10 头牛的钱，买不用半张皮就可以制成的皮包，还要再等上一整年甚至更久，这就是“奢侈品”。而且在新式奢侈中，前瞻性的技术方案运用在生产方式中，智慧和知识让“奢侈品”更加具有意识和技术上的领先。所以拥有奢侈品不仅代表了尊贵，还满足了个体的情感欲求，这就是奢侈品给予人们的感觉。

社会学家：“奢侈品”超越了“腐败、浪费、颓废、不公平”的意味，它以非同寻常的物质符号来塑造自我主张的个性风格；奢侈品及其消费已经成为社会进步和经济发展的推动力。

美学家：“奢侈品”是一种生活被艺术化的符号，是一种把生活追求变为美学的外在标志，“奢侈品”就是一种艺术美学的直接代表，它已被赋予了更多的文化、历史、艺术和哲学含义。

上述各家观点，尽管多以各自所涉之领域为基点，给出了“奢侈品”的定义，显示了各自研究范围的特色，但有一个共同点，即“奢侈品”是人们高智慧的艺术成果，是社会发展的文化历史的凝聚。这表明，“奢侈品”是物质社会高度发展的象征，是满足人们精神需求，体现身份、地位的非生活必需的物品，是艺术和商品完美结合典范的代表。

2．特点

据权威英文辞典对“Luxury（奢侈品）”还有“可拥有但非必需”的定义，可引申出两层含义：“创造愉悦和舒适的物品”与“价格不菲的昂贵物品”。西方对商品有一条明确的分界——“奢侈品”与“必需品”，即如我国“高档货”与“大路货”之分别。据此可知，“奢侈品”具有高品质、高价格和非必需的特点，即一种超出人们生存和发展的需要，具有独特、极品、精致、稀缺、珍奇、昂贵等特点的消费品，也称非生活必需品。

“奢侈品”对社会的进步、国民经济的发展有着积极的促进作用，因为它们集中了最先进的技术、最和谐的产品美学，它是亲切的、细腻的、敏锐的、最人性化的，而且奢侈品本身也在不断进化中。但无法不感慨，一个拥有 5000 年文明的民族，一个曾经创造汉唐繁荣的国度，至今竟无一个世界公认且全球知名的奢侈品品牌。这是我们中国的遗憾，也是需要国人奋起直追的地方。

3．奢侈品品牌现状

英国作家、唯美主义代表人物王尔德，年少轻狂，在《少年国王》中写道：“皇上，你不知道穷人的生活是从富人的奢侈中得来的吗？就是靠你们的富有我们才得以生存，是你们的恶习给我们带来了面包。给一个严厉的主子干活是很艰苦的，但若没有主子要我们干活那会更加艰苦。你以为乌鸦会养活我们吗？所以回到你自己的宫中去，穿上你的高贵紫袍吧。”可他绝对没想到，往后的一百多年间，正是这句话形象地勾勒出时尚作为一个产业链条的形态。

欧洲的文艺复兴和工业革命，引发了欧洲资本主义经济的迅猛发展，一批原本出身寒微的金融、商业、农场等从业人员迅速暴富成资本家。这些财富新贵渴望进入上流社会，其标志就是拥有奢侈品。于是，深藏欧洲宫廷的奢侈品就流入了资本社会市场，并一下子繁荣起来，逐步建立品牌，形成一个效益巨大的产业群，傲立于品牌市场的巅峰，成了引领国际时尚潮流的风向标。

几百年来，奢侈品产业一直由家族企业掌控，服务于社会最富有的阶层。据经济学家估计，全球奢侈品的传统消费者数量只有 750 万人左右，为社会带来绝对高额的经济效益。20 世纪 90 年代之前，全球奢侈品产业一直以 10%—20%的速度超常规发展，创造了 4500 亿美元的全球市场。并以 PRADA、LVMH、GUCCI 三大奢侈品集团为代表。经过百多年与上流社会贵族淑女们的共同的打造，它们成了高贵、奢侈、稀有的代名词。

欧洲经济自 18、19 世纪以来的快速发展，及其从宫廷内部流向资本巨头，使奢侈品在生活的各个领域迅速兴起。

（三）奢侈品西风东渐

当欧洲的奢侈品入驻国内那些著名的大商厦时，我国的财富新贵们，也看中了这些价格昂贵的品牌。本不善洋酒的他们，逢宴必开 XO，尽管口说“不好喝，像某某药水”，可脸上露出的却是富有的神气，是一种炫耀，而不是实际的需要。他们看重标签价格所带来的心理上的满足感，并不是对品牌文化有什么别样的理解，显示了消费上的盲目崇拜和极度的虚荣心。

正如英国《经济学家》杂志评论所言，“亚洲人习惯将昂贵与奢侈联系起来。他们认为奢侈品 80%与价格有关，日本人曾被认为是最盲从的消费群体，而现在中国人大有取而代之的趋势。”且消费趋向年轻化，与西方差异明显。“中国奢侈品品牌消费群体的年龄构成低于欧美。”世界奢侈品协会中国代表处奢侈品某营销专家曾如此表示。欧美国家的奢侈品消费主力是 40 岁至 60 岁的中产阶级，占个人财富的 4%左右；而在东方则要年轻 10 多岁，即以 30 岁左右的年轻新人为主，用自己收入的 40%甚至更大的比例去追求奢侈品。奢侈品作为新兴事物，对这些刚走入上层社会的年轻消费群体，具有较大的吸引力，他们渴望通过品牌来显示自己的社会地位。

统计表明，我国现在已经具备了消费奢侈品的能力。中国金融资产 100 万美元以上的大概有 345000 人；再从家庭分析来看，年收入超过 100 万人民币的有 500 万户，属富有家庭；年收入 50 万元的有 4000 万户，为富裕家庭；超过 10 万元的有 1.5 亿户，是中产家庭。这些中高端收入的家庭，计达 1.95 亿户，是奢侈品消费的实力型客户。若按照消费心态的差异，还可分为四种类型：奢侈品爱好者 15%，较追求某种社会地位；奢侈品追随者 22%，旨在追求成功，向别人显示自己所属的某个群体，即他也拥有某个牌子；奢侈品理性者 35%，这些人多追求奢侈文化和品牌背后的价值、故事；且消费之前必先要了解品牌知识。最后是奢侈品落后者 28%，也即疑惑、观望者。

中国品牌战略协会相关数据还显示，中国的奢侈品消费人群已达到总人口的 13%，且还有迅速增长之趋势。对此，善于发掘商机的奢侈品巨头们敏锐地捕捉到这一点，纷纷加速进军中国高端市场的步伐。路易威登、乔治·阿玛尼、卡迪亚等老牌奢侈品，都先后来到我国。连位处奢侈品牌顶端的、以奢华著称的 Versace（范思哲），不仅积极跟进，而且还为中国消费市场度身打造，做了必要的调整转型，迎合年轻人的需求品位，并声称只在中国销售。而以经典面世的香奈尔也制订了开拓年轻市场的规划，专为中国 20 岁左右的年轻人推出系列产品。所以，奢侈品市场在中国看好，即使面临百年不遇的经济危机，他们依然不改初衷，还是继续中国的市场推进计划。可见国外奢侈品对我国市场前景的执着。

第二节 品牌、市场与护照

某品牌要进商场，招商人员总要问及做了几年、在哪些城市（进过上海或北京的某些知名商场，谈判会更有利些）、适合人群等内容，而消费者在购买某牌子的服装时，也要打听衣装销得如何、他人的反应等信息，而作为品牌持有者、经营人等，考察时往往也会多方了解与品牌相关的市场资讯。这几方面的情况表明，品牌好似进入市场的“通行证”与“护照”，没有这些要件，你的产品即使再好，也绝不会有合适的市场待遇。这就是现代市场的严酷性。

一、市场发展的需要

品牌作为现代社会的重要支柱，是现代社会经济发展的产物。就中国而言，品牌发展和改革开放关系密切。为了说明方便，有必要对此前的社会经济作必要回顾。

（一）计划经济少比较

中华人民共和国成立后，实行的是计划经济，货品缺乏，物资紧张，凭票供应，穿衣须有布票，各种日用品也有相应票证，否则，只能望货饱眼福，可望而不可即。那是个物资短缺的经济时代。身处那个时代的人，能把票兑换成可穿能吃好用的具体实物，已是非常惬意之事，很少有比较的机会及对象，关键是货品少，以很少物资的得到为满足，很少会对货品本身发生质疑，能得到就相当不容易。那是个缺少竞争的时代，由国家相关部门负责调配，货物少，缺乏竞争的对象。

（二）货品丰富爱“挑剔”

1978 年之后，国门开始打开，实施追赶世界的各种政策出现，外部世界的纷繁、精彩一并涌进了人们的生活，包括衣着在内的生活必需品，一下子适应和满足了人们那种激情的、汹涌的购物情潮，布票的使用也于 1984 年废除（1954 年 9 月 15 日，政务院决定：民用消费用布实行凭票限量供应），充分满足了国人爱美之心的表达，衣装的选择和购置，成了时人的重要谈资。西装、夹克、仔装、时新女装，成了人们必备之行头，服装成了社会的热门商品。好多人也是从中悟出了商机，走上了发家致富之路，有的还发展为行业的标杆、品牌创始人。

正由于服装的大量涌现，造成质量上的等差现象存在，鱼目混珠，以次充好，假货劣品同处一个市场，这极大地伤害了广大消费者的感情，于是人们对衣着品位开始重视、关心、讲究起来，开始对衣装“挑剔”——这是市场教训所致。品牌已在潜意识中萌动。

（三）品牌意识始萌芽

有眼光的服装生产商，面对较为混乱的市场，率先对服装质量进行规范，再从面料采购，款式设计上的出新、领先，使产出之货品引人注目，以期收到胜人一筹、出人意料的效果。这就从货品竞争，发展为品牌打造。没有牌子，或牌誉不佳，其市场份额难以确保，还有可能被边缘化，甚或被挤压出局遭淘汰。活跃于 20 世纪 90 年代中后期的不少服装品牌，现在已有好多听不到、看不见了。市场竞争的法则，关键在品牌，有牌则胜，牌誉佳则更获市场好评、追捧。这是国内市场竞争激烈，导致品牌地位上升，乃至成为服装企业发展根本之所在，所以必须走品牌发展之路。

（四）国际品牌“抢逼围”

国际品牌陆续进入中国大陆市场，更促使国内品牌竞争加剧。皮尔·卡丹 1979 年带来了他的服装，使闭塞多年的中国人眼界大开：服装原来可以这么穿。把国人的穿着这一纯是个人的事引入社会范围之中，是社会经济文化的物质反映。所以，称卡丹先生为中国现代服装艺术的启蒙老师，怕并不为过。

至此而后，国外品牌就源源不断进入我国，至今国际一线品牌及其副牌，大多在我国市场有销售。这些国际品牌以其较为扎实的市场知名度、运作思路、品牌背景、推广造势的力度，很容易入驻国内的知名商场，而且占据较理想的经营场地。发展是硬道理，牌子硬就有话语权，还享有好多优惠条件。牌子好就是能在市场上畅通无阻。这是国际品牌给中国人上的深刻一课。21 世纪的商品，必须是品牌，否则市场难容。

（五）强外须练好内功

从经济强国的角度看，品牌建设的市场需要还在于我国品牌的世界化，即不断被热议的，中国品牌如何在国际市场上占有一席之地。有人说，有品牌就有定价权，你的货就能卖个好价钱。所以，从国际贸易的角度说，也必须有国际认可的品牌，必须参与国际贸易大循环，去锻炼自己的品牌。就服装业而论，先扎实做好国内市场。在本土市场与国际品牌的较量中，取得领先地位，让消费者确实认可，尔后再试水国际市场。要把参与国际 T 台的发布，变为市场的切实效应，变成真正是消费者喜欢的商品。这样的登台秀品，多多益善。千万莫以为去巴黎、米兰展示了几场，就认为可以与国际品牌画等号，个人也成了大师，这不免失之偏颇。脚踏实地做品牌，强化服装品牌的文化打造。这是眼下至往后的竞争焦点，要练好内功。

二、品牌的文化内涵

（一）品牌文化的定义

所谓品牌文化，是人文特质在品牌中积淀、传达某种生活形态、赋予产品以生命力的无形资产，是品牌最核心的DNA。因此有服装品牌灵魂之称，它蕴涵着品牌的价值理念、品位情趣、情感抒发等精神元素，是植入心灵、触发消费的有效载体。它贯穿于品牌经营管理的产品开发、营销渠道、广告宣传、店铺陈设、销售待客等各个环节，且必须体现服装品牌文化的内涵。

常听人说，某某牌子的服装，怎么看都觉得有味。注意，这里的“味”，可不是味觉的味，而是品位、意味、韵味，是富有文化含义的百姓表述法。人们在选购衣装时，往往有左挑右看、顺带比画的习惯，其间固然有款式合身与否的考虑，但更多的恐怕还是对其品质的琢磨，这就进入了服装品牌、文化的层面，希望对服装的文化倾向、内容有更多的了解，所以，现今的服装消费，其物质消费功能正逐步弱化，而文化消费的因素正呈上升趋势。因为服装是消费者自我展示的物质载体，表达的是一种生活方式和价值观。这就是服装品牌的文化体现及其感召力和影响力：向消费者展示品牌魅力，促进供销模式稳定，使消费者产生品牌崇拜的感性体验。

（二）品牌文化内涵成因

本章开篇即已讲过，我国服装的生产量和出口量，均为世界第一，每三件世界出口的服装中，就有一件来自我国，可见我国服装的全球地位。但这仅是数字上的超大，而真正在全球服装经济中发挥作用的，应该是服装品牌的崛起，是品牌文化的崛起，这应是内在价值观和审美观的统一，即需有深厚的文化底蕴，这就是服装的灵魂，诸如风格、精神、气质等，就是构成服装品牌文化的主要因素。所以，就必须打造一个出色的、有影响力的服装品牌，使之成为一个文化符号——受市场青睐的文化符号。那么，品牌文化之内涵是如何形成的呢？综合各家之说，一般有以下几种。

1．自然积淀式

随时间演进，品牌服装所演化的精彩故事和趣闻逸事，成为品牌联想的组成部分，并成为后人记忆中的某种文化象征，其整个过程中的精华共同累积为文化内涵。这可以美国的牛仔服 Levi's 为例。人们认为，Levi's 作为一种标志，是美国文化的象征，是自由、个性的体现，是独立、民主理想、社会变迁和富有趣情的象征。这种源于历史积淀的品牌文化，是最原始、最自然的，由时间的延续来决定。此法虽时间长，历史上并不多，能像 Levi's 牛仔服这样有 100 多年牛仔文化的服装，更是少见。但它使人明白，品牌文化靠的是积累，需有时间的长年积累。创品牌文化，不能急，不能一蹴而就，要有耐心。

2．个性投射式

国人常说，文如其人，服装也如此。综观服装市场，特别是国际上的著名品牌，个人自我的设计在服装品牌上留有相当强烈的印记，即品牌如人，属品牌理论中的品牌个性。如法国的迪奥（CD）、香奈尔，意大利的普拉达、阿玛尼，美国的卡尔文、克莱因（CK）和拉尔夫等，都是世界顶级设计师，他们服装的含义，是经设计师诠释好的，这就把设计师个人对服装的理解和个性等自然而然地投射到服装上。心理学研究表明，人的个性稳定性较强，一般不会有变化，所以，它必然会在服装设计上有所反映，这就是人们常说的风格，具有设计师个人的理想。

当这种理想自我、品牌个性文化，被特定消费者所接受并欣赏时，品牌文化也就开始孕育。就我国的服装发展现状来看，除设计师外，还有一种个性投射方式值得重视，即为数不少的经营者，开发服装，选择面料，仅凭一己之眼光。时间一久，他们既是老板，又是设计师，身兼两职。其中有些人的见解几乎掌控了自己的品牌走势，形成出人意料的效果，令人称奇！听说过“好的服装就像自己喜欢的女人”这句话没有，把服装和女人连在一起。这可是体验深刻的结果，这于服装老板而言，是难能可贵的，他已进入了服装设计领域的最高境界。他把自己对服装的理解、个人的感受完全投射到自己品牌服装的设计中，从而形成饱含自己的个人见解的品牌文化。

3．策划赋予式

由策划公司与企业高层管理人员进行多次交流和沟通而设计赋予品牌内涵，尔后请明星代言、集中做广告，转眼品牌就“有文化”了，具有明星文化的特征。这是国内用得较为普遍的一种。

具体而言，就是策划人员和该企业研究后所作的概括、提炼、升华，即进行艺术设计性的语言表述，并把这个设计而得的文化内涵赋予品牌，当这个创意设计的品牌文化，经明星代言投放市场后，品牌与设定的文化之间构建起某种有效的联想，该品牌的文化内涵也便初步实现。当然，以后尚有更多、更重要、更长期的事要做。这即如怀孕一样，受孕只是生命的开始，尚有10个月母体的孕育，每个阶段都需有相应的保胎措施。一朝分娩，事情就会源源不断了。父母对儿女的操心是一辈子的事，品牌也是如此。所以，有位颇有影响的台资品牌老总不无感慨地说，做品牌是终身的事业。

（三）显性隐形法

这是对上述品牌文化的三种构成法再进行划分归类。显，显示，明白直露，视觉能看得清楚；隐，隐藏，不易被发现，需经过分析方可知道、明了的含义。据此来看，自然积淀和个性投射这两种可归为“隐形文化”，第三种策划赋予式可称为“显性文化”。隐性文化对欣赏层次和消费意识的要求较高，如香奈尔、迪奥、阿玛尼、纪凡希等大师的作品，都市人都知道，就是二线城镇也会有所耳闻，那是电视的业绩，但基本上停留在“这几位是服装界的大师”这一点上，若想继续探究的话，如香奈尔及其服装是20世纪的“经典”“永远的时尚和个性”“浪漫传奇”等文化含义的话，恐怕知者就不那么多了。所以说，品牌文化之深义，并不是普通人一眼所能欣赏得了的，尚需一段很长的培育时间。这是一种由内而外的品牌文化的显示。

显性是指以各种推广手段，来实现品牌的文化。其中有形式多样的活动，如举行冠名主题研讨会、赞助音乐舞蹈演出、为影视剧演员提供服装（嵌入式）、担任大型盛典的颁奖嘉宾（或奖品），以及专业展会和投放影视、报刊的新品行市的流行发布（有的更印制大量的样本、DM）等。这里既有似学院派的学术研究，就共同关心的涉及行业的话题，宏观性地展望行业前景；而更多的是娱乐性的，在愉悦、轻松、自然的形式中，接受了主办方所注入的广告深意，寓“广告”于其中，可谓润物细无声。这些形式各异的广告的不断推出，其目的只有一个，就是要引起目标消费者的注意，使之形成共鸣，时间一长，这种靠“说出来”的品牌文化，也就渐次成型。可以说，这是一种由外而内的融注式品牌期望后的构成法。它具有这么几个特点。第一，它是目标顾客所特有的情感，其他品牌很难再使用；第二，是最能引起心灵共鸣的情感，只有共同经历过的东西，才是最易引起共鸣的；第三，还可引起目标顾客关系人的共鸣。品牌文化吸引的不仅仅是目标顾客，也应该延及他们的关系人。

这表明，服装正日渐脱离实体产品的属性而成为文化衍生品，消费者早已不再简单满足于产品的质量和款式，更多地表现为对品牌所传出的文化信息的欣赏与否，对品牌文化是否认同，这是决定消费者品牌态度的关键。同时，面对日益竞争激烈的市场环境，面对越来越多的洋品牌角逐中国市场，决定竞争成败的关键，早已不是技术和设备等硬件因素。规划和创建有渗透力的品牌文化才是决定竞争结果的核心。“真正的品牌意识不是靠外界强加给我们的，它一定是一种生命的自觉才靠得住。”打个比方，就好像母亲在女儿出嫁前，总是反反复复、仔仔细细地为其进行细心装扮，那纯是自然，发乎本性的。

第三节　世界品牌的文化经营

做品牌经营的，谁都想使自己的产品有市场地位，能站立于市场的前沿。至于如何达到这个目标，却是各有高招的。世界品牌的招术，就是要争第一，取得个印象第一。这就在于产品的不断创新、不断创出新时尚，而这就需要品质和时间的保证。

一、强化品质

奔驰公司曾刊登广告说“如果有人发现奔驰牌汽车发生故障，被修理车拖走，我们将赠送您一万美金。”言下之意，奔驰的质量绝对是没有问题的。说来也巧，2009 年春节，上海延安东路某高架处一辆轿车飞出护栏，从高空坠落，车不仅未遭受大损，而且驾驶员还能从车内出来。人们在谴责驾驶员的违规操作、不惜生命之余，还得称赞“这车真好！”可见，奔驰车的质量的确是没得挑剔的。从概念来说，这品质中还得包括品位。品位应有韵味、神韵等内在性的、属精神方面的感受。服装为人们穿着之必需，在与人体结合后，更可产生某种感觉，这就是服装的韵味。世界男装顶级品牌杰尼亚（Zegna）堪称代表。

杰尼亚作为国际男装品牌，是人们所熟知的一个已有百年历史的家族品牌。百年的持续发展，就在于他们不断创出富有独特风格的产品和长期的品质管理。他们对顶级男装品质的理解，除产品的核心元素外，还应与组织、机构、文化以及和消费者沟通等因素息息相关，以及市场细分的年轻化特色。特别是进入中国大陆后营销策略的调整，更是杰尼亚持续发展的又一新招，即产品设计和顾客需求之间平衡点的把握，如在高档购物中心建立品质一流的店铺，提供奢华贴心服务等。这种品质服务的不断挑战传统、不断改革创新的措施，是杰尼亚百年来保持成功的又一新经验。这是国内同行值得学习探讨的重要内容。

二、文化积累

（一）品牌的时空文化

其实谁都明白，文化靠积累，可是，一到具体就难免糊涂。特别是我国这个刚奔上改革开放之路的大国，脱贫致富，视为第一。这在服装业特别明显，这就特别需要向国外著名品牌学习。国外服装品牌之所以著名，时间磨合是个重要因素。短时间是不可能造就名牌的，即便有些名气，若不加经营，很可能是短命的。体育比赛有等级差别，服装名牌也是这样。体育冠军有县、市、省、全国、洲际、世界等的区别，这就是地域等级。同是冠军，差别很大。而从空间概念说，它是物质存在的广延性，表示产品知名度所及之范围的远近，即品牌的地域效应，有局部、区域、全国、世界的区别。此外，还有个时间的概念。时间是物质运动过程的持续性和顺序性，它表明品牌知名度存续的时间：几年，10 年，甚至 20 年以上直到永恒。

就此来看，第 20 等级品牌的知名度最高，香奈尔、迪奥、阿玛尼等品牌符合这个尺度。早在 25 年前，英国的 Interbrand 作为世界著名的商标咨询公司，按照严格的方法所排出的世界 50 大名牌，服装类就有 Dunbill（登喜路）和 Levi’s(李威)，这些商品在全球都享有较高的声誉，消费者几乎遍及世界的每个角落。地域广阔达全球，时间跨度逾百年。这就是国际品牌的时空文化建设。试想，一个经历百年的品牌，其间所累积的品牌故事就够写多本厚厚的大书，如品牌的设计佚事、销售佳话、店员趣闻等，皆为品牌成长之基石。后人读来，在了解该品牌的历史之后，更是享受到品牌发展之文化愉悦。

（二）累积中文化创新

品牌之所以能历百年不衰，经受时间考验，关键在于其创新的领先。Levi’s 作为世界上最著名、时间最悠久的服装品牌，当前品牌价值达 51.42 亿美元，其获得市场的成功秘诀，就是不断地变化，即应时出新。这款当年为淘金工提供坚固耐磨的矿工服，经过转型已完全脱离了工装的行列，成了普通人的裤装之一。

而牛仔裤畅销，也引得不少仿制者，李维·施特劳斯公司就向时装化扩展，以保其领先之势。后因美国女青年喜欢男式裤，在广泛调查的基础上，设计生产了各式适合女性穿的牛仔装、便装裤、牛仔裙，引得太太小姐们竞相争购，开创了牛仔服饰潮流的轰动效应。

其间名人穿着，更使李维仔装名声大振。英国已故王妃戴安娜、埃及皇后法赫、摩洛哥公主卡琳娜、美国肯尼迪总统夫人杰奎琳等世界名女，摩洛哥国王哈桑二世、约旦国王侯赛因、法国前总统蓬皮杜、美国前总统福特等政界要人，都是李维牛仔服的忠诚拥趸。

同时，衣装类别更为扩大，裤、裙之外，还向外衣、衬衫等拓展，并辅之服饰的鞋、帽、包袋等，形式多样，极大地丰富了成衣世界。至此，这个以裤起家的品牌、穿着人群单一的仔装，已成为全球社会大众、男女老少都喜欢的衣装之一，成了全世界的衣装文化。

正如美国硅谷营销专家吉斯·麦克纳（Regis Mckenna）所总结的那样："在变化迅速的行业中，营销者需要有一种新的方法。他们应该考虑的不是分享市场，而是开创市场；不是获得一块馅饼的较大份额，而是必须努力制造出更大的馅饼。更好的办法是焙烘出一块新品种的馅饼。"这里说的"新品种的馅饼"，就是创新开拓产品，从而夯实品牌的基础、抢占市场先机。这就是指任何企业的战略都能够也应该朝着开创市场的方向彻底转变。

（三）耐寂寞培育文化

国际品牌打国外市场，更显示了他们那种耐得住寂寞的市场韧性。他们从目标客户的利益出发，保持其相应的稳定性，及其市场发展的长久性，并不以经营利润及市场占有率的最大化为先期考核目标，更不搞快速的"攻城掠地"，即重点区域普遍开店。加拿大品牌宝姿（Ports）就采取这种营销策略。该品牌从 1994 年进入我国大陆市场，不以短期利润的获取而忽视长久的市场经营，不一味追求利润的即刻实现，而是以市场培育为主，让消费者对品牌有个接受和认识的过程。这样做，后期的市场勃发就会增量。经过五六年的市场坚持，2001 年毛利润有了很大的提升，达 58%，2002 年升至 62%。而在 2006 年度内的平均单价及同店销售，同比升幅 31%，毛利率升至 80. 9%，全年营业额 10.55 亿元人民币，其中企业获利 2.54 亿元人民币。中国市场的多年培育，终于获得了盈利。此乃品牌经营寂寞后的收获，诚为"失之东隅，收之桑榆"。据说，该品牌至今已开出专卖店 200 多家，实在是"坚守"二字所育之文化定力。

其实，世界品牌的国外经营，大多有这个过程。国外服装品牌虽看好中国市场，但多比较谨慎，他们一般会在中国一些消费水平高的大都市如上海、北京的高档商区各开设一家专卖店，先进行市场观察，小批量进货，不以赚钱为目的，着重培养自己的消费群体。尽管他们明白，不少人暂时不会消费这些品牌，但他们的"坚守"，传播了品牌的形象文化，给人以一种品牌的力度。一旦条件具备，他们会很乐意购买心仪已久的名牌时装，并可望成为该品牌的忠诚客户。

（四）人体研发兴文化

国外品牌着眼于服装本身的研究，是尤其用心的。国外名牌服装无论是面料、款式和做工上，基本上均领先国内产品。特别是一些国外名牌服装的板型，于人体有别样的亲和力，充分体现了国外设计师多年来对形体的研究、理解，对整体造型的均衡感的把握。那些与服装相关的环节，都有多年深入而不懈的坚持研发，不完美不罢手。这得益于服装的人体数据研究。国际著名 CADCAM

品牌，法国的力克、美国的格伯、德国的艾斯特等系统致力于适应e-MTM生产形态的人体自动扫描系统、人体三维虚拟图像、款式库、样板库、样板修改库的建立，适合款式个性化、规格个体化的样板自动生成功能的研究。目前，欧盟已建立可商业化的异地测量、异地设计、异地生产、异地取衣的e-MTM系统。由于上述系统建立在可靠的大数量的人体数据库的基础上，因而有望形成真正的个性化服装。

（五）相关领域多建树

各发达国家在服装文化方面的建设，也是处于领先地位的。如服装专业博物馆的建立，美国、英国、法国、日本等国就是以此作为服装文化和艺术设计、研究的重要基地。粗略统计，国际上主要服装专业博物馆已达80多家。这是个很可观的数字。而国外院校也很重视服装专业博物馆的兴建，形成专业院校的特色博物馆。如专业史学强化专业教学，使服装教学在历史的厚重和现代的时尚中，走向完美的融和，成为服装文化和艺术设计、研究成果的诞生基地，其代表有美国纽约时装学院(FIT)服装博物馆。日本文化服装学院的服装博物馆，也有相当高的水准。这为服装研究提供了极大的优势。美国康奈尔大学、纽约大学、纽约时装学院、巴黎时装学院等，均取得了较高水平的史学研究成果。而美国加州戴维斯大学、明尼苏达大学和伦敦时装学院等院校，对流行文化的研究，则代表了国际水平。这些都对各国的服装文化建设起到了积极的推动作用，也是我国要努力学习和弥补的。如东华大学和北京服装学院都分别进入了实质性的启动。

（六）设计师潜心研习

上文说到国际品牌的成功，都有一个较长的时间跨度，这已为世人所熟知。然而品牌之所以能不断发展、攀升，是设计师的幕后付出，才使品牌的精神得以延续。迪奥过世已达半个多世纪，可其品牌CD，至今仍然是国际服装潮流的领导者；香奈尔也于1971年1月辞世，然30余年来，她的两个“C”字组合的品牌标志，仍是高级女装的代表。那是一批批设计师精心传承的结果。所以，创品牌需要设计师默默耕耘。而国际著名设计师的成功路，也是由耐心磨合而成的，来不得半点浮躁。日本设计师森英惠，不懈于巴黎的默默打拼，历经15年才融入传统的西方高级时装圈。阿玛尼在成名前曾在一个职位，一干就是8年。他在男装部主任职位上潜心研究布料和生产工艺，如控制造型、选择面料、修改细节、调配色彩等，为日后事业的拓展奠定了坚实的基础。三宅一生也是经如此的基础训练，才练成世界级日本风格的服装设计大师。1966—1968年，为三宅向西方的拜师学艺期，他先后担任法国设计师纪•拉罗什（Guy Laroche）

和纪凡希（Givenchy）的助手，1969 年他到纽约，担任吉奥弗雷·比尔(Geoffrey Beene)成衣设计师。正是在这些西方高级时装和成衣界的多年修炼，成就了三宅一生作为服装设计的国际地位。

其实，但凡有市场影响的设计师，都会有个艰难的创业成长过程，决非上述所能概括的。至于其他流行文化的借鉴，也是国外著名品牌进行文化建设的一个重要方面，且不乏成功例证。如 Ecko，Roca Wear 等品牌借鉴了 HIP-HOP 音乐文化，Westwood 借鉴了朋克文化，户外运动的兴起又使得 Columbia，The North Face 等户外服装品牌声名鹊起。流行文化的借鉴，使品牌和文化之间建立了强烈的品牌联想，以至品牌的文化属性更明确，品牌的认同感也就更为强烈。因此，国际品牌文化建设的经验，值得发掘、借鉴，以创我国服装文化之精彩。

第四节　创新视野下的中国服装品牌

日本首相安倍晋三把“索尼”和“松下”称自己的左右脸，因为这是国力的象征。既然品牌已被上升为国家经济实力的高度，那其拥有量的多少，直接关乎在国际事务中的话语权。品牌就是国家的命脉。现代商业竞争体现于品牌，比拼的是名牌的拥有量，特别是在国际上被广为认可的品牌。谁拥有的数量越多，谁在国际交往中，就能受益越多，包括被认同、礼遇、受尊重。所以，发展众多的品牌，已成了强盛国力的重要举措。品牌的作用和价值，国人于此已有了清醒的认识。

一、实施品牌战略

在激烈的市场竞争中，品牌的强大威力，已为人们所充分认识。邓小平在南方视察时说：“我们应该有自己的拳头产品，创出中国自己的名牌，否则就要受人欺负。”可谓语重心长。所以，我国的相关行业都积极地开展了自创品牌的活动，服装行业更是其中最热闹的一个。首先，在于政府的高度重视，提出品牌战略。黑龙江、吉林、北京、山东、四川、江苏、浙江、上海等省市，纷纷制订名牌战略的实施计划，诸如品牌扶持方式、奖励办法，各地也有相应的措施出台，以推动名牌战略的深入开展。有的地区还制订“中国杰出女装设计师发现计划”（杭州）、命名原创大师工作室（上海），以鼓励和培养专业人才的脱颖而出，组建设计人才团队，发挥孵化器功能。这样以高起点的方式，向世人昭示中国服装原创设计人才的培养力度，显示了政府的决心。

各类品牌活动的相继跟进，意在具体落实品牌战略，从基础开始做起。如“中国名牌”“中国驰名商标”“中国品牌年度大奖”“中国世界名牌”及各省市的名牌和商标的评选及“金桥奖”、市场销售排序等，均对品牌建设和品牌发展，起到了积极的推广作用。尽管这些评比活动受到了来自各方面的责难，甚至怀疑评选机构的权威性、公证性等。但客观而言，这些评选活动，对我国品牌的培育起到了促进作用，唤醒了国人的品牌意识，引导人们对品牌的重视，在全国范围内起到了推广作用。从某种意义上说，是品牌的国民启蒙教育。

二、潜心炼内功

品牌，是商业的文化事业，既是文化，就得按文化的规律办。凡文化者，讲究的是历练。无定量的历练，必失之浮躁，无根基。这就必须讲究内功的锻炼。内功修炼是武术术语，讲究炼气、养气，有一套很严格的规定，否则，不但不能达到理想境界，还会对身体有所伤害。打品牌，也应像炼内功那样，开始基础扎实的品牌运作，包括品牌管理、营销通路、推广策划、售后服务等。每一项都有很细致而深入的工作要做，要有耐心，扎实于每项事务，不能浮躁，不可能一蹴而就。一口吃不成胖子，这是谁都明白的道理。目标应远大，争世界名牌，可落实于实际，从省市名牌到区域乃至整个中国，要一步一个脚印。市场经济条件下，品牌成与否，消费者说了算；消费者不认可的牌子，再有怎样的耀眼光环，都无济于事。市场是品牌、名牌的试金石。

国际品牌成长的经历，就是最好的佐证。仅从时间而论，大多有几十年甚至更多的历史，是几代人的心血、精力、智慧传承的凝结。其中比较短的 Versace（范思哲），从 1978 年米兰的第一个女装展的成功——范思哲品牌的诞生，至 1997 年 7 月在美国迈阿密寓所前被枪杀，也有 20 年的时间。但此前他就在母亲的作坊里，耳濡目染，并从事图样采集和裁缝工作，从而为日后的服装设计积累了丰富的实践经验。

我国服装从改革开放至今，才 30 多年，发展是相当快的，创造出消费、生产和出口这三项世界之最的辉煌。30 年，弹指一挥间，就创出如此业绩，足令世界瞠目。可千万不能以为这就了不起了，就以为与世界品牌间的距离就拉近了许多。这是一个问题的两个方面，没有服装生产能力和消费水平的极大提高，社会就缺乏创名牌的基础；没有消费审美水平的提高，创品牌将失去对象。所以，还得少安毋躁，静下心来，脚踏实地。“波司登”被授予“中国世界名牌”称号时，引来不少冷嘲热讽。殊不知，羽绒服市场世界总量只有 200 亿元的容纳度，波司登一家就做到了 120 多个亿，占世界的 61.2%。羽绒服仅销一个冬季，一个企业，就取得了如此巨大的市场份额。别的暂不论，波司登仅用 32 年时间，从产品做起，就做出了品牌的个性。“汤尼威尔”，一个颇具特色的男装品牌，为了解消费者的穿着情况，竟从专业院校请来研究生，在上海几大著名商圈对过往行人的衣着展开调研，经对所得图片文字资料进行分析后，才锁定自己的目标客群。这是个功夫活：广处着眼，细微处落墨。身为都市人，有多少人能分辨出行道树——法国梧桐树叶——颜色四季的变化。汤尼威尔有过研究。一个牌子成了名，其背后的故事是很多的。每个故事都精彩，都是炼内功的生动案例。

三、品牌创新“马拉松”

民间多用“马拉松”形容会议长、办事速度慢，多含贬义。此处取其正义。马拉松，体育竞技项目之一，长距离竞赛，比的是耐力，含耐心之义，没有耐力和耐心是跑不完全程的（42195 米）。品牌创新也是如此，要提倡“马拉松精神”，即持久性，否则，品牌的打造很难完美。

所以，列此标题，意在承继上文“炼内功”要“潜心”。什么叫“潜心”？就是心无旁骛，不受干扰，坚持不懈，专心致志。正是这样，就需要马拉松精神，朝着品牌创新，锲而不舍。总结国际著名品牌的成功经验，时间的历练，是个绝对的常项，没有一个品牌是在很短的时间里，就能在世界范围内广为人知的。古人说：不积跬步，无以至千里。现在经营服装十几到二十余年的企业和品牌，各地都有一定的数量，从创牌至今，孜孜以求，不懈进取，为地方的品牌建设，做出了宝贵的贡献。他们从品牌产生、产品设计、生产安排、投放市场、营销通路、品牌推广等各大环节，经十几年的市场历练，品牌已然影响一方，成为品牌市场的重要一员。其间的任何懈怠，都会对品牌造成不良影响，从而使品牌建设陷入困境。所以，那些还在继续品牌打造的企业，若再接力长跑，假以时日，在品牌的文化内涵上，持续强化，定会成为中国品牌规模发展的主力军。但这是个关键时期，面临困难很多，既有自身的，也有来自同行的，或许还有市场的（含消费者），都难以预料，任一状况的出现，都会影响品牌建设的进程。所以，这时必须有继续“跑”下去的决心和耐心，再接力前行，品牌就有更大的提升，朝向创品牌的中高层面突进。这个台阶跃上去了，品牌建设就进入了一个新的阶段。

据此可知，创新就是不断地“变”，唯有逐潮流而变，才能为市场所容，才能不断发展，才能攀登新平台，从而在品牌的阶梯上稳步跃升，真正达到品牌的境界。这不是跑一个“马拉松”所能奏效的，而是需多个“长征”，方可真正达到品牌的高度。别指望在眼下、现阶段，就能造出个世界品牌，那是很不现实的。

四、品牌推广须讲度

现代商业竞争激烈的表现，就在于品牌推广。身处现代社会，要使自己的产品在较短的时间内，能为广大消费者所知晓，并很快产生积极的市场效应，推广，是不能不加以重视的。以前曾有“酒香不怕巷子深”的说法，意思是只要你的货品好，不怕无人问津；如今此话需改为“酒香也须勤吆喝”了。所谓“吆喝”，即夸自己的酒好，和其他产品的不同之处，类似王婆卖瓜；二要“勤”，要不停地连续进行；三是讲究“吆喝”的技巧，要有方式方法，不是扯着嗓门喊叫。因为现在“酒”的品类很多，你若还是以陈年店招（酒幌、招牌）迎风而挂的形式，很可能被其他“酒”的招牌、装潢、配乐等新颖的推广要素所淹没，或因“吆喝”不勤、不当或缺乏技巧，而被边缘化了。所以，现代的品牌，必须讲究推广，这是做企业、生产货品的人都明白的道理。但怎么推广，以何法推广，是各有各式，且各个发展阶段亦有不同之策。尽管方法很多，然而亦各有所得，这里无须一一赘述。不过，品牌推广要有度，切莫以为只要砸钱做广告就行，不要以为广告投放越多，品牌的知名度就越广。需注意的是，广告是可以带来受众效应，是可以起到广而告知的作用的，但这不是绝对的。任何无度的推广投入，不仅不能达到应有的目的，反而还会滋生逆反心理。这最典型的莫过于保暖内衣行业。

应该说，保暖内衣的问世，是人们衣着形式的一大创新，它改变了冬装的臃肿之态，使之更舒适，观感更轻松，是风度和温度的结合体。但由于广告推广对其功能的极度夸张，宣称一件保暖内衣可抵2—3件羊毛衫，如此的广告语就在消费者心中埋下了信任危机。再者，由于其可观的利润和广大的市场需求，该行业急剧膨胀，由最初的几十家，短短几年，就迅速扩大为几百家。那靠什么打开市场、赢取消费者的青睐呢？靠广告，请明星代言。于是广告大战硝烟滚滚。纷纷往央视砸钱，争标王，广告语一句赛一句，都称自己的保暖性强，其中“地球人都知道”这句颇为典型。从广告语的策划来说，此语的提炼是成功的，短期内难出其右。尔后推广的保暖内衣，再说保暖就很难引人注目，因为人们已觉不新鲜。所以，广告语就转向抗菌、抑菌、改善微循环等人体防护的方向发掘了。于是乎，此物已不纯是衣了，而成了具有药用价值的保健品。因此，人们的怀疑日甚。当某保暖功能之奇效——塑料薄膜——这秘密被揭穿时，舆论哗然，消费者震怒，殃及整个行业。这个新兴的行业逐渐淡出了人们的衣生活，甚为可惜。此谁之过？品牌推广失策。相互攀比投放量，心态失衡。结果使新品被毁，行业几及崩盘。这里，企业有责，媒体亦有责。后者在第三章已有叙述。

企业为产品开展推广活动，本无可厚非。市场经济条件下，不以广告做辅助，也是不可能的。关键是怎样来组织推广事项，并非一律涌向央视。其实，为产品做推广，方法多得是。如与电视台合作办专栏节目，与报纸杂志联合就某话题做个论坛，参与行业的相关活动，赞助体育赛事，等等，都是可以选用的。重点在于控制心态，做广告当然求效益，但必须是渐进式的，市场已成熟，消费者已趋理性，立竿见影出效果，已成过去式。要研究产品适合对象的消费心态，即明白自己产品的目标群体，针对他们的特点，开展营销活动。这样，有的放矢，效果倍收。美特斯—邦威的品牌经营堪称典范。他们以活动为平台，制造新闻，与广告代言人建立亲密关系，借助层出不穷的明星炒作提升自己品牌的曝光率和知名度。如 2001 年郭富城、2003 年音乐鬼才周杰伦的前后代言，凭借他们的超级人气，一下子就吸引了广大新新人类的关注，品牌知名度大幅飙升，造成只要提到美特斯—邦威，就会联想起“周杰伦的衣服”的效果。此乃“好风凭借力，送我上青云”，以至创下每 2 秒就售出一件衣服的惊人业绩。美特斯—邦威就此打响，确是“不走寻常路”，从而为我国服装界提供了一个优秀范例。而这神话般的品牌营销的成功范例，也被收入 MBA 课程。

五、迈向中国创造

经过 30 多年的发展，我国的服装业取得了生产、消费和出口大国的地位，这是名副其实、世界公认的事实。然这仅是数量上的优势，还远未是质的超越，挣的仅是微薄的加工费，没有贸易地位。我们现在的任务，就是寻求质的重大突破，即在品牌的创造上，要以中国原创为主要特色，以高附加值的实现为目标，在中国创造上寻求做大做强做久。

（1）调整心态。中国品牌的严重缺失，是她作为一个服装生产大国的尴尬。国际品牌的大举抢滩，使本来为数有限的中国名牌更是举步维艰。如何开拓新空间，创出新品牌，不少行家给出了“打到境外、占领国际市场”的意见，即寻找市场新空间，摆脱国内市场产能严重过剩的困境，借此把中国的服装文化推向世界，让世界了解中国的服装，以此积极出击，塑造品牌的海外影响。

当然，在全球经济一体化的当下，国内企业需要积极参与国际时尚活动，诸如巴黎、米兰的服装发布会，让国外业内人士看到来自古老中国的服装，是如何紧跟世界潮流，绽放出新风采的，让世界同行了解华夏古国文明的新篇章以及中国服装的国际化决心和步伐。但必须清醒地看到，我国与国际服装强国之间巨大的差距，以及差距的具体表现。切莫以为参加了几次国际时装活动，其间伴有我国设计师作品的发布，就认为国际服装界对我们认可了，与大师的距离也缩短了，好像自己一夜间也成了大师。有必要指出，宣传是需要的，那是为了彰显业界的进步，其成绩应充分肯定，意在激励后来者的更加努力，亦可视为业界学习的标杆。

（2）找准不足。要使中国创造成为主旋律，必先找出我国服装界的现实之不足，仅以温州男装为例作一剖析。这个被业界视为中国流行风向标的温州男装，比照国际顶尖男装品牌云集的意大利，人们发现，温州品牌男装的生产工艺、设备和技术，已接近国际水平，但在品牌设计、形象和品牌的文化内涵上，却与世界品牌差别甚大，有人甚至断言差距达20年。那么，被我国业界视为偶像的意大利男装进入中国时，又是如何作为的呢？这主要表现在对品牌文化内涵的演绎之决然不同。他们重在把握男装的流行理念，突出品牌的品位和细节，并不刻意与“大腕”“白领”“高管”等人物作什么联想，即着意于产品本身的文化刻画；而我国男装品牌多把自己描述为具有国际品位的“为成功人士而度身打造”的高档品牌。既是如此定位，那就应稍加深入的阐述，以表其在社会中所处的地位，然可惜的是，这方面的落墨并不多，就连品牌所对应的生活方式和形式上的形象，也很难见到，这就令人感到品牌形象模糊和产品定位的不确定性。这是品牌宣传推广上的差异，并将妨碍品牌的市场拓展。尽管温州男装也有一定量的产品进入国际市场，但品牌的时尚魅力，远不如国际同行。当然，我国男装品牌中，不乏实力、规模很大的企业，设备专业、先进，有的连行业资深的老外见了也叹为观止，连说就是在欧美服装业发达的国家，也是很少见的。然而企业产品结构单一，或只产西服，或专做衬衫，或主打休闲服，或经营西裤，这些货品单一的生产，是很精、很专了，但面对服装时尚性和个性化时代的到来，这样的产品结构似已不能适应变化了的市场需要，更难以对货品进行组合营销。至于据此塑造市场认可的品牌形象，当然亦无法实施。

（3）创造中国个性。随着企业和消费者联系的加强，我国服装业由加工和产品经营转向品牌经营，这就是走向自主创新与独立形象的新阶段。需注意的是，人们都说的“做大做强”应该立足于品牌的“强大”，在于品质和品位提升的“做强”。具体而言，就是把品牌消费作为第一位考量，加强产品的明确定位，以设计文化提高品牌原创性的竞争力，从而创造出富有中国个性特征的流行时尚。这里，试以男子着装为例分析之。可能是出于传统文化的延续，以及男士承担家庭和社会责任的缘故，一直以来，男装多以严谨正式的形象面世，往往给人以单调、压抑之感。如今，男装已悄然发生变化，其风格趋向轻柔松弛，以款型多样、色彩丰富为特色，一改男装的沉闷形象，而透露出男装变革的信息。这既凸显了现代男士的责任、自信、风度、热情和柔情的风范，又不失为男装创新发展的一大亮色，从而推动男装消费市场的进步。这样，中国个性特征的创新，就可以首先在男装中得以起步，以至实现。

（4）借鉴讲方法。借鉴海外品牌进入我国的经验，强化品牌创新的力度。

海外品牌进入我国市场都有一个相同点，即“品牌输出”，并不是简单的“产品输出”和“资本输出”，以品牌这一无形资产的魅力，培养了我国的消费层。这是我们应该加以借鉴的。“品牌输出”实质输出的是品牌意识、品牌文化，让受输国消费者从其优良的产品质量或制作技艺中，认知其品牌概念，从而让人熟悉它、了解它、认同它、喜欢它，最后消费它。这种心理感知的同义反复，有效地确定了品牌形象。此种品牌培育法，人们是可善加学习、运用的。对此，恒源祥集团董事长刘瑞旗在论及金融危机时所提应对之策，别有新意。他认为，中国品牌、“中国制造”等在国际上遭遇的种种困惑，关键是中国文化的弱势地位所决定的。为此，他特别倡议，“中国文化应大举西进，开启大规模文化‘远征’”，让老外们知道、明白中国文化的精髓，从而浸透在他们的生活中，成为他们生活的慕拜。这样中国品牌的振兴就有希望、有可能了。

六、文化为本创新

欧美服装之所以能受世界追捧，到处都不乏热情消费者，到哪儿都享受贵宾的待遇，就在于品牌的文化特色，有深厚的文化底蕴。服装已逐步从实体型商品转向消费欣赏类次文化。因此，我国服装要取得世界地位，就必须有中国的文化特色，让世界了解、理解中国5000年的优秀文化，认可中国的文化。即上文所说的“文化输出”。这是被历史证明了的成功经验。

我国是服装消费大国，研究国人的消费心理，设计适合的衣装货品，以文化创新服装，引导、满足国人的需求，从而与洋品牌抗衡。这是我国服装品牌的创新之本。物质改善后，文化就成了重要的精神追求，因为取得最后成功的必定是文化。具体而言，研究消费对象，强化消费定位，适应细分市场的需要；有针对性地开发新品，加强目标消费群的认同感和欣赏性。因为每个特定的消费群体都会形成相应的群体文化。若按职业特性划分，其群体文化可有金领文化、白领文化、蓝领文化等；再按出生年代分，可划出A年代文化、B年代文化等。把这些群体文化元素渗透到品牌文化之中，必将拉近品牌与目标消费群的距离，以至让消费者产生高度的情感共鸣。如以休闲服装品牌为例，其主力消费群体基本为“80后”，所以，诸如“运动”“音乐”“街舞”等文化元素，都会不同程度地渗透到品牌的设计中，以传递和表达“80后”群体的情感需求，在消费中得到情感上的满足。

简言之，面对广大消费人群，发掘出与各年龄层相适应、切合时代特征、有生命力和影响力的中国元素，创建对目标消费群有渗透力的品牌文化，赋予品牌以文化内涵，使古老传统的中国文化推陈出新，这是我国品牌创新的核心之根基。中国服装文化建设的推动者潘坤柔教授说得好，待到世界服装看中国，我国的服装业就大有希望了。这在现在已有了些许萌芽。Hugo Boss 集团董事长兼 CEO 布鲁诺 • 塞尔策说过，不要像以前那样，一年五次跑意大利，现在只要去一次就可以了，余下四次到中国。这说明海外同行对我国文化已发生了浓厚的兴趣，来到我国寻求灵感，以中国文化拉动、提升他们的服装设计内涵。可以说，中国市场一直是他们全球战略中最令人鼓舞的一部分。伊夫-圣 •罗朗（Yves Saint Laurent）对此深有同感。他在中国美术馆举办"25 年个人作品回顾展"时，在展览前言中他曾这样写道："中国一直吸引着我，吸引我的是中国的文化、艺术、服装、传奇……我们西方的艺术受中国之赐可谓多矣，那影响是多方面的而且明显的。"

品牌是人们经常碰到的概念，它由名称和标志（识）两部分组成。前者是发声读音的称谓，是可以让人读和听的品牌名称；后者具有图案的标志和象征意义的特点。两者共同构成世人便于识记的一种符号系统，以引导品牌走俏市场。品牌的市场状况，往往左右了人们消费的成功率，这就是品牌效应。品牌效应是指达到一定市场知名度的品牌或商标，因质量、款式获誉市场，为广大消费者认同，遂使消费效益大增，牌子因而有名。它与品牌的市场占有率、知名度、美誉度等密切相关。作为非生活必需的奢侈品，是品牌发展顶端的产物，能够带动社会经济的快速发展。品牌的广受市场看好，是为其文化特质所决定的，也即品牌的文化内涵。她是人文特质在品牌中的积淀、传达某种生活形态、赋予产品以生命力的无形资产，是品牌最核心的 DNA。它蕴涵着品牌的价值理念、品位情趣、情感抒发等精神元素，是植入心灵、触发消费的有效载体。它贯穿于品牌经营管理的产品开发、营销渠道、广告宣传、店铺陈设、销售待客等各个环节，并需要体现服装品牌文化的内涵。其产生的形式大致有自然积淀式、个性投射式、策划赋予式等。世界著名品牌的成就，为我国品牌文化的建设树立了榜样。国际品牌的发展大多有个长时间的市场磨合，这是世人一致公认的，都有几十、上百年的品牌成长史。另外，还应该充分认识到他们创品牌的那种耐心，及其疏于功利的那种淡定心态，甘耐寂寞、努力创新。因此，追赶、超越国际品牌，取得世界服装地位，就必须实施品牌战略，这是关乎经济强国的战略措施，潜心炼内功，要像跑"马拉松"那样开展品牌创新活动，直至实现"中国制造"向"中国创造"的蜕变。

第十章　服装的千面态

20 世纪 80 年代初，都市城镇之街头，常见男青年手提四喇叭音箱，一副旁若无人的样子，长发飘飘，拖地喇叭裤，突兀于普通人的着装之外。大多数人不理解，认为这些小青年思想作风有问题。而稍知世界服装史者，便说那是国外颓废青年的翻版，学人家嬉皮风格。那么，什么是嬉皮风格呢？在服装界还有哪些有违常态的穿着形式呢？这就是本章所要叙述的。

20 世纪 60 年代的西方，是个动荡的岁月。因年轻人的价值观念与传统的道德观发生了激烈的冲撞，以致形成一个独立而叛逆的社会群体。如美国的披头士（Beat）、嬉皮士（Hipster）、英国的朋克（Punk）、法国的夹克族、意大利的国会族、东欧的阿飞族等。他们通过服装体现自身的价值和对生活的态度，以宣泄对现实的不满，演化为一股反传统的“年轻风暴”。加之他们与街头文化过从甚密，如音乐和演剧，亦颇为热衷，于是开拓了一个庞大的青年服装市场，并对成人装产生了一定的影响。

这个“年轻风暴”之所以有如此声势，不仅因为参与的人数众多，而且占所在国的人口比例也很高。美国有半数人口在 25 岁以下，法国有三分之一的人口在 20 岁以下，他们在经济上有相当的独立权，工资收入高出战前 50%，是家境很不错的中产阶级子女。人数和经济使这个“年轻风暴”得以广为发展。下面就从嬉皮士风格装开始论说。

第一节　嬉皮士风格

20 世纪 60 年代，经过第二次世界大战后成长起来的年轻人，出于对社会现实的思考，且又难以摆脱的思想困境。服装饰物和乐曲街演，就成了他们形象的物质寄托。

一、缘起背景

20 世纪四五十年代，美国“垮掉的一代”称爵士乐音乐家为“Hipster”和“beatnik”。60 年代，从中演化出嬉皮士。美国东海岸格林威治村年轻的反文化者自称为“hips”。这表明，它是当年“垮掉一代”的变体延续。后由媒体记者的报道推广，“嬉皮士”这称呼一直流传至今。

第二次世界大战之后，美国经济复苏，那些未经历战争的年轻人，几乎是轻而易举地拥有了漂亮的住房、汽车、立体声音响、电视机以及可供支配的零花钱，衣食无忧，属于中产阶级或知识分子。这是他们父辈一辈子辛苦才能实现的“美国梦”。照理说，他们可以好好享受生活，然而，恰恰是物质生活的丰富，使他们看清了现实中人情的冷漠、战争的残酷、尔虞我诈等种种社会现象。在愤愤不平之余，他们扯起了仁爱、反暴力、和平主义和利他主义的大旗，并以长发、穿旧衣、奇装异服为反叛标志，向代表主流文化的传统势力发起挑战。至 20 世纪 60 年代中期，“嬉皮”运动终于在美国旧金山的松树岭地区形成核心，并以不可阻挡之势席卷全球，成为一个独立于主流文化的非统一的没有宣言、没有领导人的文化运动。

二、街头文化

由于嬉皮士喜欢听一定的音乐，如杰米·亨得里克斯和杰菲逊飞艇的幻觉性的摇滚乐，斯莱和斯通家族、ZZ 顶级乐队、死之民乐队等，练就了他们即时性的演艺才能，所以，他们往往把街头剧、无政府主义行动和艺术表演结合在一起，在波西米亚主义、地下艺术和左派、民权主义、和平运动两个不同的运动影响下，向着建设“自由城市”迈进。他们通过集会开展宣传鼓动活动，分享新文化的音乐、毒品和反抗。据记载，洛杉矶就有个非常活跃的嬉皮士社团，出席海特·亚许柏里地区聚集的年轻人，当年就多达 75000 人。

三、嬉皮士形象

综合相关资料，嬉皮士们多留长发、蓄大胡子，且发里簪花，颈饰花环（间或还向行人赠花）。这于整个社会而言，是不整洁或女性化的代表，故不被社会所容忍、接受。其衣装色彩鲜艳、饰品超出常规；在家或与朋友一起，在公共绿地或节假日，演奏音乐、弹吉他；主张自由恋爱，生活公社化。

他们离开城市，到乡野村庄建立群居的生活模式，在沉沦中的混沌和挣扎中做探索性的自我放逐，试图逃离都市的繁华，带有“乌托邦”式温和美好的理想主义色彩。

早期的嬉皮士对反传统的生活很看重。他们排斥美国式的消费主义，转而对异域文化产生浓厚的兴趣。他们时常开着野营车到印度等东方诸国旅行，去采撷东方文化中的奇花异卉，然后与二手市场淘来的服饰相组合，以显示全新的嬉皮士的反叛形象。

四、嬉皮士装束

他们将域外的奇异服装如土耳其长袍、阿富汗外套等，配上反传统的装扮，如喇叭裤、二手市场淘来的旧军装、花边衬衫、金丝眼镜等，以及俗丽的喇叭裤、T 恤或天然纤维织成的布衣，脚穿近乎露足之凉鞋，佩戴绚丽的和平勋章，披挂念珠。这多元素的奇妙融合，不仅开创了服饰领域的新风格，而且还推动了旧货市场的诞生。

嬉皮士们对二手市场很偏爱。每到周末，便有成百上千的年轻人拥向跳蚤市场，他们挤在堆满旧毛大衣、纱裙、旧军装、古典式花边衬裙、纯丝的衬衫、天鹅绒短裙或 20 世纪 40 年代流行的纯毛大衣的市场，是当时服装界的一道新景观。

其实，换个角度看，嬉皮士的着装代表了某种怀旧的情绪。当年手工的价值被重视，服装的质地自然而纯粹。嬉皮士们怀念那样的年代，他们希望挣脱批量生产和人工合成面料的机械化、流水线的模式，重建服装的品位与个性，即重新确立个性化的服装穿着品位，从而试图将服装重新拉回到一个更加自然的状态。这势必影响到成人装的穿着流行走向。

五、嬉皮士影响

这种独特的文化现象对服装的影响是显然的。1967 年，嬉皮士时装店如雨后春笋般在伦敦等地发展起来，最有名的有“我是 Kitchener 老爷的仆从”“Granny 做一次旅行”等。与此同时，迷幻药开始对嬉皮士的生活产生影响，并渗透到流行音乐之中。当时的著名歌手如 Jimi Hendrix、Bob Dylan 和 Janis Joplin 等，都曾为嬉皮士的生活方式提供过经典样本，他们蓄长发、穿紧身的丝绒长裤或牛仔裤、宽松的印度衫，常常在吸食 LSD 迷幻药后获得腾云驾雾的灵感。

六、新嬉皮士

20 世纪末的怀旧情绪，影响到青年一代，他们重温了父辈青年时代的时尚情感，遂形成所谓新嬉皮士风格。21 世纪的新嬉皮士，虽也强调自由，做他们想要做的事，不再那么激烈过度，不放浪形骸聚众滋事，不那么公开地提倡同性恋和吸毒，“爱与和平”的口号成了一种内心的怀念。在服饰爱好上，他们与上辈有着浅层的承续关系，穿他们愿意穿的服装，酷爱时装的流苏、喇叭裤腿、灰调的饰品、民族情调、刻意营造的“自然”味道、富于20世纪70年代特色的上紧下松的造型。然而细究之下，两者许多地方不仅毫无共同之处，反而会产生对照的意趣，嬉皮士不事修饰，而新嬉皮士则修饰齐整，骨子里潜藏着奢华和享乐主义，一般不具政治性。而20世纪60年代的嬉皮士实际上是一个政治运动，其服装影响直至当今。

2008年秋，纽约最时髦的百货商店之一Barneys，开展“爱与和平狂欢节”商业活动，用以纪念CND（核裁军标志）诞生50周年，推出了大量灵感来自于嬉皮文化的产品：扎染工艺的匡威高帮帆布鞋、具有迷幻视觉效果的双陆棋棋盘，还有各式各样的配件，包括在钥匙扣上坠了CND标记的Fendi Baguette单肩包。其实，自从1967年美国旧金山的大规模嬉皮士集会之后，时尚界就曾经从嬉皮风格和嬉皮文化符号中寻找灵感。Yves Saint Laurent从和他一起住在摩洛哥马拉喀什的波西米亚乐队朋友那里得到启发，三宅一生也将嬉皮风格注入了高级时装。而Tom Ford则在20世纪90年代早期，专门为Gucci设计过一个爱之夏系列。可见设计师们对嬉皮风格的浓厚兴趣，不时从中汲取设计元素，使市场又增添活力。

第二节　朋克风格

源于平民的一个极其简单的乐曲，亦无固定的演出场所，但却造就了摇滚乐的大发展，及其逐步扩张为时尚界一大艺术流派，成了主流文化的一部分，这就是朋克。

一、源起摇滚

朋克（Punk），最原始的摇滚乐，由一个简单悦耳的主旋律和三个和弦组成。所谓三个和弦，是指一首歌只用三个chord（和弦）组成，不事修饰，直白、有力地表达20世纪六七十年代青年之所想，即倾向于思想解放和反主流文化，大都涉及性、药物、暴力等。演奏时间很短，仅需2—3分钟。形式简单，适合大众，并无演出场所的限制，街头巷尾、车斗、仓库，皆可闻摇滚乐之曲，它与当时主流音乐文化完全大唱反调。参与性极强，使朋克音乐得以快速普及。在自娱自乐中，彻底摆脱了“听者”或“接受者”的被动地位，从而打破音乐的高深性、少数人的专属性和垄断性，推动摇滚乐的发展。

朋克乐队、朋克音乐，诞生于20世纪70年代中期。1960年，摇滚乐登陆英国，经约翰·列侬、滚石合唱团等歌手的推波助澜，演变为一场声势巨大、铺天盖地的文化运动。尽管朋克乐队大多相似，作品也过于单调，但著名朋克乐队还是有自己独特的个性的，比如 the Ramones 的泡泡糖流行乐、the Sex Pistols 的 Face（面容）式的强力和弦、Buzz cocks（嗡嗡鸡）流行感觉、the Crash(冲撞)的雷鬼元素、Wire（电线）的艺术试验特色等。因此，英国评论家 Jon Savage 写道，历史是由那些说“不”的人创造的，而在 1976 年再没比朋克摇滚音乐的“不”更大的声音了。这是一个独立于主流社会与主流文化的次文化群体。从此，摇滚乐开始登上了一个新的高度，并为 90 年代的成功——这个“非主流”音乐晋升为“主流”奠定了基础。而流行模式据此又可出新：由上而下变为由下而上，增加一个新的流行途径。

二、朋克音乐

Punk 这个词，我国大陆译作“朋克”，台湾译作“庞克”，香港则叫作“崩”。Punk，西方字典解释为（俚语）小流氓、废物、妓女、娈童、低劣的等意思，现在已有改变。英文有前卫、反叛的意思。作为朋克音乐，需具备三个条件：反流行、反权威、自娱自乐。也就是说，只有当摇滚乐出现之后，方可能有朋克音乐的问世。Leg McNeil 于 1975 年创立 *PUNK* 杂志之后，由 Sex Pistols 将此音乐推广形成潮流，距今已达 30 余年。

就其内容而言，朋克音乐那无所不在的重金属似的威力、毫无拘束的自我表现、清晰的无须审查的完全快意，旨在破坏，即彻底的破坏与彻底的重建，甚至包括打翻自己，这就是所谓的 Punk 精髓。在否定之否定哲学理论的支持下，朋克用简陋的音乐创造了一种扭曲的责任感和边缘文化现象。这就是今人所经常提到的朋克摇滚的内在思想。所以，他们反传统、反制度、反日渐枯燥毫无激情的生活，他们要在 20 世纪七八十年代平庸的欧洲大陆掀起一场深入生活各个角落的大革命，以挑战一切既成的规则。这种情态，尽管偏激，缺乏可行性操作之依据，但却是代表人类发展方向的一种可能性和多种可选择性的直接反映。

完成于 1979 年的电影《崩裂》，描写的是摇滚和摩登两派的纷争。正是摇滚派毫不妥协的抗争，才使朋克族最终得以正式确立。

三、朋克服装

在摇滚乐附带的产品——迷你裙、发胶、发廊、短靴、皮夹克、摩托车等的推动下，整个社会陷入空前的动荡。摇滚一族大行其道，他们主张 DIY（do it yourself），以廉价服装和布料进行再造加工，使服装呈现出粗糙感。常见装束：

穿磨出窟窿、画满骷髅和美女的牛仔装；皮夹克、紧身裤、长筒靴、渔网似的长筒丝袜，衣边磨损、印有粗俗字句、暴力或色情的图案，狗链饰品，外加绝对不能少的英国摩托车为标志。头发造型也很奇特，男人尽可梳得高高的，染着各式各样的颜色，人称“鸡冠头”，也称“莫西干头”，源自古罗马战士的头盔（也有说北美印第安人某个分支的发型）。

此外，涂黑眼圈，画猫眼妆、烟熏妆，暗色调的口红，在耳朵、鼻子、脸颊和嘴唇等部位用安全别针和撞钉穿孔、文身，女人则是大光头，露出青色的头皮；鼻子上穿洞挂环；身上涂满靛蓝的荧光粉等，通过这些十分另类反常的装束，以显示他们的与众不同，来实现他们对现实社会的叛逆和不满，即反对传统社会。

而与之对立的摩登派，是来自艺术院校和中产阶级的青年，他们喜欢整洁的意大利时装、派克大衣和低座的两轮摩托车。两派势不两立，各不相让，竟于 1964 年大打出手，为此闹上了法庭，而法官的判词也特有意思，说他们统统是“无足轻重的小暴君！”

有趣的是，著名影星马龙·白兰度（Marlon Barndo）在电影《美国飞车党》中饰演的那位英俊小伙，竟成了摇滚派的偶像。他身穿黑色皮夹克、裹绑腿、脚蹬长筒皮靴、头戴鸭舌帽、漫不经心地斜靠在摩托车上的造型，一经放映，立刻成了反叛青年的经典形象，从而使摇滚不仅有了声音，而且还具有了视觉上的冲击力。皮夹克被视为摇滚派的重要标志（这是皮夹克制造商所没有想到的），上面还满饰各种纽扣以及刀或骷髅之类的图案。加上特别尖的尖头皮鞋、翻边牛仔裤、粗重的金属链子，共同组成了摇滚派服装的基本行头。

四、朋克演变

尽管朋克在当时就连遭非议，但艺术史却为它写上了浓重的一笔。她的影响已不限于音乐和服装，还对平面图像、视像及室内装潢等产生了广泛的启发意义。平面设计方面，由 Sex Pistols 的唱片封面引发出一种“并贴”热潮。当年的海报、杂志等，都以这种方式排版，以至影响了往后的设计业。

空间设计方面，战前至 20 世纪 60 年代，充满了修饰，雕花的桌椅，华丽的吊灯，精美细致的地毯等。朋克的问世，触动了室内设计师的灵感。他们用最简单的 form(形状)，如圆柱、长方等原始的构成，且用色不多。简单就是力量，Punk 正是“简洁”的崇尚者和实践者。

现代生活中，人们身边有很多以 Punk 作为设计元素的品牌，就如 IKEA、无印良品等都是鲜活生动的例子。如稍加留意，便会发现 Punk 就在身边。因为，它已经变身为一种设计思想，一种行为艺术。当然，更是一种艺术潮流。20 世纪 80 年代的青年，大多有此经历。已故著名艺人梅艳芳，当年的打扮就受 Punk Look 影响。而随着朋克艺术思潮影响的深入，其在世界各地的响应者，亦越来越多，加入到这个原本并不受社会认可的艺术活动之中。

五、朋克教母

说到朋克，维维恩·韦斯特伍德（Vivienne Westwood）这位女性是必须论及的。Vivienne Westwood 原名 Vivienne Isabel Swire，1941 年 4 月 8 日生于英国。1971 年开设于伦敦国王路 430 号的小店，是她叛逆者的经营和设计生涯的起点。其店名“性”与“叛逆者”，就显示了她与众不同的反叛个性。连 1980 年创建的时装店，竟冠以“世界末日”，足见其挑战传统的精神特质。“让传统见鬼去吧！”是她的名言。她的设计完全摆脱传统的束缚，极擅长把不可想象的材料和样式，组合成一个个怪诞、荒谬的造型，赢得西方年轻人的纷纷喝彩。

这位金发蓬松、目光犀利、神采飞扬、气质另类的英国摩登女王，在近 40 年的创作岁月中，常引入亚文化和朋克的某些元素，向时装界的传统服饰挑战，冲击传统服装美学，创造了数不胜数的异样风潮。如用红橡胶、红乙烯等鲜亮全红材料，制作摇滚服装，且印有极具煽动性的语句；和着色情图案、有序的破烂、粗犷冷酷的锁链拉链等作配饰，尽情诠释朋克文化的愤世嫉俗、孤傲不羁的精神内涵。并身体力行，以自身之装扮相呼应，遂成朋克一族的精神领袖和领军人物。至 20 世纪 80 年代著名“女巫”系列的发布，那少女之装扮，既显浪荡意味，又觉诡秘异常，可谓惊世骇俗，引得巴黎时装界反响强烈。在进军婚纱、晚装、男士服饰以及首饰等新领域，亦建树颇丰，因而被誉为“20 世纪最伟大的设计师”。1992 年获得帝国荣誉勋章，2006 年更被英国女王授予女爵士称号。

六、朋克风格主流化

朋克风格的形成之初，本是反时尚和反保守的，可如今它已融入主流设计理念中，成为高级时装的设计灵感源，创造了主流时尚和街头风格相互融合的典范：服装设计师们把朋克服装元素引为设计之鉴，为服装潮流注入新鲜的动力。范思哲（Versace）品牌女装就使用了大号安全别针做装饰。如影星莉兹·赫莉（Liz Hurley）在影片《四个人的婚礼和一个人的葬礼》中，就穿着系有金制安全别针的一套棉质薄纱和卢勒克司织物（Lurex）制成的范思哲（Versace）黑色紧身晚礼服。

2001 年法国巴黎春夏时装周上，John Galliano 为 Christian Dior 设计的春夏系列，其迷彩图案，与塑胶、皮革、牛仔布或印花丝绸、传统格花呢等对比组合，将朋克风格和街头元素自然融合。两年后，2003 年法国巴黎秋冬时装周上，加里亚诺的设计还是运用了 Punk 及某些街头风格。

到 20 世纪末 21 世纪初，一种混合了 20 世纪八九十年代新的朋克样式出现了，身着 Converse、All-Stars 等牌子的鞋子、格子花呢的裤子、紧身 T 恤、镶有撞钉的皮带、有弹性的露指手套、颜色鲜艳的运动夹克等所有一切，都被大众借鉴和模仿而成为流行，从而影响至今。

还有位叫赞德拉·罗德斯（Zandra Rhodes）的英国女性服装设计师，对朋克服装进行改良的同时，吸取了朋克风格的某些元素，通过运用一些明亮的颜色，使朋克风格呈现出精致而且优雅的风格，得到了众多富人和名人的接受与认同，而朋克最初具有冲击力的风格少了很多。她用金制的安全别针和金链子连接和装饰服装的边缘，以及一些小的部位和故意撕裂的破洞，再在这些精心撕裂的破洞边缘用金线缝制，装饰上精美的刺绣。

这种风貌在 Gucci 的新系列中表现得尤为明显。设计总监 Frida Giannini 将俄罗斯波西米亚风与浓重的 20 世纪 70 年代摇滚乐迷风格结合在一起。天鹅绒紧身长裤、低腰装饰扣腰带和印花超短上衣，搭配以一大串一大串迷人的手镯和项链。在 Gucci 2007 年广告片上，一大群模特像过节似的在一片草地上欢蹦乱跳，来表现"嬉皮式奢华"的主题——当然，Gucci 著名的大包包也被摄入了镜头。

第三节　街头时尚风

服装界是个制造流行、时尚的行业，每年国际上的各大时装周的发布，都会在世界各地引起广泛的反响，设计师、品牌、秀场等都成了媒体争相报道的对象。这两年，似有愈演愈烈的趋势，比如由于街头时尚的兴起，某些并未受人所关注的人物，现在也成了话题，不少人更晋升为时尚偶像。

一、编辑转身台前偶像

一般来说，时装杂志的编辑大多隐身幕后，埋首编辑，辛勤耕耘，外界鲜有人知。可如今随着杂志影响力的逐步提高，这些人也从幕后被请到台前，并日益成为一种新的时尚，受到世人的关注，开始像明星一样接受人们的评论。电影《穿普拉达的女王》，据说就是以美国版《VOGUE》的强势主编 Anna Wintour 的真实生活改编而成。孤傲冷漠，挑剔品位，时装秀场中"黄金第一排"的位置，几乎定位了她的女魔头形象。由于好事者或眼光超前的时装摄影记者不再满足于 T 台前死守，而是游走秀场附近的街头巷尾，“捕捉”赶赴秀场的各式观众的身影。媒体从业者就此被曝光，遂引发了秀场外的别样发布。Anna Wintour 出席各种场合的穿着，都是各大时尚媒体的头条，如她穿哪个牌子的连衣裙，发表了何种评论，她的穿戴甚至被不少人从头模仿到脚。这股别样的时尚之风，传播很快，迅速波及法国版《VOGUE》的主编 Carine Roitfeld、美国版《ELLE》的时装总监 Kate Lanphear，纷纷成了时装偶像。正是这些幕后的时尚推手，变为社会百姓推崇的对象，亦成衣着装扮的模仿对象，一时形成流行。所以，这些编辑为街头时尚的发展，做出了贡献。

二、街拍颠覆大牌时尚

起初只是因为时装评论的资讯新鲜、观点独到，而吸引了时尚从业者的注意。至 2007 年导入街拍为主题的博客，那些博主亲自出镜，展示极具个性的穿着方式。这股潮流来势汹汹，使世界顶级设计师和品牌也难以招架，有的只好屈服于时装爱好者。像马克·雅各布（Marc Jacobs）这位美国设计师，时装品牌 Marc Jacobs 及其副线品牌 Marc by Marc Jacobs 的首席设计师、现任法国著名奢侈品品牌 Louis Vuitton 的艺术总监，也未能幸免。2008 年一款以 Bryan 命名的手提包，就是入选《纽约时报》名人博客榜前十的那位菲律宾异装癖博主 Bryan。可见这股街头风的强势。

这股由社会平民掀起的街头时尚风，传递了平民化的时尚生活态度：ZARA、H&M 和 Chanel、Balenciaga 搭配在一起很正常；街头风重视的是个人风格，只要适合，不分贵贱。时装博客 fashionIQ. com 创始人、资深评论家 Chris Cholette 坦言：“时装博客的作者们代表了不一样的声音，他们展现的是人们实际上怎样穿，常常与时尚业界的指示截然相反。”纽约 Barney's 这样最具前瞻性的高级百货公司，也喊出“享受嬉皮假期”的口号、Louis Vuttion 推出涂鸦字母“Stephen Sprouse”（美国著名涂鸦大师）系列等，都一致性地向街头文化“致敬”，说明大牌们从中悟出了流行趋势和商机。就像当年朋克把不可能变成了流行，最后登上时尚高端的宝座。流行、潮流本无规则，都是不经意间萌发而成气候的。关键在影响力和受众的心仪程度。

三、男人穿裙子成风

上述马克·雅各布本人就很倾向街头文化。有报道称，这位 LV 设计总监成了“只穿裙子的男人”。这是否与英国超女“苏珊大妈”遭遇男粉丝穿裙子献花求爱有关联吗？其实，演艺界男人穿裙子还真大有人在。贝克汉姆、蔡康永、凯姆·吉甘戴等，都以穿裙子闻名。还有那个演了《加勒比海盗》的约翰尼·德普，就被视作奇装异服的代言人，破烂货到他身上就变成了时髦物，平时更喜欢把衬衫围在腰间当裙子。难怪JPG 2009年1月发布的歌特风格男装半裙，有人就建议让约翰尼·德普做代言，省得他整天把衬衫当裙子使。黄秋生穿得也很频繁。2005年他穿格子裙参加活动，色彩之艳，令人眼前一亮。2006年，他穿山本耀司的黑色连衣裙现身机场，2009年上海国际电影节开幕走红毯，他依然是裙袂飘飘。必须指出的是，穿裙子对苏格兰男人来说，是很正常的。不过，正宗的苏格兰裙长及膝盖，不穿内裤，只在前方压酒壶以防走光。对此，马克·雅各布深知其理。但他不会在腰间挂上个酒壶，因为他不担心走光。穿裙子的他，比淑女还淑女：坐下时特别注意双腿并拢，蹲下时侧身，防止走光。另有日本影视界小田切让，也是个特例，从不按常规出牌。他也特别喜欢穿裙子，意在和他的怪发型、怪帽子连成一起，实现他特立独行的外部形象。

此外，不知从什么时候开始，美国男青年中流行掉裤子。有人说是压力太大，还有人认为是收入下降，但不管怎么说，裤带总不能省却吧？否则，这裤子怎么能长留腰间？可实际生活中就是这么存在着，有露臀式、肥短式、提拉式、披挂式等。常听说，经济发展迅速时，女人的裙子是会短些、短些、再短些。可2009年世界经济危机范围的扩大，放下的不仅是女裙的长度，就连男士们的裤子也都往下掉了。这可是从来没有见过的。

第十一章　服装艺术中的文化价值体现

沪上某著名服装学院多媒体教室，印度电影《阿育王》的画面正不断闪过。少顷，宏大的舞蹈场景，逐渐定格于女主角，只听男教师说：这身华美的舞服能给你们什么启示吗？同学们议论纷纷，莫衷一是。其中有位女学生说：可以让人们看到舞蹈服装文化的精湛，还有珠宝的制作及其所饰部位，相互间所形成的观感很美。注意：这位学生所说的“观感很美”，其实就是服装文化价值的一种体现，即本章所要讨论的中心议题。

第一节　价值的体现

服装是物质和精神的联合体，前者指服装的设计、生产，需以具体的物质材料为基础，后者则是以满足人们的精神需求为目的。两者互为依托，演绎服装的发展，即服装文化的发展。在服装发展的历史长河中，文化在其中发挥了巨大的作用。服装因文化而传物质之华美，文化借服装而尽展精神风采之无限。服装通过个人的行为动态，使它的价值得以充分显露。综观现代服装，人们的着装价值在安全、情感、习惯和职业等方面，有较大的体现度。

一、安全价值

生活中，但凡安全二字，总与交通、国家、通信、公共卫生等相关，与服装有关恐怕听之不多。谁听说穿衣有性命之虞，这服装还关乎安全？在人们的常识中，服装只要穿得舒适，脱之方便，就可以了。其实，这已接触到了服装的安全性。

服装穿得合适、得体，此为服装安全价值的基础，谁乐意自己穿得别别扭扭，浑身不自在的。这里讲的就是服装安全。对此，现代社会更是很重视，为了让人们穿出风采、穿出健康，各国不仅出台了相关的规定，还加强了平时质检监察的力度，以确保人们的穿着安全。如面料中化学成分的残留，向来是质检机构监察的重点。近年来，国际贸易中的服装出口，检查条例和要求更多，国内服装企业屡屡遭罚，有的还酿成不小的损失，影响企业自身的正常运转。有识之士称之为“绿色壁垒”。这就是欧美对服装安全等级提高后所带来的新的竞争方式。而在国内，我国的质监部门更是频频出击检查，严防危害穿着的服装的入市，如甲醛 pH 值的超标，是绝对不允许的。

需要指出的是，从服装卫生价值角度作深入探讨的话，衣着不合适，会危及身体健康。人们现在走在各个场合，女性穿着的开放性、时尚性和宽松性，随处可见，体现了身心的自由自在。殊不知，早在多年前，受当时社会审美的严格约束，纷纷将自己的胸、腰束勒至极致。有记载表明，正常女性胸腰之数值，可谓近乎极限，腰越细越美，竟达 18 英寸，使胸腔严重变形受损，更有的为之丧失生命。这是社会病态审美追求所产生的不幸。时至今日，女性衣着安全问题还是存在。女性内衣之文胸，如选用不当，会诱发乳腺癌，且比例较高，威胁女性的生命安全。而且我国妇女乳腺癌的发病率，远远高于周边国家。这是应该引起人们高度重视的。

二、情感价值

服装是物质的，其中也寄托了人们精神方面的情思，所以，更是精神的产物。因此，满足人们的情感方面的需求，是服装价值最基本的体现。

情感价值是现代服装中的重要内容，主要表现为显示时尚、流行元素。人们所处社会的各个方面，都以时尚为旨归，有时尚杂志、时尚城市、时尚活动、时尚创意园、时尚达人，可以说，所有的一切都时尚化了。服装是体现时尚最直接、最明显、最迅速的载体，也是人们美化自己、美化生活，体现时尚情感最为明白的、必然的选择。那是生活改善的显示，文化修养的显示，接轨国际的显示。通过服装显示时尚，是现代人的一种文化追求。

其次，情感价值的另一表现形式为展示身份、地位，以及炫耀富有，这在服装史上多有记载。近 30 年来的国内服装，也是多有体现。20 世纪 80 年代，我国西服的大流行，城市、县镇，几乎每人一款。有些地方的农民下地干活，西装竟也舍不得脱。就是一种体现开放、精神满足的情感。这几年顶级服装品牌的进入中国，由于其货品的精致，文化内涵的深厚，使得一些人为之心痒难耐，非居为己有而不可。这里，有些人是对这类品牌的羡慕，是一种崇拜感；另一些人则是引以为傲，是夸耀于同伴的资本，且是价格越高越好。

再者，就局部而言，自工艺图案问世以来，那些寓有美好祝愿的图案，就一直受到艺术家的重视。服装作为集艺术和技术为一体的对象，吉祥图案的使用，就成了人们寄托对美好生活的追求和向往，那些虽是远古朝代文化遗产的“延年益寿”“连生贵子”“岁寒三友”“喜上眉梢”“和合如意”等，以谐音、音意、会意等手段组成的图案，作服装的点缀，不是可有可无的随意性装饰，而是寄寓了人们深厚的情感的，饱含的情思相当明白。所以，某种场合，人们能发现某些图案还在承担着传达情感的“大使”重任。

三、习俗

尽管现代社会的开放度非常高，且文化高度发达，但习俗（习惯和风俗）还是在人们的生活中发挥着作用，这是因为习俗在岁月的积淀演化中传承而来，即相沿成俗，约定成俗之意。习俗的规范之力，往往较之法律的约束，具有更多、更大、更强的自觉性；习俗虽不是法律，但在民间却享有很高的地位，人们往往自觉遵守，故归入道德范畴。就世界范围而言，各民族在长期的历史进程中，积淀了自成体系的习俗文化规范，它是人类文化宝库中的独特奇葩，具有通俗、感人、多面等特点。它是人类社会的进步自然形成的。具体到服装，由于社会的进步，国际交往的频繁，各国文化的互为融合，习俗的反映和运用，已较为弱化。但因居住环境和气候条件的制约而形成的穿着习惯，时至今日，依然存在。地域、环境、气候，是人力所难以改变的，处寒冷地带，衣服不多穿、不厚实，就是不行；而在热带，仅需遮挡即可。这是人类在长期的生存中所形成的自觉概念。

现代性的习俗只以社交、礼仪、节庆等活动为主，是现代社会文明程度提高的又一表现形式。在某些正式场合，收到的请柬中往往有一行小注：请着正装出席。这是主办方为提高会议的等级和为人所重视提出的善意要求。这样的要求，也是国际管理之使然。它体现了国际化程度的提高，及其融入国际社会的进度。这不是单纯的着装提示，而是衣着文化国际化的问题。若就个人而言，是与会者对东道主尊重的一种表现形式，也是重视自身形象的需要。每个人都有过恋爱的经历，当首次与对方见面时，都要整理衣冠，打扮一番。为何这样？既是习俗之需，又可提高相亲的成功率，起码从着装上给对方一个好印象，更是重视此次活动的表现。如果不作装饰、衣冠不整，则有轻慢对方之嫌，甚至会遭人呵责，斥之为“敷衍”“不负责”“心不诚”。推而广之，出于交往需要的着装要求，不仅仅是服装本身，而是基于现代社会整个文化环境的要求，即是对文化修养的锻炼。但就作者所见，我们社会对此还很缺乏，视“正装”要求而不见，远离国门旅游和其他公共场合，言语不逊，行为粗俗，“到此一游”刻到了国外。更有甚者，美国证券交易所前的牛形塑件，也翻爬而上，骑牛照相留念，以享“牛气冲天”之口采，这与“礼仪之邦”实在相去甚远。这样的行为衣着再得体、光鲜，也是不被人接受的。国人在这方面的礼仪修养，要做的功课还是很多的。中华民族的伟大复兴，应从小、从点滴做起，从个人的穿衣文明做起。

习俗是岁月的文化积累的反映，具有一定的固定性。民族习俗在外来文化的影响下，有时显得较为固定，不为所动，显示了该民族习俗文化内涵某些方面的稳固性，即固守着原来的习俗，这在日本婚礼上反映明显。尽管平时他们穿着随意，有时还很“嬉皮”，但步入婚姻殿堂举行婚礼，那非得是传统的和服式婚礼服，有不少还是到专门店去租借的。可见日本这个非常西化的民族，对某些习俗还是恪守不变的。而我国女性结婚的礼服已有相当的数量选择了婚纱，并波及城镇乡村，这是出于对外国婚俗的欣赏而做出的大胆改变。有的甚至连婚礼场所也西化了，走进了教堂。

在西方文化的冲击下，我国的习俗变化是很大的。20 世纪 80 年代，当喇叭裤、牛仔裤传入我国时，受传统观念的影响，大多贬抑，斥责不断。特别是因此改变了裤门襟的开法，更饱受习俗之责难，说女人的服装和男人的一样，不成体统。有的还因此闹出家庭矛盾，夫妻反目，婆媳不睦。可见习俗的力量之大。难怪有的国家竟要制定法律来规定裙之长短，非洲国家还禁止女性在公开场合穿短裙（超短裙）、V 形前开衩长裙。20 世纪初，美国港口城市布法罗，还曾有过两少女因积水提起裙子过马路，而被捕入狱的报道。

四、职业价值

以服装标明社会职业，体现职业精神、穿出职业形象，是社会经济发展的必然需求，也是职业价值的具体内涵。看过鲁迅的《孔乙己》的人都知道，孔乙己尽管穷困潦倒，闹得连饭都没得吃的地步，就是不愿脱下那破旧的长衫，为什么？那长衫是他身份的象征，是有文化的象征，是近代有学问的代表，属“士”、知识阶层，亦引申为职业，以传授学问、知识为业，即教书先生。这里长衫也就成了该业的外部形式了。

生活中见穿白大褂的，那是医务人员，称白衣天使，担负救死扶伤之神圣使命。汶川大地震时，灾民见穿国防绿、迷彩服的人民解放军，就如看到了希望，盼来了救星。这是我军部队着装对百姓的无比亲和力所致。

现代经济社会，发展迅速，行业分工趋细，为便于识别、加强管理，提高效益，各企业、公司都制作了适合自己的职业装。这样既便于内部管理，又同为企业形象的组成部分。近年来，职业服已逐步引起行业和设计人员的关注，即如何更好地使其服务所在之企业。由有关部门组织的多次大型的研讨、设计大赛，从理论到实践，都有了很大的改善和提高，使之在统一着装的形式美的前提下，职业装设计朝利于工作、符合职业特性的方向发展，使我国的职业装内涵发生了巨大的质变：能适合岗位、利于操作、充满特色（指所在单位、集团），还能散发时尚气息。

需赘言的是，职业装的兴起与20世纪八九十年代诸“领”的问世有密切的关联。所谓的“领”，即衣领，当时人称在高档写字楼工作的人员为“白领”，从事重体力劳动（含普通工人）称“蓝领”。这是发达国家所使用的工装颜色。这两个词的引入国内，主要还是以从事的工作形态来分，有点类似我国的脑力劳动和体力劳动。据此，国人又生发出“领”谓的系列，“金领”和“灰领”，这是国人丰富想象之独创。前者指职业经理人、大经纪人等，还有是经济、金融界之高管。一般而言，这些人收入丰厚，管理、经营能力强。“灰领”一说则更为新颖。“灰领”特指电子工程师、软件工程师、装潢设计师等，这些人有较扎实的专业理论功底，并以娴熟的技术见称于世，动手能力强，且拥有较大的个人支配的空间，即自由度较高。据说他们的薪资是“蓝领”的3—5倍。

正是这些不同的“领”，丰富了我国职业装的体系，从而使服装的职业价值更为精彩。此外，学术界对服装价值的研究亦有新成果问世。日本社会学家荻村昭典的研究多有新见解。他的结论是，服装的价值等于态度体系。所谓态度是个人因外界刺激所产生的反应，它和事物本身带来的价值密切相关。价值是指引起个人内部反应的刺激因素，态度是指在这种刺激下的内部反应。这种价值和态度是刺激与反应的综合体，被称为价值等于态度体系。荻村昭典认为，该体系一旦为个人所确定，会较长久地存在，自发起作用，形成个人看法和思想基础。服装作为刺激因素，会引发个体的各种反应，诸如款式、面料、色彩、服用性、服装观感等刺激要素，都会综合发挥作用。

荻村昭典的服装价值态度说从个人的角度，就其婴幼儿时期开始及其受父母着装文化选择的刺激所形成的服装的价值态度，在以后的岁月中，逐渐形成自己对服装的价值态度，此归属社会文化的制约。

E. 施普兰格认为理想价值观有六种区分，故有些著述据此而将服装的价值细分为八个类型，即经济的、感觉的、理论的、审美的、探索的、宗教的、权力的和社会的这八大服装的价值。此说针对个人的实际状况而发，即服装的价值因人而异，尽管有八个类型，但对个人来说，特别是在现代社会，不会是单一的，而多为几种价值追求的复合。

第二节　服装文化与服装外部廓形

人们在谈论、观赏服装时，常会以某某风格加以评说，这种观感的发表，大多根据着装者外形立体而发，即从服装的外部构成知其风格所在，此谓服装外部造型轮廓线所阐发的文化倾向。它包括面料、染织、饰品、里衬、刺绣等结构要素。这里，仅就服装外部廓形的整体性作简要阐述。

一、廓形

现代流行概念中，常见 Line(线、线条)一词，就服装看，它是 silhouette line（轮廓线）的简称。Silhouette 原为黑色剪影，后引申为剪影画、外形及轮廓线，指着装状态的外部轮廓线，即“外廓形”或“外形”，是服装造型最简洁、最概括、最典型的外部特征的表示。它包含了着装体态、服装造型及其所形成的风格。这是服装设计的基础，服装的流行更是据此展开。可以说，现代服装的流行就是对服装廓形的研究和发展。

由于廓形对服装流行的重要性，因而吸引了许多学者对其进行了大量的研究，有的甚至用了几乎一生的精力，考察几十个国家和地区（如日本学者小川安朗），对服装廓形展开调查研究，以至形成分类的多元化。美国 Ayoung 以形状概括的三大基本型：管状直线形、膨鼓状钟形和后凸状巴斯尔形；M. Featherstone 和 D.H. Maack 按几何状归纳的四大型：椭圆形、四角形、三角形和沙漏形；Hillhouse 和 Morion 按穿着形态分为六个类型：流线型、膨鼓状、箱形、T 形、衬裙形、背部波浪形；而 C.W. Cunnington 则非常简略，用英文字母 X 和 H 概括两种类型，分别代表女装和男装，而两者间的相互交融，更使廓形创新延伸，丰富多彩，别具特色。

（一）廓形意义

服装廓形，是款式设计的最终目的，即塑造外形和形成整体印象，是服装造型设计的一个主体的两个方面，同为服装设计的两大重要组成部分。

服装作为直观的形象体，最先进入视线的是其外部轮廓特征，这种典型、简洁的概括性符号标记，为服装造型设计的本源。因其给人以总体印象深刻，有如剪影般的观赏效果，而受业界重视。廓形是区别和描述服装的一个重要特征。服装廓形不同，其造型风格当然会不同；其发展变化蕴含着较深厚的社会内容，也是流行时尚的缩影，是不同历史时期服装风貌的反映。服装设计师往往根据服装廓形的更迭变化，分析、探讨服装发展演变的规律，以便准确、科学地进行预测和把握流行趋势，从而摸准流行时尚之脉搏，为符合市场需求开展服装设计。

款式设计是服装内部的结构设计，包括领、袖、肩、门襟等各组合部件的造型设计。其风格应与服装廓形的风格相互一致，彼此照应，形成内外一体的完美造型；而绝不能与整体风格相悖，显得不伦不类。当然，在服装的整体风格中，服装内部款式的局部个性特色，也是有必要的，否则，服装整体风格将因缺乏亮点而无生气。这里结合典型的H和X廓形，进行具体说明。H廓形，亦叫长方形廓形，强调肩部造型特点的表述：自上而下不收腰，筒形下摆。这种造型使人有修长、简约感，塑造男性严谨、庄重的风格特征。现代服装中诸如运动装、休闲装、居家服、男装等的设计，其内部造型线设计多偏重于直线、垂直、水平，内外风格一致，内部结构衬托外部造型的整体美，从而准确表达H廓形简约、庄重的风格特征。

X 廓形描述的是肩宽、紧收腰部和自然舒放下摆等部位的特点，体现女性的优雅气质和柔美的风格特征。这在婚礼服、晚礼服、鸡尾酒礼服和高级时装的设计中，得以充分表现。与其内部造型线相适应的设计，需偏重借助局部曲线的表述，如波状裙摆、夸张的荷叶边、轻松活泼的泡泡袖等，以充分塑造女性的优雅与浪漫。应注意的是，X 廓形服装应避免运用直线形结构，以免减弱或破坏柔美的整体造型感。

这表明，服装廓形和服装款式内部结构是互为依托和制约的，廓形重在规划服装的外部轮廓，款式内在设计则丰富、支撑着服装的廓形，两者在相联、依存中完善着服装的整体美。

（二）廓形分类

服装廓形虽受社会文化的影响，但以人体为主体。服装造型的千变万化，皆以人体为基础，即支撑服装的肩、腰、臀这几大关键部位。服装廓形的变化，主要也就是通过对这些部位的强调或遮掩，而形成了多种多样的廓形。根据其不同的形态，通常有以下几种命名方法：一按字母。如H形、A形、X形、O形、T形等；二按几何造型。如椭圆形、长方形、三角形、梯形等；三按物形。如郁金香形、喇叭形、酒瓶形等；四按专业术语。如公主线形、细长形、宽松形等。C.W. Cunnington 曾把廓形简略概括为X和H两种类型，而设计师据此又创造出各具特色的女装和男装，即许许多多的新颖廓形。

X 形，可看成上下两个三角形，由于其顶点重合在腰节线，所以，设计师可就腰线的上下移动，推演出丰富多彩的不同腰位的衣装。X 形的上下两个开口，为肩和衣摆的宽度，又是创意设计的新空间。而顶点重合的三角形，其任何一边的弯曲变化，即曲线化状态，所产生的弧线都会改变X形的表情。为塑造女性美，在这宽广的空间，任设计师自由驰骋。

H 形，是直接造型。因其长和宽比例的差异，可构成众多表情、观感乃至名称都不相同的外廓形。诸如箱形、圆柱形、管子形、铅笔形、希夫特形（shift，直身衬衣或直身长衬裙）、袋形等。

H 形上窄下宽时即成梯形或三角形（A 形）；上宽下窄时就成了倒梯形或倒三角形（V 形）；H 形左右的两条直线向外凸时，呈酒桶形、鼓形、椭圆形、卵形；向内凹时就变成双曲面形、喇叭形，直至 X 形。

人们可从 2008 年秋冬国际品牌的发布中，欣赏到设计们对廓形运用得如何得心应手，作品的精彩令人迷恋。Celine、Balenciaga、Max Mara 填充过的肩型，使人隐约看到了 20 世纪 80 年代女强人装的影子，但少了些强悍的成分，细节浪漫的设计烘托，使之多了些柔和谦让的特质，更显平易近人。裤管的放量勾画呈纺锤状，并把 2008 年的高腰裤收紧裤口，整体如一个微妙的倒锥形。Bottega Veneta 的三维立体雕塑感连身裙，LV 拉宽髋部的立体流线半截裙 C.N.C 的纺锤裤，Hussein Chalayan 的“软雕塑”锥形裤，Junya Watanabe 未来派套装，都是该季的时髦源头。

这种分类的细化推演，导致了服装款型的千姿百态。细化推演是服装设计师发挥灵感之所在，是推动设计的基础。阿玛尼创业之初，打响市场的就是廓形的引人注目。20 世纪 70 年代末，他在首个男装系列的基础上，将西装的领部加宽，增加胸腰部的宽松量，所推的倒梯形，就颇具创新性。80 年代，女装廓形的革新，最是为人称道。阿玛尼把当时女装界盛行的、修身的窄细线条的“圣·洛朗式的女装原则”，进行了大胆的改革尝试：男装女用。将传统男西服特点融入女装设计中，将其身线拓宽，创出具有划时代意义的圆肩造型；加上无结构的运动衫、宽松的便衣裤，为整个时装界带来一股轻松自然之风。这种经过改良的宽肩女装，深受职业女性的欢迎，从而与 20 年代为简化女装做出突出贡献的设计师香奈尔，有着异曲同工之妙，阿玛尼也赢得了“八十年代的香奈尔”的美称，那宽大局部的夸张处理，更成了整个 20 世纪 80 年代的代表风格，也就是人称的“阿玛尼的时代”。所以，研究服装廓形的分类，就在于活跃、提升服装设计的水平和能力。

二、细节

细节是服装的闪亮点和个性特色的表现。以小见大，以局部显示整体，俗称画龙点睛，即点缀的妙用。这就是细节的巨大艺术力量。所以，有作为的设计师都会在这里着力开拓创新，以博取设计作品的脱颖而出，引人注目。

中山装是人们都很熟悉的，是经孙中山先生的倡导、穿着而兴起的：既成了国民党的礼服，也受到进步人士和知识分子的普遍推崇，并一直延续至中华人民共和国建立。中华人民共和国成立后受时尚文化的影响，特别是列宁装的流行，其款式又有了新的变化。翻折之领变尖了，单排 7 粒扣减至 5 粒扣，上下贴袋在原来的基础上又进行简化处理。20 世纪 50 年代，北京红都时装公司特级工艺师田阿桐在为领袖毛泽东制作服装时，据此再次做了改进：领形、袖形、口袋和前后身的板形都重新修订和调整，使之更大气、高贵，强化东方中国文化的新风貌：毛主席高大伟岸的形体和非凡的气度。随后，中央主要领导人刘少奇、周恩来、朱德等都穿起了这种服装，从而被海外媒体称为毛式服装。这些局部细节的进一步修饰和完善，使领袖的服装达到至臻至善的境界。现代服装的流行时尚，细节设计往往是设计师颇为用心之处，大凡在款式、面料、图案等处，以夺人眼球之笔，打动消费者、获取市场效益的最大化。另有研究表明，进入 2009 年，设计师们对细节的重视达到了很高的程度，他们对细节的处理，往往多有出人意料之笔，如拉链、结饰、流苏等的表现，就非常自然，令人信服。此种精神延至秋冬装苑，一如既往，还是以细节设计见长，显示了强劲的市场趋势。对此，专业网站还作了专题报道，以引导设计和市场发展。

三、廓形与社会

有服装史研究者曾指出，经济发展景气受挫，或遭遇危机时，裙之下摆就偏长，且裙子越长经济形势就越严峻。这似乎向人们透露，廓形关系到社会发展程度，即社会发展状态可影响到服装外轮廓线的构成。有专家更明确地说，一部服装史就是服装廓形发展史。就是在社会发展的某个阶段，廓形变化还是与社会环境氛围相吻合的。这里仅以上海开放后第一个 10 年的女装为例，进行分析。

1980—1989 年，短短 10 年，上海女装在流行的推动下，虽步入穿着的新时代，可社会因素的影响还是较大，廓形可细分为四个阶段。1980—1983 年，我国刚进入改革开放，人们的认识不可能快速从“文化大革命”步入到开放社会，且国家政策的前后浮动，人们需有个适应的过程。特别是青年人中率先把有违社会认同的“奇装异服”穿在身，饱受普通百姓和传统人士的谴责，还牵涉职业、评选、晋级等个人前途之大事，甚至还伤及终身大事的婚姻。因此，上海的女装无夸张性廓形出现，只是在局部上有些细微的变化，态度谨慎。此为初期细节上悄悄地在变。1984—1985 年，时值新中国成立 35 周年，中央下达让群众穿着更美一些的指示，上海市迅速响应，市妇联主任在《文汇报》上专门撰文，号召“用服装美化人民生活”，要求干部带头讲究穿着，鼓励百姓大众穿着更漂亮些。各级政府的大力倡导，社会宽松环境的初显，促使服装廓形有较大变化，“V”形装、“蝙蝠袖”得以广泛流行，全社会穿着普遍丰富。且整体造型、着装还出现男性化倾向。这是服装廓形变化较大的第二阶段。1986—1987年，中央领导穿西服的信息，无疑发出一个巨大的信号：坚定开放的信念，并为敏感的上海人所接受，更见诸服装廓形。这时，“V”形流行更为夸张，服装廓形、比例搭配出新，上长下短服装廓形成为流行主体，服装的衣长、胸围与身体对比强烈。这是第三阶段服装廓形大变的体现。1988—1989年，我国改革开放已进入第10个年头，作为得国际风气之先的上海，流行速度加快，周期逐渐缩短，夸张的廓形渐次收敛，“X”“A”廓形流行逐步呈主要造型，意在女性美的塑造，回归女性之本原。这个阶段女性化得到强调。

其实，国际形势对服装造型也有巨大的影响。1973年10月，中东战争导致的石油危机带来一系列社会变动，主要在于全世界都对中东地区显得非常关心。产油国所积聚的大量美元，使阿拉伯客商对高级时装等奢侈品的需求急剧增加，导致了箱形、“H”廓形即宽松肥大服装的流行加速。而欧洲劳动力的升值，为减少投入、降低成本和便于生产，外廓形直线构成的服装纷纷面世，一时形成气候。那是基于直线剪裁便捷，缝制既省事，又利于批量生产。有的成衣商甚至以缝纫用线的成本，来“严格考核”设计师，说：“用最短的缝纫线能完成一件成衣的设计是最优秀的设计”。这种廓形风格的服装显露流行舞台，是世界服装文化极大丰富的表现。所以，研究廓形应该与社会发展相联系，社会的状态对廓形的发展走势有较大的影响。

第十二章　现代艺术思潮对服装的影响

20 世纪以来，服装发展的百年历程所取得的成就，不唯是服装界的骄傲，还有美术、艺术界的巨大贡献。巴黎是世界时装之都，同样也是艺术家的殿堂，这里同样聚集了众多世界级的艺术大师。他们的不朽之作，乃至创作风格、艺术思潮，往往是服装设计师十分关注的：寻找设计新思路，获取创作灵感，从而引发业界轰动。而有的美术家、艺术家，还身体力行，当起了设计师，亦成美谈。所以说，他们不仅是当时画坛的巨擘，而且还是对服装界产生重大影响的大家。本章就此展开服装与现代艺术之关系，对各主要艺术思潮对服装发展所起的作用，进行简要的叙述。

第一节　服装与艺术

平时，人们常用诸如“古典主义”“古典的”“现代”等词来形容某类服装，有些流行发布的主题还会以某某艺术家之名来命名，也有以某种艺术风潮的名义出现，而服装评论家则借助艺术流派的理念去解读服装艺术文化。的确，很多艺术流派与服装存在着密切的映射关系，诸多经典艺术和现代艺术的表现形式和构成方式，对现代服装的影响越来越大，日益成为设计的重要元素。为使人们对其有所了解，先对现代艺术进行简单的回顾。

一、现代艺术缘起

19 世纪后期，西方艺术出现了很大的变化，科学、思想等领域中的新成果、新思维不断涌现，催生了许多新艺术流派的出现。这就是进入 20 世纪包括文学、美术、戏剧、音乐、电影等在内发生的颠覆性变化：改变审美认识、极大丰富生活，且影响久远，成为西方艺术主流的现代艺术。

（一）现代艺术的萌发

19世纪末和20世纪初，西方主要资本主义国家如英、美、法、德、俄等已基本形成，但这并不意味着给社会带来了平安、幸福和稳定。新兴资产阶级对资本积累的贪婪，和殖民统治的建立，瓜分世界势力范围的两次世界大战的酝酿和爆发，使社会各阶级、阶层的人们，都不同程度地付出了沉重的代价。所有这些，就成了西方现代艺术萌芽的社会土壤。

而处于当时城市相对繁荣、思想相对活跃的法、德等国，胸怀抱负的知识分子、艺术家，目睹、体验了当时社会的这一现状，他们变得焦虑不安、苦闷彷徨，有的甚至远离现实、孤芳自赏等，借以表现最基本的艺术情感。加上新兴资产阶级张扬人性，提倡所谓的“平等、自由、博爱”，致使思想相对活跃的知识分子中，出现了许多新的哲学、心理学思维方式和理论，如尼采的唯意志论哲学，柏格森的生命哲学，弗洛伊德的精神分析心理学等。还有其他领域的如天文、地理和自然科学等许多新的科学发现，都使人大开眼界。这使标新立异的艺术家大受启发，从而促使他们对艺术思维和表现手法进行创新构建，并成了当时的时髦。

各艺术流派（或派别）产生的时代背景、艺术主张、影响众寡、范围大小、聚合离散等因素的不同，致使派别众多，花样百出，就如走马灯一样。若平均计算，兴盛期也只有四五年存在时间。仅以现代派美术的流派而言（含社团机构），据《现代艺术词典》所载，共有70个左右的条目，而能形成气候、既为当时拥戴，又对后世影响较大的，也就是人们所熟悉的几大派别。为便于理解，本书以其产生为主线，择其要依次略作介绍。

（二）现代艺术概述

现代艺术最早的应该是印象派绘画，如毕沙罗、莫奈、雷诺阿等。他们的创新之处，在于背离传统素描的明暗技法，重视色彩分析，如毕沙罗发明的点彩法，莫奈和雷诺阿强调到阳光下写生，表现阳光下各种明媚的色彩感。但真正开创现代美术的是“现代绘画之父”塞尚。塞尚终身孤独，独自一人致力于用色彩来表现事物最基本的形态结构，即追求色彩关系中的造型。他认为，人的感觉是混乱的，绘画就是要摆脱自己感觉上的混乱，表现出真正的自然秩序和艺术秩序。此后的印象派代表高更、凡·高等人的画风大变，以主观、粗犷的色彩造型，替代了细腻、富于质感的传统绘画。由此，相关美术史著作称塞尚之后的印象派为后印象派。

之后，法国的野兽派出现，与之遥相呼应的是德国的表现主义。该派的艺术风格和理念强调主体的艺术表现，如表现直觉和梦境感应等。他们的作品笔触狂野，色彩鲜艳浓郁，造型夸张、变异等，代表人物为马蒂斯。还有以毕加索为代表的立体派，以结构变异而独树一帜，即以主观的结构原则代替现实的感觉原则，其内容是需主观分析才能找到的立体感觉。而以康定斯基为代表的抽象主义，则倡导“艺术的抽象”“艺术的精神”的画风，以抽象的色块、线条的构成来表现人类的精神。

这时，众多绘画流派都以最时髦的口号、主张和表现手法，纷纷亮相，皆以新颖相标榜，如未来派、达达派、超现实主义等多种画派相继产生。这些画派，名称虽不相同，但都主张艺术要面向未来，要前卫和先锋一些，完全背离传统；主张艺术的直觉，主张自我表现。这些画派聚散不定，由于各人的行为动机和个性差异，或分道扬镳，或另立门户，或貌合神离，因而很不稳固。以至到了后期，有些人从根本上否定艺术，强调精神表现。有的将公厕便池命名为《泉》送去参展，在达·芬奇《蒙娜丽莎》原画照片上添个胡子，也自命是“创作”，这便丧失了美的表现和表现美的艺术本性。

（三）影响至今探因

现代艺术发展至今，之所以还是具有较大影响，原因就在于其中有许多值得学习、借鉴的合理的内容。如早期现代艺术印象派的美学观念、技法表现、创作成果等，有好多是应该加强发掘和实践的。立体派和抽象派后来的作品，也需要美术界去耐心总结，毕加索、康定斯基等现代派艺术大师，确是值得后辈学人尊敬和认真学习的。毕加索对画风探索用力颇多，其中的经验很值得研究，关键是他的创造和艺术表现并没有与现实生活完全脱离。如巨作《格尔尼卡》的问世，赢得了世人的普遍赞誉和尊崇。而康定斯基《论艺术的精神》的出版，其论题艺术创造“内在的需要”之提出，强调以点、线、色彩和抽象造型来表达思想、传达感情的艺术主张，弥补了现代艺术家反理性的某些不足。当然，这些理论亦同样为现代社会所推崇。因为，现代艺术是“将被禁锢的人们的思想和被封闭的人们的视野一一打开，让人们认识到艺术的多样化、多重性和多境界。”所以，时至今日，现代艺术还在人们的生活中发挥作用。就服装而言，它对服装的设计风格、装饰风格、色彩风格这三方面，表现为一种艺术的纽带之缘。

二、设计风格结缘

风格一词，现代社会出现频率较高，诸如说话、办事、穿衣等，都可以概括出“某某风格”，它是一种个人特点的显示。这里，叙述的是艺术领域的风格问题。根据专业工具书所称，风格，是作家、艺术家在创作中所表现出来的创作个性和艺术特色。就目前设计界而论，服装的设计风格，是指在整个作品中所透露出的倾向性的设计个性和艺术特色，它可以是设计师个人的，也可是企业的，或两者兼而有之。此处仅对服装设计受现代艺术风格之影响，择主要的有代表性的做些介绍。

（一）古典风格

广义讲，“古典”往往与“浪漫”相对应，指那些执着于公认的审美理想表现的艺术。德国美学家温克尔曼（Winckelmann，1717—1768）说古典是“静穆的伟大，高贵的单纯”，如此评述直达“古典”之精髓，堪称经典。简洁、高雅、对称，是其艺术特征，即严格忠实于艺术的规范。在其往后的历史进程中，“古典”继续在艺术史中发挥着作用。评论家为清晰区分，对18世纪以来“古典”的不同流派，分别以“新古典”“泛古典”相称，而对具有这些广义“古典”的艺术特点，则用古典主义风格加以形容。古典风格对服装设计是个非常重要的艺术流派：不仅在服装中有明显的映现，影响深远，而且在现代服装设计中占有重要的地位，并形成自身的设计规律，特别在女装方面，是表现“庄重与宁静感”之题材的好形式。

（二）波普风格

“POP”是Popular的缩写，意为“通俗性的、流行性的”，兴于20世纪60年代的美国和英国。“波普艺术”（Pop Art），指的是“大众化的”“便宜的”“大量生产的”“年轻的”“趣味性的”“商品化的”“即时性的”“片刻性的”形态与精神的艺术风格，通过塑造夸张的产品造型和比现实更典型的形象，缓解了现代主义的紧张感和严肃感，为休闲享乐打开了便利之门，是20世纪60年代世界设计风格的代名词。在家居、服装复古风劲吹之当今，它又充当了时尚的化身。服装设计中光亮材料、色彩鲜艳的人造皮革、涂层织物和塑料制品的大量出现，使造型设计突破陈规旧俗，色彩大胆而强烈，为年轻一族、职业女性所喜爱，成了新时代的风尚。

从上述定义还可看出，波普艺术旨在打破生活和艺术的界限，努力消除艺术中的高雅、低俗之分，开辟了大众化、通俗化、商业化的艺术走向，使各种商业内容、生活用品、日常琐事都可以作为表现的对象，所以，“它与世俗生活的界限变得越来越不明显，常常具有时尚色彩和商业色彩”，这就为包括服装在内的产品开拓了新的空间，以适合大众消费的标新立异、变换口味，因而具有积极意义。

（三）立体派（立体主义）

源于1907年至1914年法国的“立体主义”（Cubism）绘画流派，对服装的影响是巨大而持久的。由法国人保尔·布瓦列特（Paul Poiret，1879—1944）向“新样式艺术”（Art Nouveau）繁琐累赘的“S”服装发起的革命性挑战，使服装史就此翻开了新的一页。

世界许多著名设计师都争先恐后地从“立体主义”中寻求灵感，以期借鉴、吸收，用形象而有力的服饰语言予以表达。早在20世纪30年代，意大利女设计师施爱帕尔莉（Elso Schiabarelli）就指出，服装设计应该有如同建筑、雕塑般的“空间感”和“立体感”。日本著名设计师小筱顺子（Junk Koshino）更是被称作“最能传达毕加索作品概念的艺术工作者”。她最擅长几何图案与色彩分割的表现手法，以反映对未来世界的向往和独特表现。服装大师伊夫·圣·洛朗在1988年巴黎春夏时装发布会上，就别出心裁地运用布拉克的画作中的白鸟，由一只变为两只，还采用了一大一小、俯仰来去的形式，以求丰富与变化，面料为深蓝色缎子，衣料上镶嵌图案，颇具夸张感，色彩强烈，大有离开人体而独立之势。

（四）未来主义

盛行于意大利的“未来主义”（Futurism）绘画流派，主张未来艺术应具有“现代感觉”，应表现现代文明的速度、暴力、剧烈运动、音响和四度空间。服装主要通过造型、色彩和面料图案加以表达。前卫设计师让·保罗·戈尔捷的太空系列，造型奇异，结构线条分割丰富精致，以不同质材强调身体的主要部位。安德列·库雷热（Aneire Courreges）问世于20世纪60年代末未来主义风格的作品，其轮廓明晰、线条肯定、图案简洁和无彩色对比的形象，给人以变化莫测的未来印象。其实，这种风格的服装，很大程度表现的是“极少主义”（Minimalism），这种“最简单派艺术”主张，用单纯的色彩、简洁的结构传达设计思想，是后来的设计师们一直奉行的经典，直至如今。2010年秋冬，未来主义驰骋愈甚，服装界借以颠覆传统的面料应对明日未来之畅想。

（五）超现实主义

这是一个不容忽视、自产生起就不断影响服装的艺术流派——超现实主义（Surrealism Style）。它因法国作家布列东在巴黎先后发表的两次“超现实主义宣言”（1924—1929）而闻名于世，是第一次世界大战后流行于欧洲的一种资产阶级文艺思潮。他们受弗洛伊德的精神分析学和潜意识心理学理论的影响，宣称在现实世界之外还有一个“彼岸”世界，即无意识和潜意识的非理性世界，并认为这后一世界比前一世界更为真实。他们信奉的格言是，事物的真正面目常常与人们得到的第一印象截然不同，主张“下意识”“梦境”“幻觉”“本能”是创作的源泉。这一思潮波及范围相当广，几乎涉及所有的文艺领域，有“超现实主义小说”“超现实主义绘画”等，其作品所描绘的一切事物犹如梦中所见，那些出人意料、奇异怪诞、谜语一般的作品，几如萦绕脑际的梦和复杂的潜意识活动的产物。这是一种任由想象的模式深深影响到服装领域，带出一种史无前例、强调创意性的设计理念。

于是，惊世骇俗的图案、炫目的色彩、高跟鞋式的帽子等超常规的作品，塑料、玻璃、金属制品饰物等，都堂而皇之走进了服装设计领域，以明确回应超现实主义艺术家们的格言：事物的真正面目常常与人们得到的第一印象截然不同。其中，公认为“最具艺术家特质”的三宅一生，以日本文化和西方现代精神融为一体的设计风格，于 1982 年发布的作品，整件服装都用密密细裥的黑漆布做成，细竹编护胸甲，涂以黑漆，夸张的大斗笠帽和折扇，这完美无缺的日本新女性形象，皆为“超现实主义”手法塑造而成。

美国纽约和英国伦敦的维多利亚和阿尔伯特博物馆还举办了超现实主义的服装（时装）展览，获得极大成功，上达世界一流的服装设计大师，下至服装潮流的追逐者都被惊动了。一时间，巴黎、伦敦、米兰、纽约等服装重镇的一流设计师都加入了这一行列。如日本的君岛一郎、法国设计师卡斯特巴杰克等，都有作品问世，于荒诞中见童趣。这种以大胆革新、奇思妙想的创作精神，推动了服装设计，使平时看来不可能的怪念头变为现实的作品。当然，议论也在所难免。嘴唇就是其中的有名之作，还引发了服装中的色情主义。拉格菲尔德、洛朗等大师装饰袖口所用的唇形珠宝，就是显例。有的著述甚至还认为，过去的四年，Prada 之所以能够傲视群雄，关键有超现实主义作资本。从设计而言，超现实主义于服装设计来说，最大的功绩，就是发挥巨大的想象力，把原本毫不相干的材料组合成新的作品，激发创造灵感，从而开启新思路，即拓宽服装设计视野的一种新思维方式。

首先把超现实主义成功地引进服装设计领域的是埃尔莎·夏帕瑞莉（Elsa Schiaparelli），她在这非理性的服装世界里，突发奇想，竟把一只高跟鞋倒扣在头上成了一顶时髦的帽子，这不可想象的事竟成了活生生的事实，这确实是超现实主义的神来之笔。这不仅因为她第一次想到了服装应表现超现实性，而且其作品还是精美的艺术品，令观者震惊。此举奠定了夏帕瑞莉作为超现实主义服装设计师的地位，也诱发了同行们的设计灵感，并获得“埃尔莎的心灵之窗”的美誉。这是阿拉贡不朽诗篇中的佳句。有趣的是，1980 年，圣·洛朗设计的一款夜礼服，出人意料地用小圆金属片（一说珠片）把这首诗绣在礼服上，使服装设计和超现实主义艺术紧密地结合在一起，成为一种新型的艺术品种。

三、装饰风格结缘

说起装饰风格，人们自然会想起以荷兰画家蒙德里安（Mondrian，1872—

1944）为代表的冷抽象艺术思潮。蒙德里安认为，世界的一切秩序和结构，都可以抽象简化为方块和直角，以及红、黄、蓝三原色和黑、白、灰附加色，这是他艺术造型的基本特征和全部的艺术语言，冷抽象的称呼就此而来，即把全部的理性和感情融入绝对的矩形和框架之中，这就是蒙德里安所谓的冷静克制。他说："纯粹和不变的真实是蕴藏在大自然多变的形体之下的；这个真实，只有因纯粹的造型才能表现出来。"所以，蒙德里安的作品结构简洁明快，富有气魄，感染力强，因此，很受各种造型艺术的青睐，纷纷被引入家具、轻工、建筑、服装等设计领域，很快为实用美术所吸取。如 20 世纪 70 年代气压式热水瓶外壳，就是由红、黄、蓝、黑、白、灰这些大小不等的矩形色块所构成，很受消费者的欢迎。

服装上更有大胆的尝试者。伊夫·圣·洛朗 1985 年来北京展出的杰作中，就有蒙德里安这种矩形构成的系列服装，很是吸引人。其中一款无领无袖筒裙就很适合女性夏季穿着。筒裙最令人注目的是黑色分割线，先是三条横向黑线划分出身体的主要部位：肩（含颈）、胸、腹；再以一竖直短线于颈部居中，使两肩对称，产生平衡感；最后是一长竖线置于胸侧垂直而下，使裙装主干突现，形成筒裙之骨架。加上正身红、白二色的暖冷对比，既醒目又和谐。值得一提的是裙摆一抹黄颜色之陪衬，更可增添穿者之轻松和愉快。由于这种设计风格清新宜人、简洁大方，所以，向来不乏崇拜者和借鉴者，有变换形态的（变矩形为菱形），有用以命名作主题设计的。日本东京服装设计师宇治正人的作品中，就有蒙德里安色块换位经营的再创作，其色块的对比、呼应，无不是艺术规律的体现，从而使这设计无论远看还是近观，都视觉效果极强，真可谓别具一格的再创造，也是服装设计他为己用较为典型的例证。

另一派是俄国画家康定斯基（Kandinsky，1866—1944）所代表的热抽象。之所以称其为热抽象，主要是以特定的构成符号表现对象，较为自由，且多随意性，无固定的模式框架，作品大多热情奔放。这是不同于蒙德里安的构图方式。也正因这一点，康定斯基创立的这种生动活泼的抽象构成，也同样很受欢迎。有些学者还把现代服装所具有的潇洒飘逸，不拘形式的观感，看作是康定斯基热抽象装饰风格的作用。这种说法虽并不严谨，但就热抽象艺术思潮来说，算是抓住了问题的本质：对服装风格的丰富性具有推动意义。

还有一个欧普艺术对服装的装饰风格也颇有影响。该艺术流派源于 20 世纪 60 年代的欧美。"OP"是 Optical 的缩写，意为视觉上的光学。"欧普艺术"，是指利用人们视觉上的错视所绘制而成的绘画艺术。因此，又称作"视觉效应艺术""光效应艺术"。它以视觉动感，开展服装图案设计，以强烈的视觉感，衬托服装的整体美。这是欧普艺术装饰服装的最大特点。

四、色彩风格结缘

色彩是表现力最强的元素，是表达感情最有效的无声语言。现代服装受现代艺术之色彩影响的，首推马蒂斯。马蒂斯绘画成就最突出之处，便是色彩。他的用色无视传统规律，以极强烈的颜色入画，而被斥之为“野兽”，遂自成一派。从色彩的装饰美而言，马蒂斯的不拘常规的用色，确是以开创性而载入史册的。马蒂斯这独特的用色造诣，为服装界增添了新的创作手段和手法。巴黎高级时装业创始人波华亥，是第一次世界大战前服装界的活跃分子，他的设计多处得益于马蒂斯。就当时纺织品、服装实物来看，多避免用大色块如黄这样的强烈色调，可自从有了马蒂斯的《两个少女》《音乐》等作品的问世，波华亥的服装设计就大为改观，以黄作外套的基色，饰物腰带等用红或蓝，似从马蒂斯画作中化出，所以，也有“时装界的野兽派”之称。1981 年秋冬，伊夫 •圣 •洛朗还以马蒂斯之名设计过一件塔夫绸的晚礼服。

同时，毕加索也是必须予以重视的。毕加索的艺术贡献是多方面的，他不仅以绘画著名，还喜木雕艺术，如南非那种小脑袋、短发、长脖子、表面光滑的雕像，是服装模特的理想对象，以致促成模特行业的诞生。而立体派绘画、雕塑等艺术形式，竟也由此而生。著名设计大师香奈尔就借鉴其艺术原理，成功设计了正方形羊毛背心和矩形短裙套装，以简洁表示力度。这在服装界是一种创新的设计思路。洛朗 1979/1980 的秋冬发布，更冠以“毕加索云纹晚装”之名，直达主题，以绿、黄、蓝、紫、黑等对比强烈的缎子，镶于裙腰以下，大红背景，从而构成多变的涡形“云纹”。从内容到形式，显然是受毕加索艺术影响之所为。

这些人虽以画家名垂于史，但他们也有服装佳作传世。20 世纪 50 年代，苏联佳吉列夫芭蕾舞团从彼得堡到巴黎演出，曾邀请马蒂斯和毕加索等人，设计舞台服装。这次演出使巴黎市民在欣赏芭蕾舞精湛演技之余，还对其服装的色彩、装饰和面料之质感，有了一个新的认识，一直延续到 70 年代以后，并时时不断被复活而成时兴之装。

现代艺术在整个艺术史上的地位，毋庸置疑，在服装史上也有重要地位。现代艺术原理在服装上的应用，简直达到水乳交融之境地。为什么？因为现代派艺术追求形式美之目标，为服装界视作“知音”，产生共鸣，这是目的相同所致。一座建筑物，或一幅绘画作品，其构成因素之点、线、面、色块等，无不具有强烈的形式感，而这也正是服装设计所要着力表达的。就如蒙德里安作品中所用垂直、水平等线条，及正方形和长方形构成，若让美术爱好者认可，恐怕是件难事。可到了服装设计师的案头，却使他们灵感大增，思路泉涌。早些年市场颇觉新奇、亦被相当看好的“蒙德里安裙”“蒙德里安毛衫”，就受蒙德里安的《红、黄、蓝三色构图》之启发。据此，人们才得以了解了现代艺术和某些现代派艺术家，这不能不归功于服装界的推力。这种结缘，使两种艺术文化交汇融合，而生发出崭新的审美光彩。可以说，服装设计师使现代派艺术得以发扬光大，而与穿着艺术的设计结缘，使其更加大众化、平民化、普及化，乃至进入一个新的发展天地。现代艺术思潮成了时新服装不断问世的催化剂。

需要补充的是后现代主义。这是一种复杂的现象，它的文化内涵、社会背景和主要特征及美学观念，值得研究。后现代主义的服装设计原则是要重视人的多种情感，其影响主要表现在款式、结构、穿着、色彩、材质等方面，具有追求剪裁的单纯美、穿着的自由美（挣脱束缚）、材质的多样美（挣脱唯布创作束缚）、茶道的禅意美（挣脱唯西方创作束缚）、返璞归真的美等特色，呈现其丰富多样的特点。这种挣脱束缚的特性，表现范围很广。诸如流行最前端，与艺人、次文化偶像、流行乐坛、大众媒体等结合的始作俑者三宅一生。艺人麦当娜（Madonna）在20世纪90年代初“内衣外穿”所带动的流行风潮，基本上也是一种挣脱束缚的后现代现象。

最后，还要说的是行为艺术，这在艺术领域是个颇受关注、又争论不断的话题。由于创作者中有以自虐、伤害、鲜血等极端、超常的行为作为演绎艺术思想的一种表述方式，即一种自由的生命活动。这直接挑战人性和道德底限，如情人节找花草树木谈恋爱、和骡子结婚等荒诞不经、千奇百怪，这些常人根本无法理解之“行为”，所以，人们在认识上发生严重歧义。再者，其活动还有悖于市场空间、公共秩序甚至法律法规等，这就导致了社会认同度的极为低下，当然，也就更难以融入社会。不过，在当下这个多元化的时代，行为艺术作为一种艺术流派，在其创作过程之“行为”，难免不会被有心的服装设计师悟出些许个中门道，触发灵感，进而推出新作，也未可见得。当年，超现实主义的问世，也是饱受批评、诘难。对此，人们不妨把这种以探索思考人生、生命的艺术方式，视为拓宽艺术思路的一种行为吧。

第二节　造型与现代服装的发展

造型艺术的范围很广，如工艺美术、雕塑、建筑等，其中服装与建筑的关系最为密切。这里主要就建筑展开。

一、建筑与服装之关联

建筑是凝固的音乐，服装是流动的建筑。从设计而论，两者相通之处较多，都以人体保护为最终目的，即构建人体外在保护物，并就此功能展开造型和装饰的艺术创新活动。艺术理论称两者同属“空间艺术”范畴。台湾著名建筑设计师、建筑教育家苏喻哲在论建筑与服装的空间关系时曾说道：“建筑与服装看似两个不同范畴的艺术创作，其实在设计这个领域中，只是实体上切入及表达的方式不同，在精神上，它们同为‘空间设计的艺术创作’，且创作时情境的塑造、想象力的重要及情感的投入，都有类似强调之必要。”“因为唯有作品注入设计师的情感才会有生命，感动自己也感动别人”。这是两者在创作设计上的共通之处。

黑格尔在论述美学时，也曾以建筑和服装为例进行过分析，他说：“具有艺术性的服装有一个原则：那就是它也要像建筑作品那样来处理……大衣就像一座人在其中能自由走动的房子……这种自由的形状构造只通过姿势而取得一些特殊的变化。”

服装与建筑都同为艺术审美之对象，两者也是相通的，虽必处某一立体时空状态，区别仅为一是固体静态，另一呈现软体动态，但两者都是以线条组合、形式节奏、色彩变化、空间搭配等艺术手段，来引发人们的联想，以至获得审美感受。再就服装发展看，建筑造型特征，往往对服装造型产生较大影响，如包豪斯建筑与服装设计之联系，就是显例。

二、包豪斯建筑

包豪斯，全称“公立包豪斯学校”，一所培养建筑人才的专门学校，36岁的德国建筑师格罗皮乌斯任校长。包豪斯是德语 Bauhaus 的译音，由德语 Hausbau（房屋建筑）一词倒置而成。该校积极倡导艺术与技术的结合，主张：“功能第一，形式第二”。因此前欧洲建筑结构与造型，复杂而华丽，尖塔、廊柱、窗洞、拱顶，无论是哥特式样还是维多利亚风格，强调的都是宗教神话对世俗生活的影响，这样的建筑是无法适应工业化大批量生产的。对此，格罗皮乌斯要求：既是艺术的又是科学的，既是设计的又是实用的，更是能够在工厂的流水线上大批量生产制造的。

至20世纪20年代，西方现代建筑中的一个重要派别——现代主义建筑，就这样形成了：主张适应现代大工业的生产和生活需要，摆脱传统建筑形式的束缚，以讲求建筑功能、技术和经济效益为特征的学派，又称为现代派建筑。包豪斯一词，就指这个学派。

包豪斯的创立，是德国工业高速发展的产物，强调建筑设计和工业设计，以几何形的造型风格，满足当时求新、求变的审美心理之实用需要。这种简洁的几何形式的造型风格，到20世纪中叶，整体的直线、抛物线构成的几何型构件，大量出现在建筑、装饰乃至各种产品的造型和装饰之中，使人们耳目一新，恰似商业社会追求快捷和效率的催化剂，而很快风靡世界。

三、服装与建筑追求相通

作为一个技艺分支，服装设计与包豪斯的设计主张血脉相连，互为补充。从功能角度来考虑实用、简洁、明快、美观等，正是服装设计师的理想追求。香奈尔的作品与包豪斯的主张多有吻合之处。香奈尔提出，女装应该简洁实用，甚至不应有一粒多余的纽扣装饰，其作品注重服装的活动功能，即从服装活动着的客观存在线条出发，使女性穿着舒适、得体、雅致、大方。这既是功能意义的实践，更是包豪斯简约艺术风格的再现。

迪奥裁剪得体的臀围造型，采用逐渐展宽的极其自然的造型手法，明显可看到包豪斯的影子。迪奥设计线条有力、造型率直的风格，即为包豪斯艺术重视设计流线型的活化。由于合乎社会发展和女性爱美之心，至今仍光彩照人，成为现代设计的典范。

而以金属光泽的珠片和机制品作装饰，间以令人炫目的抽象曲线图案的采用（视幻艺术中的纤细材料），明显可以看出包豪斯的影响。20世纪60年代，波尔卡点纹和波纹的大胆创新组合，突破传统两种纹样的规范，以及几何纹服装的风行，皆因服装设计师对几何纹有了新认识之后的力作。而巴黎设计师古亥格和玛丽·冈特的设计，则将立体派和视幻艺术的特色，杂糅一起而自创新式廓形。古亥格所设计的矩形短裙和筒型长裤，面料图案为动态曲线，增强了服装的新颖性，充满了青春气息。可见包豪斯艺术的生命力及其影响力之强盛。

四、“新艺术运动”

“新艺术行动”作为造型艺术的一种风格，对服装的影响也是很明显的。这是19世纪末、20世纪初在欧洲和美国兴起的一场具有重大影响的装饰艺术运动。“新艺术”装饰形式取法于自然，其特点是采用有机形态，强化曲线表现，大量卷曲自如的形式，有如植物之藤蔓。这种风格影响力很大，渗透到当时的各个领域，从平面设计、绘画、雕塑到家具、建筑、工艺品，都可见“新艺术”之踪迹。西班牙的安东尼奥·高迪是建筑设计方面的突出代表，他的建筑设计充满了不规则的自然曲线，具有自然主义返璞归真的风格，巴塞罗那的建筑是其经典设计。有记载还说，他那自然随意的穿戴与这种艺术风格一脉相承。

而建筑因材料的革新，使巴黎埃菲尔铁塔和伦敦水晶宫那样的建筑物成为可能。20 世纪新材料、新结构、新几何形式，又为建筑业广泛采用，并同样使服装业受惠。特别是两次世界大战后建设力度的加速，更使新兴城市之建筑呈“蒸蒸日上”之势。服装设计亦与“势”俱进，其造型趋势与建筑、雕塑，基本一脉相承，吻合度惊人之高，甚至 20 世纪 50 年代。为证明帽子成为必然的配套装饰，竟有“没有戴帽子的装扮，就像一栋没有屋顶的房屋一样”的说法。建筑与服装服饰关系之密切，由此可窥。

五、行业人才渊源性

从服装界本身来说，设计师和建筑业就有一种渊源关系，其中不少人就是学成于建筑专业，转行投身服装设计的。影响巨大如迪奥的，从小就对建筑很感兴趣。其遗言“衣服是把女性肉体的比例显得更美的瞬间建筑”，更是精炼的经验之概括。意大利高级成衣设计师罗米欧·吉里（Romeo Gigli），大学专修建筑。还有同是意大利高级成衣设计师简弗朗科·费雷（Gianfranco Ferre），毕业于建筑系，后从事室内装饰设计。君岛一郎是国内业界所熟知的日本著名设计师，早年就对服装设计很感兴趣，可经济条件不允许。他进入专业的学校学习，只能一边学习建筑设计，以此为业，一边自学服装设计，用建筑设计赚来的钱供学习服装设计。这些设计师建筑专业的基础，为他们日后服装设计成就的取得，具有积极的促进作用。

而更多的设计师则从实践中，领悟到服装设计与建筑间的密切关联。早在 20 世纪 30 年代，意大利女设计师施爱帕尔莉（Elso Schiabarelli）就指出，服装设计应该有如同建筑、雕塑般的“空间感”和“立体感”。日本著名设计师小筱顺子最擅长几何图案与色彩分割的表现手法，以反映对未来世界的向往与独特想象力。有些设计师经长年劳作，探知到服装与建筑的关系，而被誉为“服装界的建筑师”。意大利的 Gianfranco Ferr 就是其中之一。他在着手构思时，脑中常常是把“服装想象成一座建筑的外观”。他总是以简洁却又非常醒目的线条感来架构服装，且表现于人体，比例相当契合，使穿着能展现更佳的体形轮廓。他的休闲路线甚至高级订制服，遍及套装、连身衣、晚宴服、上班服、针织衣、泳装等各大类，都衣身合度，光彩照人，因而获得“时尚人心中永远的设计大师”的美誉。

国内亦有因建筑师与服装设计师联手合力推出佳作而引起关注的。2015 年除夕央视春节晚会某歌唱家的演出服，由纯白瞬间（8 秒钟）变成正红（中国红），把全场热烈的气氛一下子推向了高潮。这是建筑与服装联姻之果。相信今后会有更多的作品不断赢得市场。

由于建筑和服装关联性的近乎天然，所以，建筑风格的服装总会时时应市。

2014年国际春夏发布，这种倾向就很明显。从雕塑和建筑获取设计灵感，在Jil Sander和Baf Simons中被发挥到了极致：简单利落的剪裁仿佛把一栋栋包豪斯风格的小屋搬到了T台。同样的风格被Mami演绎后充满了圆润感十足的雕塑风格，而一些新品牌如Armand Basi Gaspard Yurkievich等也不约而同被此风潮感染，以至建筑雕塑感的服装成了市场的新贵。进入新世纪后，城镇化建设的提速，势必使建筑业有更大的发展，新颖建筑物也将不断涌现，想必定会对服装产生新的影响。届时，服装业将会呈现另一番多姿多彩的景象。

第三节　表演与现代服装的发展

表演艺术，包括电影、电视、话剧、戏曲等，是以剧本为基础，通过演员的表演来完成剧情的综合性艺术。这些艺术形式塑造角色、演示剧情，都必须借服装的包装而展开，马虎不得。

美国人拍《太阳帝国》，除从国外运来的上百箱服装外，还在中国和其他国家赶制了整整几卡车的新衣，并特意做旧，连管理服装的人也多达几十号，更租了个大摄影棚作为服装工作室。可见服装在剧组地位的重要性。

服装之于表演艺术，就是为了更好地刻画、塑造演员在剧中所担任的角色，为衬托、配合人物服务，即符合人物的性格、心理、所处环境、人物关系，不是什么衣服都可以随意穿到剧中去的。它是根据剧情需要而精心设计、特意安排的。因为，服装和场景有种微妙的互动关系。否则，因服装的处理不当，不仅不能完成剧情，而且还会遭致议论。2006年北京首都剧场上演话剧《建筑大师》，尽管声称探索，结果还是引发不少争议，焦点之重莫过于服装了。有人说濮存昕所穿服装不像建筑大师，倒有些像《白鹿原》中打绑腿的农民；陶虹饰演的希尔达虽然穿着时行的灯笼裙，但裙子里面露出的短裤，让人有些莫名其妙。服装在这里起着引导观众进入剧情的媒介，是桥梁。千万不要以为，现代题材的影视剧容易搞，只要准备好几大箱时髦衣服，就可以进行艺术表演了。这是种误解。不能把服装与艺术表演画等号。只有符合剧情需要的服装，才能通过演员行为深化主题，吸引观众，为作品的艺术性张目，扩大欣赏范围，提高社会知名度。而人物造型师就是担此重任者，下面就此略作展开。

一、演员角色的传神符号

演员饰演剧中之角色，是按剧本规定演绎剧情的，其言行举止，皆以剧情需要为依归。服装作为演员展示角色的外在物质符号，发挥着重要的作用，就表演情景而言，仅是种道具而已。20 世纪 90 年代，《我爱我家》是人们都很熟悉、很喜欢看的一部电视剧。葛优饰演二赖子，人们对其形象印象颇深，大多依其外在可忆起角色之模样：衣着邋遢、落伍，混混，一个上访者。且葛优的领悟力又极强，加上这身“行头”，竟把这个混混演得如同生活一般。服装实为点睛之笔。演员演得出色，服装设计师对角色着装理解准确，两者相辅相成，不可或缺。

《北京人在纽约》也是那个时代的热门。其中有一场中央公园两主角告别的戏，服装设计师就必须考虑到配戏演员服装之间的和谐，以及剧情的需要。王启明（姜文饰）穿黑色大衣白围巾，阿春（王姬饰）为红色披风。这里的服装色彩恰当地烘托了双方的心理活动：前者有意拉开与阿春的距离，而后者热情似火，意欲挽留王启明，是这两种截然相反心理状态的外化。再换个角度看，这红、黑、白之亮色与深色，也把灰色调的中央公园给点缀得有些动感，并有种生机和醒目感。

表演艺术中的服装不是随意穿的。它是为人物造型、展示个性、塑造命运等服务的。以《情义无价》为例进行分析。剧中雨晴、凯越、韦芸、安妮等，个个都是光彩照人，艳丽夺目。虽人各有貌，却各具风采，得体传神。这后四字是影视服装设计的最高境界，这于现代影视剧并非易事。剧中母女俩心荷与雨晴的穿着，尽管剧中一再说：“她俩气质非常相像”，但服装处理却大相径庭。心荷（陈莎莎饰）是豪门贵妇，“所有服装都由巴黎著名时装师设计”，很少换装；而雨晴家境贫困，却在大翻“行头”。这是否有错？心荷理该有条件多换装，雨晴的家境并不允许。其实，这是剧情对人物性格的规定性要求。试想，心荷若频频换装，与其身份的高贵和稳重，不相吻合；雨晴若无那许多变换的服装，其生活经历的起伏坎坷，便无从落实。这是善于打扮的传神之作：心荷是华贵而不失高雅，雨晴是漂亮而不求华贵。华贵与美丽不能画等号，不为人物身份所决定。衣，穿出了生命。诚如香港著名影视服装设计师叶锦添所言：“任何服饰都各具精神，但绝对必须与穿着者的态度加以结合，才能传达出一件衣服的生命力，否则根本无法展现出服饰所具有的特色。”

二、引发流行创造时尚活力

现代服装与影视艺术的完美结合，既刻画人物、叙述剧情、满足欣赏，还可创造流行新潮，满足市场需求，有时更成几代人的审美对象。1953 年，电影《罗马假日》的播映，影片的热播自不在话下，世界各地还形成了颇具规模的对主角的崇拜热。主演奥黛丽·赫本以她那不同凡响的气质和俏丽的形象深入人心，一头短发，鸡翼袖衬衫配雨伞裙，即人所称道的经典“赫本装”。50 年来，这款装束总在有意无意间领导着服装潮流，影响从未间断。这里，电影故事演绎得情节铺展有序，紧扣人心，剧终难舍，艺术的演示力于此可见；而演出之着装，几十年来依然受宠于时尚界，依然以各种形式得以复活。这是服装艺术的魅力。如此电影表演和服装表现，堪称经典。

《欲望号街车》亦有相同之功。剧中主演所穿之 T 恤，当时人并不太在意，然因马龙·白兰度的穿着亮相，所以，人多以此为时髦，纷纷模仿，几成社会之风尚。这表明，影视等表演艺术，往往还会成为时尚之源。

三、暗示剧情　发展趋势

上述表明，剧中角色服装除与年龄、性格、身份特征相吻合外，它还是剧中人身份、地位、生活境遇、情感改变的最直接反映。所以，影视、戏剧等表演艺术中的服装设计，还是给予情节变化发展的重要载体，即情节发展的趋势，以服装来暗示。

电影《百万英镑》的开始，男主角头发凌乱，身着破旧黑外衣和磨得发白的牛仔裤。这是个落魄在英国的美国年轻人，处处碰壁，求职被嘲笑，到服装店买衣服遭受店员歧视。可当他亮出“百万英镑”巨钞时，骤然间，所有人对他的态度都发生了剧变。因为，他靠着这张虚无的巨钞摇身一变，成了个身着燕尾服的成功人士，所有见到他的人，都用“青年才俊”“富有魅力”等词来奉承他、赞美他。这戏剧性的变化，就在于他的服装直接透露了他上层社会的身份地位。服装的人物造型对情节的发展起了非常重要的推动作用。

前几年上映的《姨妈的后现代生活》，斯琴高娃凭着精湛的演技将“姨妈”这一角色的性格特征和命运变化展现得淋漓尽致。影片着力在“姨妈”向往高质量生活而又极端抠门的性格的刻画。“姨妈”初现火车站时：她边寻找侄子，边以精致小手帕擦汗，头梳古典发髻，身着绿色连衣裙，高跟鞋，打着与衣服相同色系的雨伞。这装束告诉人们，“姨妈”是个会打扮、讲究生活的上海女人。随着剧情的进展，她的这一性格就逐渐显露出来。最典型的是游泳这场戏，她竟然不顾自身形象，坚持用自己编织的红色毛线泳衣。这种以牺牲体形的节俭，且只是一款不大的泳衣，实在让人不敢恭维。然正是这种节俭与所有积蓄最终被骗的痛苦难忍形成了强烈对比。这无情的残酷打击，催她衰老。最后，“姨妈”满头白发，缠着东北妇女的头巾，身裹大棉袄于街边啃馒头。从火车站到街边，“姨妈”的形象发生了太大的变化，而观众就是从服装造型的更替，看到了“姨妈”命运的起伏，及其凄凉的晚境。服装的替换渲染了剧情的氛围，亦推动了故事的发展，从而使这一人物形象深深地留在观众的记忆之中。此乃人物造型精心设计之使然。

四、互动获益　共跃市场

好的作品，特别是经典佳作，往往为世人所津津乐道，其艺术形象更能长久地活跃于人们的记忆之中，成为人们心中的经典形象。虽说角色是导演和演员、摄影、照明等共同创作完成的，但绝对离不开服装。奥黛丽·赫本之所以成为"青春偶像"，服装在其中起了重要的衬托作用。这个令人难忘的优雅形象，"赫本模式"广受观众、社会的喜爱，且历久弥新。这是世界著名服装设计大师纪凡希和奥黛丽·赫本两人联手塑造的。如《萨布里娜》（又名《窈窕淑女》）、《巴黎的秘密》、《第凡内早餐》、《夏拉德》、《妙女贼》等七部影片中都由纪凡希担任服装设计，从而两人在各自的领域，都获得了巨大的成功。其实，著名的演员都有自己的专职服装设计师，并与他们保持着良好的朋友式关系，且都不讳言自己的设计受奥黛丽·赫本穿衣风格的影响。其中包括美国极具贵族风格的服装名牌 Ralph Lauren 和好莱坞数一数二的晚装设计师 Vera Wang 等。这些设计师一致认为，奥黛丽·赫本衣着风格最吸引人的地方，是她将一些简单的衣服搭配在一起，穿出珠光宝气般的光彩。

从影视作品中获取灵感，创作收获颇丰，这是服装界的共同感受。他们认识到，从影视作品中汲取设计元素，是一条打开通路、尽快立足市场的捷径。其中，最好的例子莫过于乔治·阿玛尼（Giorgio Armani）。20 世纪 70 年代，他设计的服装仍局限于高级保守型样式。但随着《美国舞男》的公映，也许更是由于理查德·基尔(Richard Gere)的精彩表演，一夜间，每个人都想拥有一款阿玛尼设计的服装。

应该说，现代服装从表演艺术中获取了很大的收益，从影视作品中的收益最为显著。不仅有设计师从中获取灵感，推出佳作，改变市场影响，更有服装销售商从中尝到了甜头。这样的例子不胜枚举，20 世纪 60 年代后期，《日瓦戈医生》取得成功后，主人翁奥马·夏里夫（Omar Sharif）所穿双排扣战壕式外套一经露面，就宣告售罄。许多男装零售商甚至就只销这款服装，其他一概不进。20 世纪 90 年代的《走出非洲》（*Out of Africa*）中的猎装，就引起各时装杂志和时装店的极大兴趣，并成了去肯尼亚旅游的必备装束。我国也受到该流行思潮的影响，猎装也成了市场的新宠，着实时髦了一阵子。还有英雄故事电影也为时装界提供了丰富的创作素材。如描写印度的经典之作《印度之行》（*A Passage to India*）和《甘地传》（*Gandhi*）的成功放映，服装界紧跟其后，也疯狂地选用色彩大胆醒目的真丝，制成具有东方风格的宽松长袍，着实火了一阵子。

据此可以说，服装设计师应主动、积极与影视演员强化联系与合作，为艺术角色设计创作演出所需之服装，互为效益而努力。两者是互助有为的至爱亲朋。需指出的是，这与生活装不能混为一谈。电影服装设计跟现实中的服装设计相比，本质区别是，电影的服装是以剧情作为服务对象的，要把演员带到角色里去，要使观众相信演员就是角色本身，需要极大的虚拟性。现实的服装是对应着时代中的人与人的关系，用形与色标示着装者的身份和地位、生活品位与生活的状况。此处虽说电影，但其他表演艺术也应如此。

进入 20 世纪后，西方出现了一个颇有声势的现代艺术风潮，它是科技成果和思维变革的产物。各种艺术流派纷呈，丰富了当时的艺术创造。其中杰出的大师不仅对所在艺术领域做出了巨大贡献，而且还跨界对服装产生了重大影响，并和服装的设计、装饰、色彩等方面，联系密切，使服装的观感不断刷新，表现在材质、款式、色彩组合的新颖独特，对服装业的发展起到积极的推动作用。有些流派至今还在为服装做着贡献。作为造型艺术的建筑业，与服装行业关系密切。从理论上说，都是人体包装，仅是空间和材质的不同。且两者审美对象也是相通的，虽有固体静态和软体动态的区别，但都以线条组合、形式节奏、色彩变化、空间搭配等艺术手段引发人们的联想，以获得审美感受。建筑造型特征往往对服装造型产生较大影响，如包豪斯建筑与服装设计之联系，就是显例。尤其是有建筑背景的设计师，往往转行服装大有成效，引领潮流。且其人数并不少，是个很值得研究的现象。当然，同样具有造型特征的表演艺术，也是如此。服装对塑造人物、表达心情等方面，也是决不能轻视的，它是角色传神的符号。

参考文献

[1] 钱进．世界历史[M]．西安：西北大学出版社，2002．

[2] 蔡子谔．中国服饰美学史[M]．石家庄：河北美术出版社，2001．

[3] 陈培爱．中外广告史[M]．北京：中国物价出版社，2002．

[4] 何顺果．美国史通论[M]．上海：学林出版社，2004．

[5] [美]B.H.施密特，等．体验营销[M]．周兆晴，译．南宁：广西民族出版社，2003．‘’

[6] 李晓霞，等．消费心理学[M]．北京：清华大学出版社，2006．

[7] 周永凯，张建春，等．服装舒适性与评价[M]．北京：北京工艺美术出版社，2006．

[8] 赵化．女人华衣[M]．北京：中国纺织出版社，1998．

[9] 周锡保．中国古代服饰史[M]．北京：中国戏剧出版社，1984．

[10] 黄士龙．中国服饰史略[M]新版．上海：上海文化出版社，2007．

[11] 柏拉图．文艺对话集[M]．北京：人民文学出版社，1980．

[12] 列夫•托尔斯泰．艺术论[M]．北京：人民文学出版社，1958．

[13] 瓦莱丽•斯蒂尔．内衣：一部文化史[M]．师英，译．天津：百花文艺出版社，2004．

[14] 黑格尔．美学[M]．朱光潜，译．北京：商务印书馆，1979．

[15] 普列汉诺夫．普列汉诺夫美学论文集[M]．北京：人民出版社，1983．

[16] 宸裴．女人的力量——女首脑的人生启示录[M]．武汉：湖北人民出版社，2007．

[17] 邓永成．中国营销理论与实践[M]．上海：立信会计出版社，2004．

[18] 凯文•莱恩•凯勒．战略品牌管理[M]．李乃和，译．北京：中国人民大学出版社，2008．

[19] 丁邦清．品牌成功链[M]．北京：机械工业出版社，2007．

[20] 李飞．名牌王[M]．北京：首都经济贸易大学出版社，1997．

[21] 华梅．服饰社会学[M]．北京：中国纺织出版社，2005．

[22] 陈东生，等．新编服装心理学[M]．北京：中国轻工业出版社，2005．

[23] 廖军．视觉艺术思维[M]．北京：中国纺织出版社，2001．

[24] 王令中．视觉艺术心理[M]．北京：人民美术出版社，2005．

[25] 杨小凯．新潮着装艺术[M]．北京：中国国际广播出版社，1988．

[26] 吴卫刚．服装美学[M]．北京：中国纺织出版社，2000．

[27] 陈东生，吴坚，等．新编服装心理学[M]．北京：中国轻工业出版社，2005．

[28] 罗兰·巴特．流行体系——符号学与服饰符码[M]．敖军，译．上海：上海人民出版社，2000．

[29] 陈新峰．时代流行风[M]．北京：中国文史出版社，2007．

[30] 陆乐．现代服装搭配学[M]．上海：东华大学出版社，2002．

[31] 孔令智，等．社会心理学新编[M]．沈阳：辽宁人民出版社．

[32] 林海．英国品牌的启示[M]．北京：企业管理出版社，2007．

[33] 曲江月．中外服饰文化[M]．哈尔滨：黑龙江美术出版社，1999．

[34] 邬烈炎，等．外国艺术设计史[M]．沈阳：辽宁美术出版社，2003．